"十四五"高等职业教育计算机类专业新形态一体化系列教材

HTML5&CSS3 网页设计与制作

第二版

向文娟◎主编

中国铁道出版社有限公司
CHINA RAILWAY PUBLISHING HOUSE CO., LTD.

内 容 简 介

本书为“十四五”高等职业教育计算机类专业新形态一体化系列教材，用通俗易懂的语言详细介绍了HTML5网页设计和应用CSS3样式美化网页的知识和技能，涵盖教育部“1+X”《Web前端开发职业技能等级标准》证书和工信部“蓝桥杯”全国软件和信息技术专业人才“Web应用开发”大赛的相关网页设计与制作知识点，以真实岗位生产项目、典型工作任务、案例等为载体组织教学内容并进行教学设计，重点突出“教、学、做”一体化，注重培养学生的应用能力和解决问题的实际工作能力，培养高素质高技能应用型人才。

全书共分为9章，包括HTML5基本标签及开发工具介绍、CSS样式表基础、表格的应用、表单的应用、应用CSS设置链接和导航菜单、应用CSS3样式美化网页、基于DIV+CSS的网页、应用CSS3布局网页与实例、网上书城网页设计与制作等内容。

本书适合作为高等职业院校各专业“网页设计与制作”课程的教材，也可作为前端开发的培训教材，还可作为Web开发爱好者的自学用书。

图书在版编目（CIP）数据

HTML5&CSS3网页设计与制作 / 向文娟主编. -- 2版. --北京 : 中国铁道出版社有限公司, 2025. 7. --（“十四五”高等职业教育计算机类专业新形态一体化系列教材）. -- ISBN 978-7-113-32501-5

Ⅰ. TP312. 8；TP393. 092. 2

中国国家版本馆CIP数据核字第2025GV9377号

书　　名：HTML5&CSS3 网页设计与制作
作　　者：向文娟

策　　划：徐海英　王春霞　　**编辑部电话**：（010）63551006
责任编辑：王春霞　包　宁
封面制作：郭瑾萱　尚明龙
责任校对：安海燕
责任印制：赵星辰

出版发行：中国铁道出版社有限公司（100054，北京市西城区右安门西街 8 号）
网　　址：https://www.tdpress.com/51eds
印　　刷：河北宝昌佳彩印刷有限公司
版　　次：2022 年 7 月第 1 版　2025 年 7 月第 2 版　2025 年 7 月第 1 次印刷
开　　本：850 mm×1 168 mm　1/16　**印张**：22.5　**字数**：557 千
书　　号：ISBN 978-7-113-32501-5
定　　价：76.00 元

前 言

目前正值高职教育创新时期，党的二十大报告指出，“必须坚持科技是第一生产力、人才是第一资源、创新是第一动力”，电子信息大类专业群课程的教材也需要进行改革以适应当前高职的教育发展形势，着力造就拔尖创新人才。

本书用通俗易懂的语言详细介绍了HTML5网页设计和应用CSS3样式美化网页的相关知识和技能。书中涵盖教育部“1+X”《Web前端开发职业技能等级标准》证书和工信部“蓝桥杯”全国软件和信息技术专业人才“Web应用开发”大赛的相关网页设计与制作知识点，以真实的岗位生产项目、典型工作任务、案例等为载体组织教学内容并进行教学设计，重点突出“教、学、做”一体化，注重培养学生的应用能力和解决问题的实际工作能力，培养高素质高技能应用型人才。

教育是国之大计、党之大计。本书根据用人企业的岗位需求，通过企业真实案例开展教学，在教学中大量采取“案例教学、任务驱动、项目引领”的教学方法，各个相对完整的教学任务突出了课程内容的综合应用性、实用性，在“行动导向”的教学模式中形成技能与能力，全面提高人才自主培养质量。因此，本修订版教材在内容上主要进行了以下变动：结合岗位技能的需要，替换和增加了大量真实岗位上的实操案例，部分上机实战和拓展练习做了更新，让学生边学边练，实践技能得到提升。

全书共分为9章，系统地讲解了HTML5网页设计和应用CSS3样式美化网页的相关知识，主要内容如下：

第1章主要讲解HTML5基本标签及开发工具。

第2章主要讲解CSS3样式表基础。

第3章主要讲解网页中表格的应用。

第4章主要讲解网页中表单的应用。

第5章主要讲解如何设置链接和制作导航菜单。

第6章主要讲解如何应用CSS3样式美化网页中的元素。

第7章主要讲解基于DIV+CSS的网页的盒模型、浮动和定位。

第8章主要讲解如何应用CSS3合理布局网页。

第 9 章主要讲解应用 DIV+CSS 设计商业网站，渐进式完成项目开发全过程。

本书在内容组织形式上强调学生的主体性学习，每章先提出学习目标，再进行任务分析，使学生在开始实施每个项目前就知道学习的任务和要求，引起学生的注意与兴趣，然后针对本项目相关理论知识进行介绍，最后给出技能目标、内容，让学生目标明确地去进行学习、实践和自我评价。

本书由长期从事“HTML5&CSS3 网页设计与制作”课程教学的一线教师、IT 企业工程师联合编写，内容满足国家信息化发展战略对人才培养的要求，深入浅出、图文并茂、有趣好学。

本书由向文娟主编，李颖、管伟、柴芳参与编写。在一年的编写过程中，编者付出了大量辛勤的劳动，同时也得到了许多高职院校、企业和出版社领导的支持与帮助，在此一并表示衷心的感谢。

由于编者水平有限，书中难免存在疏漏与不妥之处，敬请各位读者批评指正。感谢您使用本书，期待本书能成为您的良师益友。

编　者

2025 年 4 月

目　录

第1章 HTML5 基本标签及开发工具介绍

学习目标

- 理解网页的基本结构；
- 熟悉网页的开发工具；
- 理解 HTML 的常用标签；
- 了解 HTML5 中的新增标签；
- 掌握 HBuilderX 的应用，能够熟练新建页面；
- 掌握 HTML 的常用标签，能够熟练使用各种基本标签。

知识结构

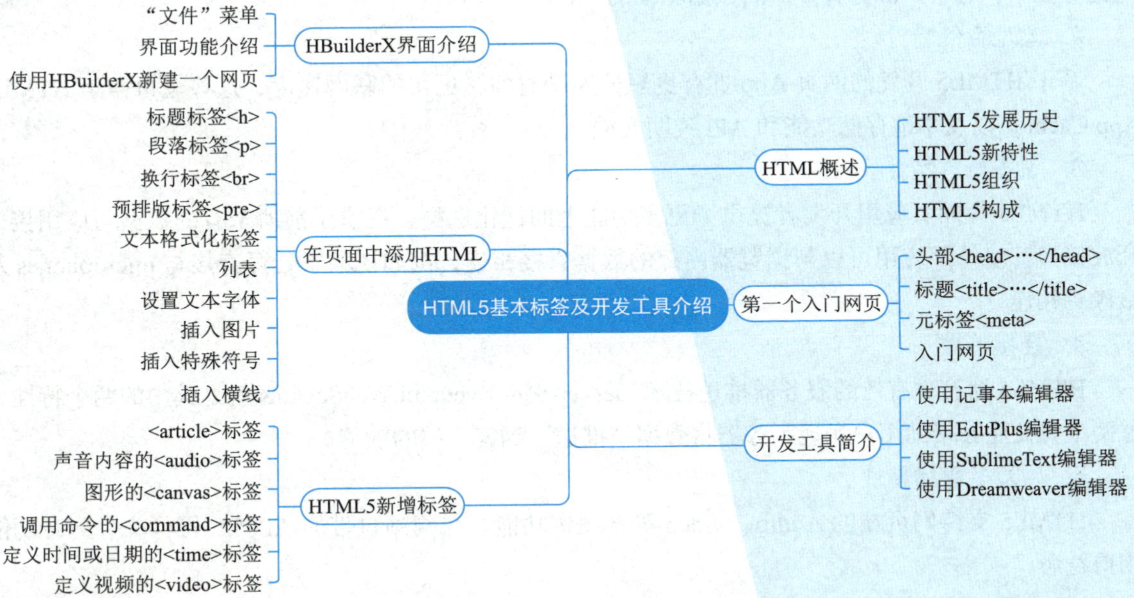

HTML（hyper text markup language，超文本标记语言）是一种编写网页文件的标记语言。本章主要介绍 HTML5 的发展历程以及 HTML 的特点，讲解制作网页的各种开发工具，并详细介绍 HBuilderX 的使用。通过实例讲解了 HTML 的各种基本标签，并补充讲解了一些新增的标签。

1.1 HTML 概述

1.1.1 HTML5 发展历史

HTML 从 1.0 至 5.0 经历了巨大的变化，从单一的文本显示功能到图文并茂的多媒体显示功能，许多特性经过多年的完善，已经成为一种非常好的标记语言。HTML5 已经取代了 HTML4，掀起了 Web 时代的新浪潮，各大浏览器也都纷纷支持 HTML5。HTML5 可以使页面内容更加丰富，不仅可以显示三维图形，还可以在不使用 Flash 插件的基础上实现音频、视频播放等。HTML5 还拥有新的 HTML 文档结构、新的 CSS 标准、API 等。

如今，不管是在手机上还是在平板电脑上，随处可以见到 HTML5 网站、HTML5 应用软件以及 HTML5 游戏，HTML5 作为移动端开发的主流语言，它的发展前景光明。

1.1.2 HTML5 新特性

HTML5 现在仍处于发展阶段，绝大部分浏览器已经支持某些 HTML5 技术。HTML5 具有以下特点：

1. 语义特性

HTML5 赋予网页更好的意义和结构。更加丰富的标签将随着对微数据与微格式等方面的支持，构建对程序、对用户都更有价值的数据驱动的 Web。

2. 本地存储特性

基于 HTML5 开发的网页 App 拥有更短的启动时间，更快的联网速度，这些全得益于 HTML5 App Cache，以及本地存储功能和 API 说明文档。

3. 设备兼容特性

HTML5 为网页应用开发者提供了更多功能上的优化选择，提供了前所未有的数据与应用接入开放接口。使外部应用可以与浏览器内部的数据直接相连，例如视频影音可直接与 microphones 及摄像头相连。

4. 连接特性

HTML5 拥有更有效的服务器推送技术，Server-Sent Event 和 WebSockets 就是其中的两个特性，这两个特性能够帮助用户实现服务器将数据“推送”到客户端的功能。

5. 网页多媒体特性

HTML5 支持网页端的 Audio、Video 等多媒体功能，与网站自带的 APPS、摄像头、影音功能相得益彰。

6. 三维、图形及特效特性

基于 SVG、Canvas、WebGL 及 CSS3 的 3D 功能，用户会惊叹于在浏览器中所呈现的视觉效果。

7. 性能与集成特性

HTML5通过XMLHttpRequest2等技术，帮助Web应用和网站在多样化的环境中更快速地工作。

1.1.3 HTML5 组织

HTML5 的开发主要由下面三个组织负责和实施：

1. WHATWG

HTML 标准自 1999 年 12 月发布 HTML 4.01 版本后，后继的 HTML5 及其他版本被束之高阁。为了推动 Web 标准化的形成，由来自 Apple、Mozilla、Google 和 Opera 等浏览器厂商的人员成立了一个称为 Web Hypertext Application Technology Working Group（Web 超文本应用技术工作组，WHATWG）的组织，该组织致力于 Web 表单和 App 的开发，同时为各浏览器厂商以及其他有意向的组织提供开放式合作。

2. W3C

W3C（world wide web consortium，万维网联盟）下辖的 HTML 工作组，该机构于 1994 年 10 月在麻省理工学院计算机科学实验室成立，是 Web 技术领域最具有权威和影响力的国际中立性技术标准机构，对互联网技术的发展和应用起到了基础性和根本性的支撑作用，目前主要负责发布 HTML5 规范。

3. IETF

IETF（因特网工程任务组）下辖的 HTTP 等，是负责开发 Internet 协议的团队，HTML5 定义的一种新 API（WebSocket API）所依赖的 WebSocket 协议，就是由该组织负责开发的。

1.1.4 HTML5 构成

随着互联网的快速发展，HTML 也在迅速更新换代，HTML5 更是越来越让人们在 Web 端的体验达到了一个新的高度。HTML5 主要包括以下功能：

（1）HTML5 中出现新的 <canvas> 标签，不仅提供 Flash 相关的功能，而且加载网站视频的速度大幅上升，用户等待时间大大降低。

（2）HTML5 中出现新的 <header> 和 <footer> 标签，更加明晰了网站的结构，可以更快速地定位到这些位置，加大访问力度。

（3）HTML5 中出现本地数据这项功能，本功能加速了交互搜索、缓存以及索引功能。

（4）HTML5 中加入全新的表单元素，更方便用户管理网页等。

这些功能大大提高了可用性和用户的体验性，并且一些新增的标签有助于开发人员定义一些重要的内容，给站点也带来了更多的多媒体元素（比如一些音频和视频），使网页的可移植性也更好，最初，Web 只是在网上看一些基础的文档，而目前，Web 是一个极大丰富的平台，已经进入一个稳定阶段，每个人都可以按照标准行事，并且可用于所有浏览器。

1.2 第一个入门网页

HTML 文档均用于在浏览器上显示，而支持 HTTP 的浏览器均为 Windows 式的图形用户接口（GUI）界面，因此，HTML 文档的基本结构是依据这一要求而设定的。一个 GUI 的视窗通常由标题栏和窗口体作为其最基本的构成，而 HTML 文档结构的“头”和“体”正符合这一要求。

对于刚刚接触超文本的朋友，遇到的最大障碍就是一些用“<”和“>”括起来的句子，一般称它为标签，用于分隔和标识文本的元素，以形成文本的布局、格式及五彩缤纷的画面。标签通过指定某块信息为段落或标题等来标识文档的某个部件，属性是标签中参数的选项。HTML 的标签分为成对标签和单独标签两种：成对标签由首标签 <标签名> 和尾标签 </标签名> 组成，成对标签的作用域只作用于这对标签中的文档；单独标签的格式为 <标签名>，单独标签在相应的位置插入元素即可。

大多数标签都有自己的一些属性，属性要写在首标签内，属性用于进一步改变显示的效果，各属性之间无先后次序，属性是可选的，属性也可以省略而采用默认值。其格式如下：

```
<标签名 属性1=属性值1 属性2=属性值2…>
```

标签、属性不区分大小写。

把 HTML 的各种标记符放在“<>”内，如 <html>，表示该文档为 HTML 文档；<html> 需要一个结束标签，即 </html>，代表该 HTML 文档的结束。在 <html> 和 </html> 之间再放入各种标签，如 <head> 标签、<body> 标签等，这样就组成了网页。

下面是 HTML5 文件的基本结构，通常 HTML 文件是由 .html 作为扩展名表示。

```
<!DOCTYPE html>
    <head>
        <meta charset="utf-8" />
        <title>标题</title>
    </head>
    <body>
        <p>内容</p>
    </body>
</html>
```

上述结构中的标签说明见表 1-1。

表 1-1　标签说明

标　签	说　明
<!DOCTYPE html>	文档声明
<html>	主标签
<head>	头部标签
<title>	标题标签
<meta>	辅助标签

续表

标　签	说　明
<body>	主体标签
<p>	段落标签

1.2.1　头部标签 <head>…</head>

视　频

网页的结构

<head> 标签指的是 HTML 文档的上半部分。<head> 标签对中可以包含文档的标题、文档使用的脚本、样式定义和文档名信息。浏览器希望从头部找到文档的补充信息。此外，<head> 标签对中还可以包含搜索工具和索引程序所需的其他信息的标识。头部位于 <html> 和 </html> 之间。例如：

```
<html>
    <head>
    </head>
</html>
```

标签对是一层一层嵌套的，各个标签对不能交叉放置。对于标准 HTML 来说，最外面一层是 <html> 和 </html> 标签对，其他标签对应放在它们之间。

1.2.2　标题标签 <title>…</title>

浏览器窗口最上边显示的文本信息一般是网页的“主题”，它通常会对当前网页做一个整体描述，说明当前网页的具体内容。眼睛是心灵的窗户，对于一个网页来说，它的眼睛就是网页标题（见图 1-1），它显示在网页标题栏上。

图 1-1　网页标题

<title> 标签是 <head> 标签下面的子标签，例如：

```
<html>
    <head>
        <title> 这是我的第一个网页 </title>
    </head>
</html>
```

打开记事本，写入上面的代码，另存为 index.html，然后双击该网页文件，即可看到标题栏上显示的正是写在 <title> 标签中的内容，效果如图 1-2 所示。

图 1-2　<title> 标签效果图

1.2.3　元标签 <meta>

在 <head> 标签对内部还可以嵌套另一个重要标签：<meta>（即 META 标签或元标签）。

META 标签是页面的辅助标签，可用于声明页面的字符编码、页面信息，针对搜索引擎抓取页面的一些设置、自动刷新、缓存控制、移动端视窗描述等。<meta> 标签用来描述 HTML 网页文档的属性，如作者、日期和时间、网页描述、关键词、页面刷新等。例如：

```
<meta http-equiv="Content-Type" content="text/html;charset=gb2312">
```

其作用是指定当前文档所使用的字符编码为 gb2312，也就是中文简体字符。根据这一行代码，浏览器就可以识别出这个网页应该用中文简体字符显示。类似地，如果将 gb2312 替换为 big5，那么网页就会以中文繁体的格式解释代码并显示。

顾名思义，http-equiv 相当于 http 文件的头，可以直接影响网页的传输，用于向浏览器提供一些说明信息，浏览器会根据这些说明做出相应处理。

若要表示网页每 60 s 自动刷新一次，则为：

```
<meta http-equiv="refresh" content=60">
```

若设置页面在 60 s 后跳转到搜狐网，则为：

```
<meta http-equiv="refresh" content="60;url=http://www.sohu.com">
```

若要表示版权声明，则为：

```
<meta name="copyright" content="JMJC.TECH">
```

1.2.4 入门网页

通过学习头部 <head>…</head>，标题 <title>…</title> 以及元标签 <meta>，大家可以尝试制作一个在页面上可以显示“世界，您好！！！”、标题为“hello world”的页面，并且 10 s 后跳转到百度主页的一个 HTML 文件。

页面内容如下：

```
<html>
    <head>
        <meta charset="utf-8" http-equiv="refresh" content="10";
        url=http://www.baidu.com/>
        <title>hello world</title>
    </head>
    <body>
        世界，您好！！！
    </body>
</html>
```

视 频

第一个入门网页

打开记事本，写入上面的代码，另存为 index.html 文档，然后通过谷歌浏览器打开该网页文件，即可看到标题栏中显示的正是写在 <title> 标签中的内容，而且网页上显示的是“世界，您好！！！”，如图 1-3 所示。

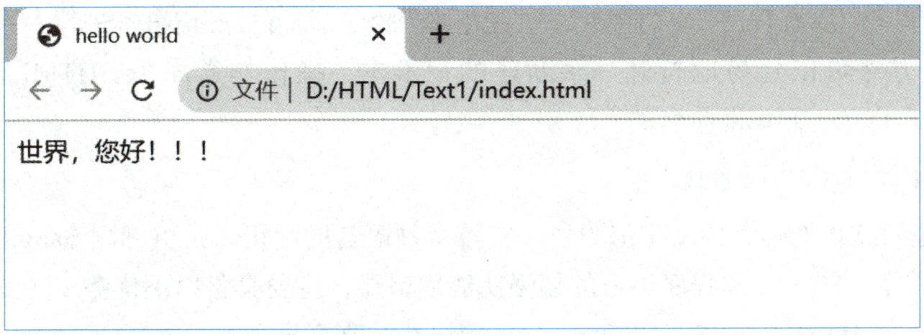

图 1-3　网页标题和内容视图

等待 10 s 后，页面会跳转到百度主页，如图 1-4 所示。

图 1-4　网页跳转到百度主页

注意：在联网的情况下，该网页才会在 10 s 后跳转到百度主页，否则提示无法显示该页面。

1.3 开发工具简介

“工欲善其事，必先利其器。”一个优秀的编辑工具对于开发工程师来说至关重要。编辑工具没有最好的，只有最合适的，对不同的开发场景选择合适的编辑工具。下面介绍四种开发工具。

1.3.1　使用记事本编辑器

记事本在 Windows 操作系统中是一个小应用程序，是目前应用非常广泛的文字记录和存储软件，自 1985 年发布的 Windows 1.0 开始，所有微软系统都会内置该软件，以方便人们去记录一些生活、工作或者学习上的内容。因为记事本只能处理纯文本文件，而多种格式的源文件都是纯文本的，所以记事本也成了目前使用最多的源代码编辑器。该软件具备最基本的文本编辑功能，而且因为体积较小、启动速度较快、占用内存少、非常容易使用，所以一般都会作为最基本的文本编辑工具；但是此编辑器不具备编译功能，所以仍需要通过其他外部程序来处理。

选择“开始”→“所有程序”→“附件”→“记事本”命令，即可打开记事本进行一系列编辑工作。

通过这种方法可以轻易地打开一个新建的记事本，操作非常简单。HTML 文件的扩展名是 .html，而不是以 .txt 方式来命名的。

1.3.2 使用 EditPlus 编辑器

EditPlus 是一款功能强大的文字编辑器，支持多种语言的编辑，是由韩国 Sangil Kim 生产出来的一款可处理文本、HTML 和程序语言的超强功能编辑器，主要具备以下优势：

（1）默认支持 HTML、CSS、C/C++、Java 等语法的高亮显示。

（2）提供了与 Internet 的无缝链接，可通过该软件直接打开浏览器进行浏览。

（3）提供了多个工作窗口，可同时打开多个文档进行操作。

（4）可通过配置直接对 Java 程序进行编译执行操作。

可以说 EditPlus 是一款非常适合初学者使用的 HTML 编辑器，该编辑器的界面如图 1-5 所示。

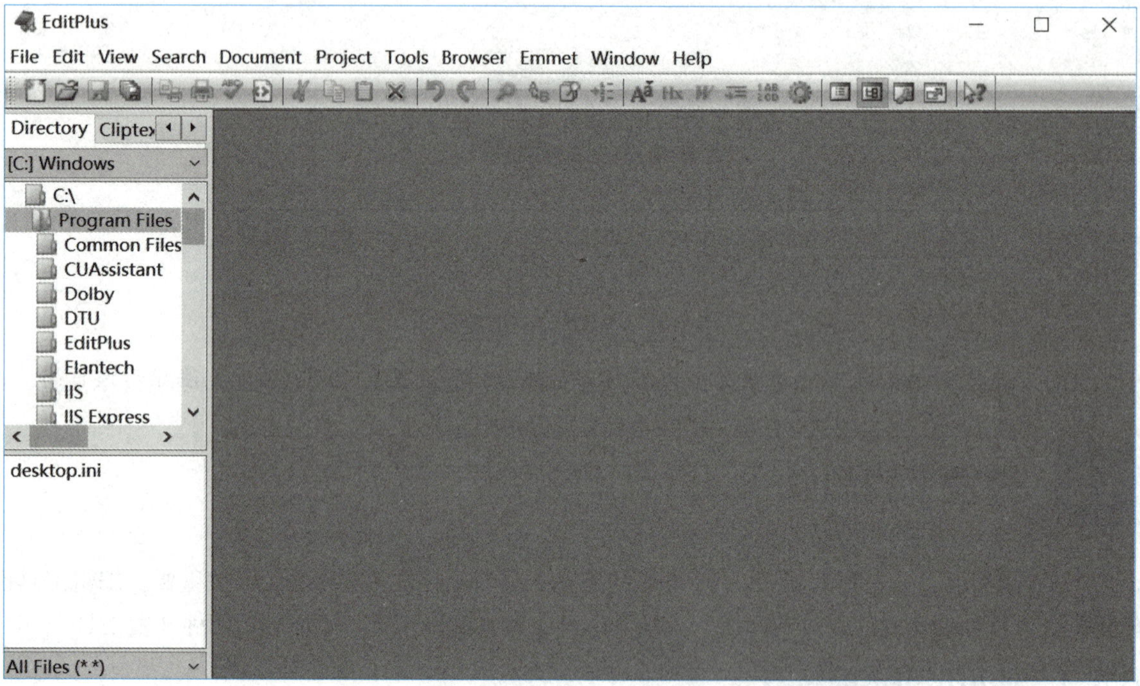

图 1-5　EditPlus 编辑器界面

通过该编辑器可进行 HTML 文件的编辑工作，选择“文件”→“新建”→“HTML 网页”命令，新建的 HTML 文件已经包含了所需要的头信息、标题信息，以及 <body>，减少了用户的编辑工作。

1.3.3 使用 Sublime Text 编辑器

Sublime Text 代码编辑器是由 Jon Skinner 于 2008 年 1 月开发出来的软件，具有漂亮的用户界面和强大的功能，可支持拼写检查、书签、完整的 Python API、Goto 功能；而且它还是一个跨平台的编辑器，可同时支持 Windows、Linux、Mac OS X 等操作系统，被很多用户使用。

Sublime Text 具有编辑状态恢复的能力，如果对一个文件进行了修改，但没有保存，当退出时，该软件不会询问是否要保存，因为当下次重新打开该软件时，会自动恢复退出前的编辑状态。

Sublime Text 具有良好的扩展功能，支持多行选择和编辑功能，可以实时搜索到相应的命令、选项、snippet 和 syntex，减少查找的麻烦，即时的文件切换可随意跳转到文件的任意位置。

由于 Sublime Text 具有代码高亮、语法提示、自动完成、反应快速的功能并支持扩展，因此编辑出的页面非常漂亮，相比于其他编辑器，这款软件在体验和功能上毫不逊色。

1.3.4　使用 Dreamweaver 编辑器

Dreamweaver 是一款专业的 HTML 编辑器，用于设计、编码，开发网站、网页和 Web 应用程序。

利用 Dreamweaver 中的可视化编辑功能，可以快速地创建页面而无须编写任何代码；可以查看所有站点元素或资源并将它们从易于使用的面板上直接拖动到文档中；可以在 Fireworks 或其他图形应用程序中创建和编辑图像，然后将它们直接导入 Dreamweaver，或者添加 Flash 对象，从而优化开发工作流程。

Dreamweaver 还提供了功能全面的编码环境，其中包括代码编辑工具，有关 HTML、层叠样式表（CSS）、JavaScript、ColdFusion 标记语言（CFML）、Microsoft Active Server Pages（ASP）和 Java Server Pages（JSP）的参考资料和 Javascript 代码的智能提示。Dreamweaver 可自由导入或导出 HTML，可导入手工编码的 HTML 文档而不会重新设置代码的格式，可以随后用首选的格式设置样式重新设置代码的格式。

Dreamweaver 还可以使用服务器技术（如 CFML、ASP.NET、ASP、JSP 和 PHP）生成由动态数据库支持的 Web 应用程序。

Dreamweaver 可以完全自定义。可以创建自己的对象和命令、修改快捷键，甚至编写 JavaScript 代码，用新的行为、属性检查器和站点报告来扩展 Dreamweaver 的功能。

总而言之，Dreamweaver 几乎可以满足用户对网页编辑及站点管理所需的各种功能，是一款非常专业的网页制作工具。

1.4　HBuilderX 界面介绍

视　频

HBuilder编辑器

HBuilder 是由 DCloud（数字天堂（北京）网络技术有限公司）推出的一款支持 HTML5 的 Web 开发编辑器，而 HBuilderX 是 HBuilder 的升级版。HBuilderX 在前端开发、移动开发方面提供了丰富的功能和贴心的用户体验，具有较全的语法库和浏览器兼容数据，还为基于 HTML5 的移动端 App 提供了良好的支持。首次启动 HBuilderX 后，用户会看到一个选择窗口，在此处可以选择喜欢的主题，如图 1-6 所示。

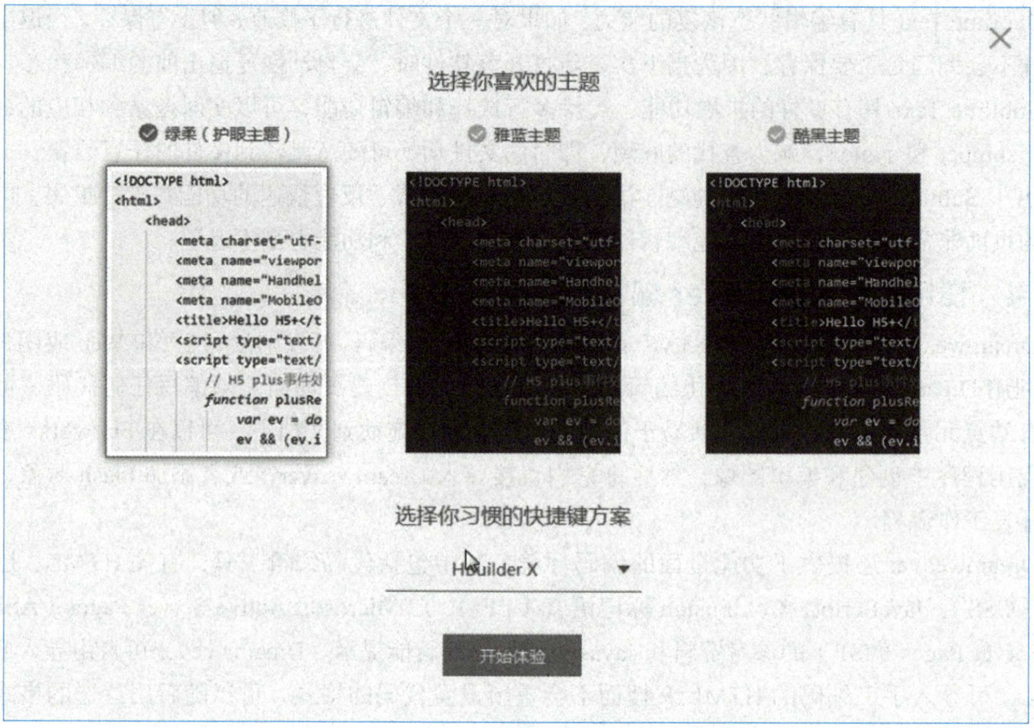

图 1-6　选择主题界面

1.4.1　“文件”菜单

在 HBuilderX 编辑器中，使用最多的是“文件”菜单，如图 1-7 所示，它的主要功能是让用户方便地创建一些文件或工程项目，还能导入或导出一些文件工程、查看文件的位置以及进行一些保存和退出等操作。

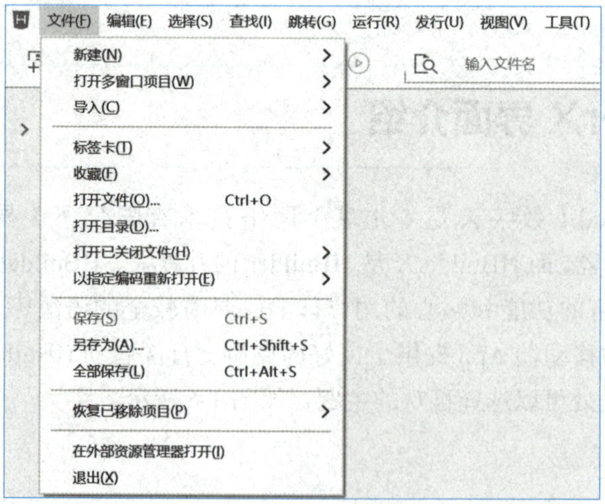

图 1-7　HBuilderX 的“文件”菜单

1.4.2　界面功能介绍

下面简单介绍一下 HBuilderX 主界面各个区域的作用，如图 1-8 所示。

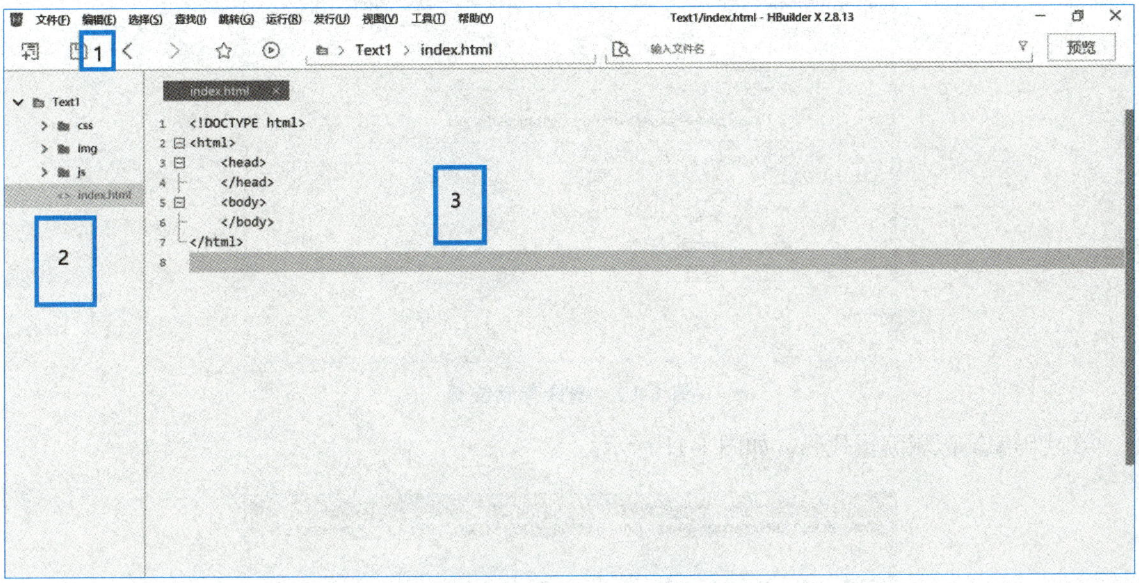

图 1-8　HBuilderX 主界面功能介绍

HBuilderX 界面可分为以下三大区域。

（1）菜单工具栏：主要提供了一系列菜单供用户创建文件以及更好地编辑、使用文件。

（2）项目管理区域：该区域主要是方便用户管理自己创建的项目，可以进行项目的新建、删除等操作。

（3）项目编辑区域：该区域主要是进行项目的编辑工作。

1.4.3　使用 HBuilderX 新建一个网页

本书以 HBuilderX 为例，讲解如何编写一个 HTML 页面。具体操作步骤如下：

打开 HBuilderX，选择“文件”→“新建”→“html 文件”命令，如图 1-9 所示。

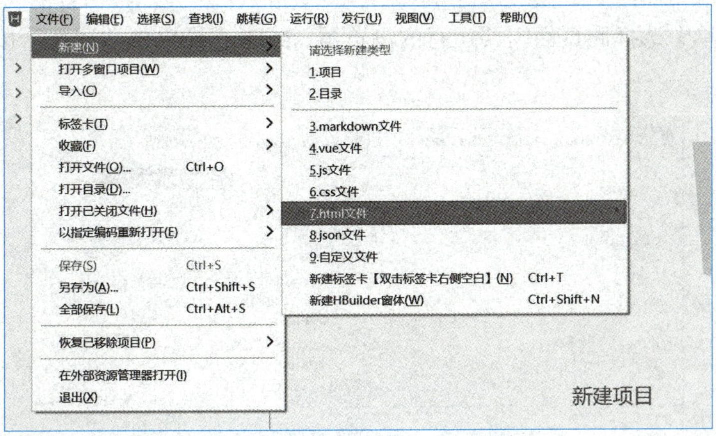

图 1-9　创建 HTML 文件

为创建的 HTML 文件命名，以及选择创建的模板（这里默认选择 default），如图 1-10 所示。

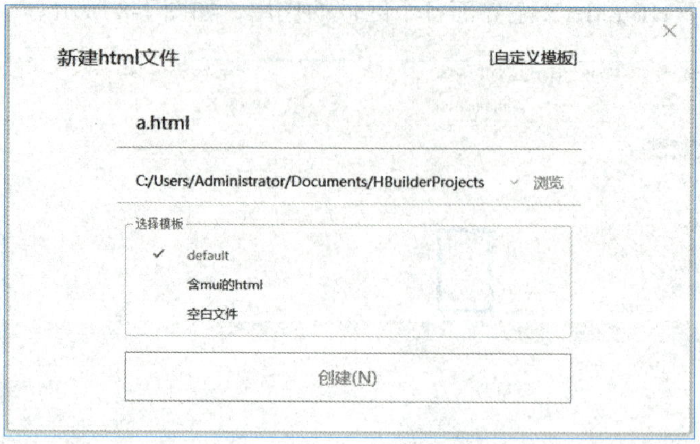

图 1-10　选择存储位置

在代码编辑区域编辑代码，如图 1-11 所示。

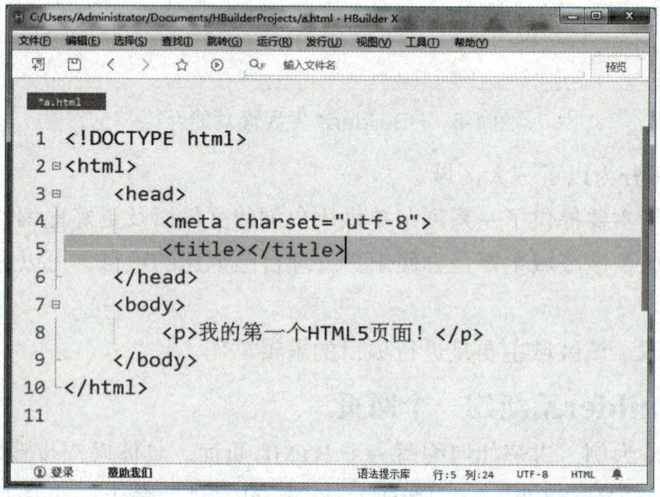

图 1-11　编辑代码

在“运行”菜单中选择此页面需要运行的浏览器，或者直接单击“运行”按钮均可，如图 1-12 所示。

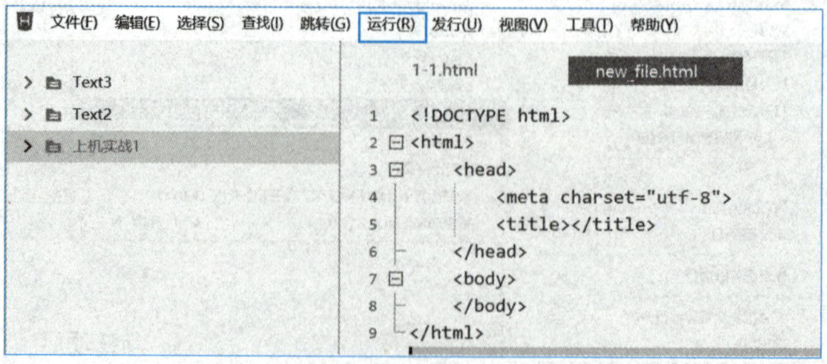

图 1-12　运行此 HTML 文档

运行效果如图 1-13 所示，第一个 HTML5 页面就制作完成了。

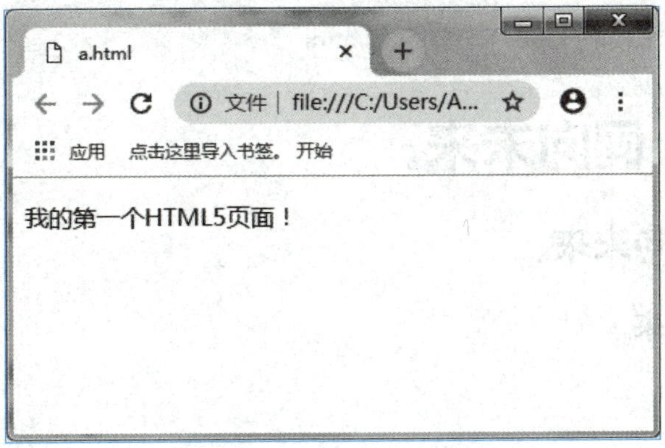

图 1-13　第一个 HTML 页面

1.5 在页面中添加 HTML

在网页制作过程中，文字是最基本的元素之一，文字的颜色、大小、位置等因素，都会影响整个网页的美观和用户的体验，下面介绍 HTML 的常见标签。

1.5.1　标题标签 <h>

视　频

HTML的基本标签

通常一篇文章最基本的结构是由若干不同级别的标题和正文组成的。在 HTML 文档中，文本的结构可以作为标题存在。HTML 文档中包含各种级别的标题，各种级别的标题由 <h1> 到 <h6> 元素来定义。<h1> 到 <h6> 标题标签中的字母 h 是英文 heading（标题行）的简写。其中 <h1> 代表 1 级标题，级别最高，文字也最大，其他标题元素依次递减，<h6> 级别最低，如示例 1-1 所示。

示例 1-1

```
<html>
    <head>
    </head>
    <body>
        <h1> 筑梦冰雪，同向未来。</h1>
        <h2> 筑梦冰雪，同向未来。</h2>
        <h3> 筑梦冰雪，同向未来。</h3>
        <h4> 筑梦冰雪，同向未来。</h4>
        <h5> 筑梦冰雪，同向未来。</h5>
        <h6> 筑梦冰雪，同向未来。</h6>
    </body>
</html>
```

运行效果如图 1-14 所示。

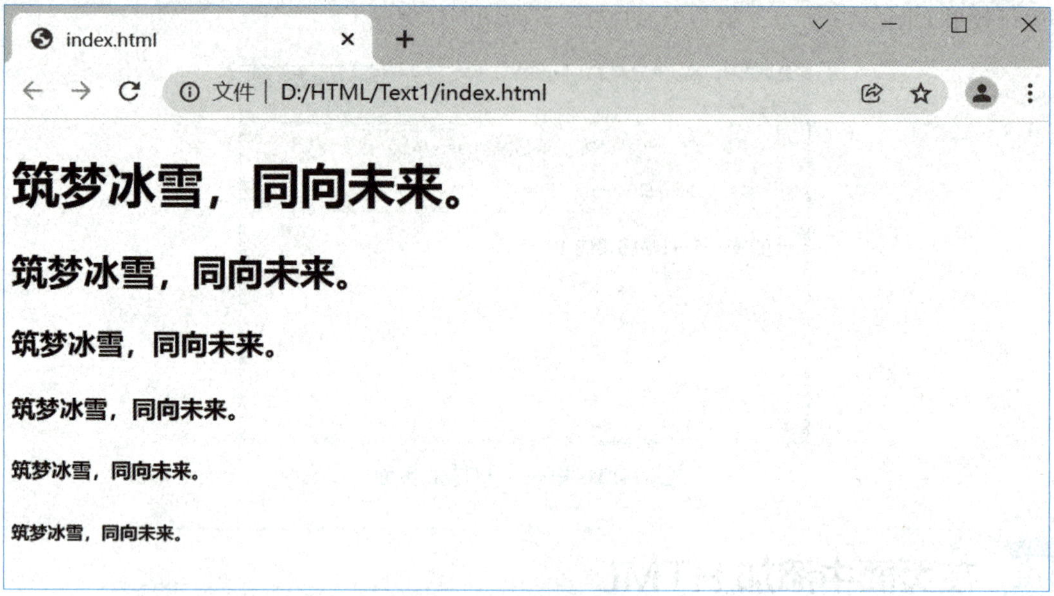

图 1-14 标题标签效果图

需要注意的是，每一行文字只能有一种标题。

1.5.2 段落标签 <p>

段落标签是双标签，即 <p>…</p>。在 <p> 开始标记和 </p> 结束标记之间的内容形成一个段落。如果省略结束标记，从 <p> 标记开始，直到遇见下一个段落标记之前的文本都在一个段落内。段落标记中的 p 是英文 paragraph（段落）的简写，用来定义网页中的一段文本，文本在一个段落中会自动换行。

另外，可以使用 text-align 属性设置文本水平对齐方式（在 HTML5 中，align 属性已被废弃，不再推荐使用），语法为：

```
<p style="text-align: ;"></p>
```

属性值可以是 left（左对齐）、center（居中）和 right（右对齐）三个值中的任何一个，如示例 1-2 所示。

示例 1-2

```
<body>
     <p style="text-align:center;"> 在歌曲《想象》静谧的歌声里，24 名身着红色运动服的滑冰运动员分为四组 </p>
     <p style="text-align:center;"> 以矫健的身姿滑过冰面，留下长长轨迹 </p>
     <p style="text-align:center;"> 轨迹上呈现出奥林匹克新格言 </p>
     <p style="text-align:center;"> 更快、更高、更强——更团结 </p>
</body>
```

运行效果如图 1-15 所示。

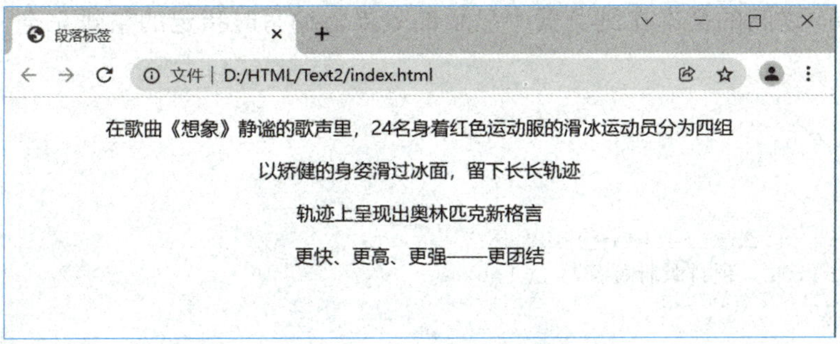

图 1-15　段落标签效果图

1.5.3　换行标签

在 HTML 中，换行使用
 标签。在 XHTML 版本中，为了程序的严谨，所有标签必须进行关闭。即换行标签应为
。在 HTML5 版本中，
 即可表示换行。例如，将示例 1-2 可修改为示例 1-3。

示例 1-3

```
<html>
    <head>
        <meta charset="utf-8" />
        <title> 换行标签 </title>
    </head>
    <body>
        <p> 在歌曲《想象》静谧的歌声里，24 名身着红色运动服的滑冰运动员分为四组 <br>
        以矫健的身姿滑过冰面，留下长长轨迹 <br>
        轨迹上呈现出奥林匹克新格言 <br>
        更快、更高、更强——更团结 <br>
        </p>
    </body>
</html>
```

运行效果如图 1-16 所示。

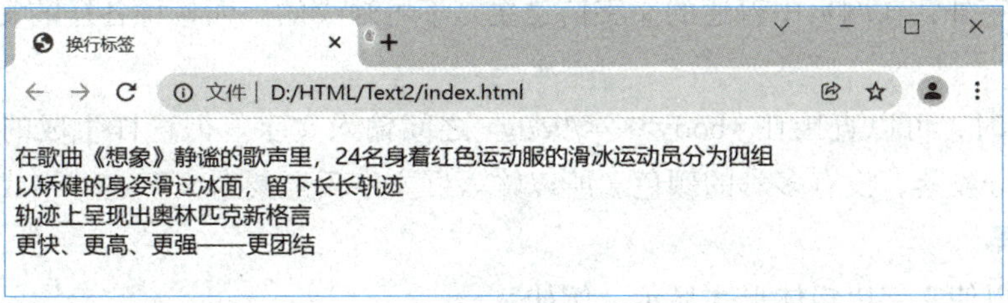

图 1-16　换行标签效果图

1.5.4　预排版标签 <pre>

在网页创作中，一般是通过各种标记对文字进行排版的。但是在实际运用中，需要一些特殊的排版效果，这样使用标记控制起来往往比较麻烦。解决办法就是保留文本格式的排版效果，如空格、制表符等。如果要保留原始的文本排版效果，则需要使用 <pre> 标签。

<pre>…</pre> 之间的文本在浏览器中显示的效果与编写时指定的格式完全一样，如示例 1-4 所示。

示例 1-4

```
<html>
    <head>
        <meta charset="utf-8">
        <title> 预排版标签 </title>
    </head>
    <body>
        <pre>
            o
            o o
            o o o
            o o o o
            o o o o o
            o o o o o o
        </pre>
    </body>
</html>
```

效果图如图 1-17 所示。

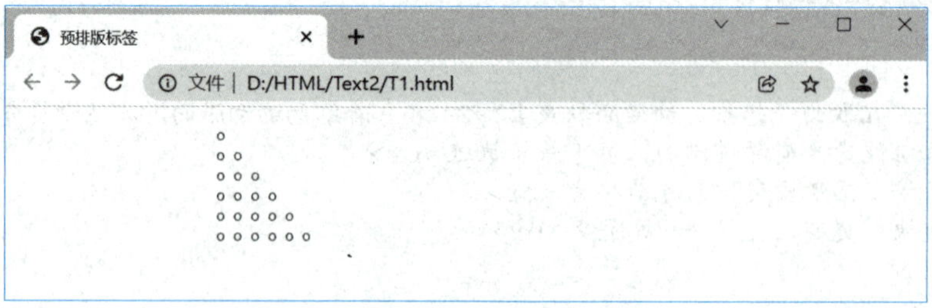

图 1-17　<pre> 预排版标签效果图

1.5.5　文本格式化标签

除了标题文字外，在网页中普通的文字信息更是不可缺少的。而各种各样的文字效果可使网页更丰富多彩。

在编辑网页时，可以直接在 <body>…</body> 之间输入文字。但这样生成的网页，浏览时混乱不堪；文字不分段落，没有多彩的颜色。所以输入好文字后还要对文字进行格式化。

1. <b> 标签

<b> 标签可以使文字以粗体形式显示，例如：

```
<b> 我是粗体 </b>
```

2. <i> 标签

<i> 标签可以使文字以斜体形式显示，例如：

```
<i> 我是斜体 </i>
```

3. <u> 标签

<u> 标签使其内部文字加上下画线，例如：

```
<u> 该文本有下画线显示 </u>
```

4. <sup> 标签

<sup> 标签让在其内部的文字比前方文字高一些，并以更小的文字显示。例如：

```
一起 <sup> 向未来 </sup>
```

5. <sub> 标签

<sub> 标签让在其内部的文字比前方文字低一些，并以更小的文字显示。例如：

```
一起 <sub> 向未来 </sub>
```

下面演示这些文本格式化标签的效果，如示例 1-5 所示。

示例 1-5

```
<html>
    <head>
        <meta charset="utf-8">
        <title> 文本格式化标签 </title>
    </head>
    <body>
        <p> 各代表团引导员高举雪花造型引导牌聚合在一起，共同构成一朵 <b> “大雪花” </b>，
</p>
        <p> 大屏幕播放短片 <u>《更强更团结》</u>，</p>
        <p> 将开幕式 <i>" 世界大同，天下一家 "</i> 的主题 </p>
        <p> 表现得 <sub> 淋漓尽致 </sub>，</p>
        <p> 得到 <sup> 一致好评 </sup>。</p>
    </body>
</html>
```

运行效果如图 1-18 所示。

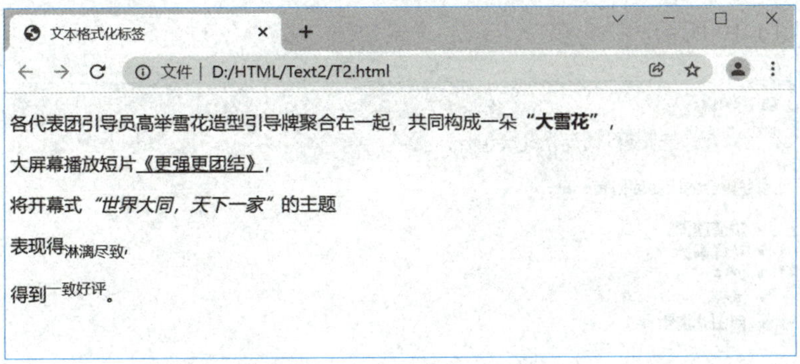

图 1-18　文本格式化标签效果图

1.5.6　列表

视　频

列表及插入图片

网页中的文字列表可以有序地编排一些信息资源，使其结构化和条理化，并以列表

的样式显示出来，以便浏览者能够更快捷地获得相应信息。HTML 中的文字列表分为无序列表和有序列表，以及自定义列表。下面分别进行介绍。

1. 无序列表

无序列表使用 <ul> 标签创建，其中的每一项都使用 <li> 来描述（<ul> 下面只能有 <li> 标签），所有内容都应该包裹在 <li> 标签中。

无序列表语法格式如下：

```
<ul>
    <li> 第一项 </li>
    <li> 第二项 </li>
    <li> 第三项 </li>
</ul>
```

无序列表默认会在每一项的前面添加一个项目符号（小圆点），如示例 1-6 所示。

示例 1-6

```
<html>
    <head>
        <meta charset="utf-8">
        <title> 无序列表 </title>
    </head>
    <body>
        北京冬奥会的比赛项目有：
        <ul>
            <li> 短道速滑 </li>
            <li> 花样滑冰 </li>
            <li> 冰球 </li>
            <li> 冰壶 </li>
            <li> 自由式滑雪 </li>
        </ul>
    </body>
</html>
```

运行效果如图 1-19 所示。

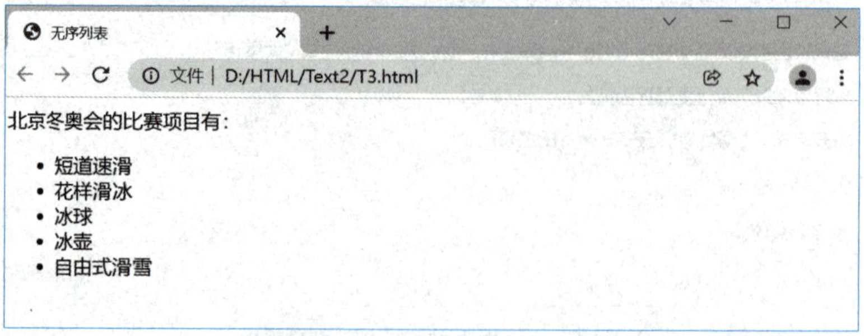

图 1-19　无序列表标签运行效果图

列表前面的项目符号可以通过 type 属性更改，此处的 type 可以接受三种类型的值：

（1）circle：空心的圆。

（2）disc：实心的圆。

（3）square：实心的方形。

下面对示例 1-6 改变一下 type 的属性值，如下所示：

```
<html>
    <head>
        <meta charset="utf-8">
        <title> 无序列表符号改变 </title>
    </head>
    <body>
        北京冬奥会的比赛项目有：
        <ul type="circle">
            <li> 短道速滑 </li>
            <li> 花样滑冰 </li>
            <li> 冰球 </li>
            <li> 冰壶 </li>
            <li> 自由式滑雪 </li>
        </ul>
    </body>
</html>
```

运行效果如图 1-20 所示。

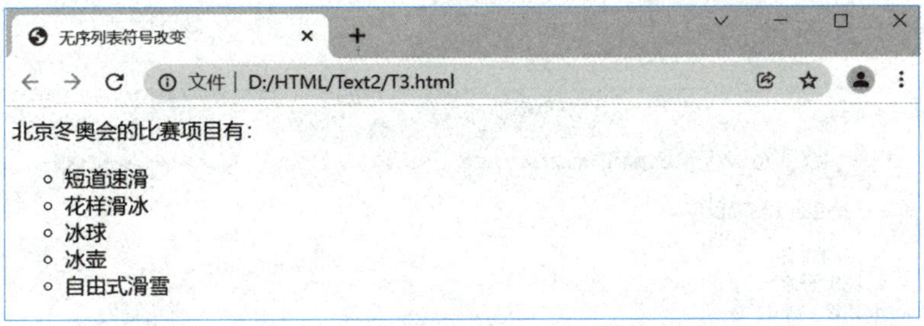

图 1-20　无序列表符号改变效果图

可以看到，每一行的符号都变成了空心圆。

2. 有序列表

有序列表可通过 <ol> 标签进行创建，默认情况下使用数字作为序号，其中只能够使用 <li> 标签，同样，也可以通过 type 属性设置其序号类型，type 属性有以下 5 种符号：

（1）1（数字）。

（2）A（大写英文字母）。

（3）a（小写英文字母）。

（4）I（大写罗马数字）。

（5）i（小写罗马数字）。

有序列表的语法格式如下：

```
<ol>
    <li> 第一项 </li>
```

```
    <li> 第二项 </li>
    <li> 第三项 </li>
    <li> 第四项 </li>
</ol>
```

示例 1-7

```
<html>
    <head>
        <meta charset="utf-8">
        <title> 有序列表 </title>
    </head>
    <body>
        北京冬奥会的比赛项目有：
        <ol type="1">
            <li> 短道速滑 </li>
            <li> 花样滑冰 </li>
            <li> 冰球 </li>
            <li> 冰壶 </li>
            <li> 自由式滑雪 </li>
        </ol>
    </body>
</html>
```

运行效果如图 1-21 所示。

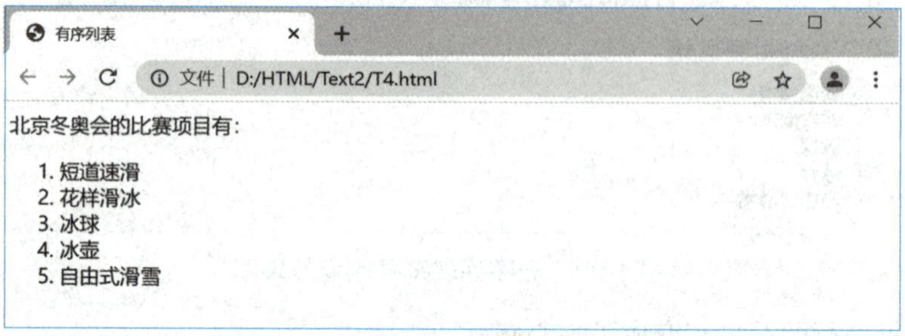

图 1-21　有序列表标签效果图

如果要把所有或部分项目编号显示为大写罗马数字，只需要修改<ol>或<li>的type属性值为I。也可以添加 start 属性，改变第一行的编号值。例如，将示例 1-7 修改如下：

```
<html>
    <head>
        <meta charset="utf-8">
        <title> 有序列表符号改变 </title>
    </head>
    <body>
        北京冬奥会的比赛项目有：
        <ol type="1" start="11">
            <li> 短道速滑 </li>
            <li> 花样滑冰 </li>
```

```
            <li> 冰球 </li>
            <li> 冰壶 </li>
            <li> 自由式滑雪 </li>
        </ol>
    </body>
</html>
```

运行效果如图 1-22 所示，会发现编号变成了从 11 开始。

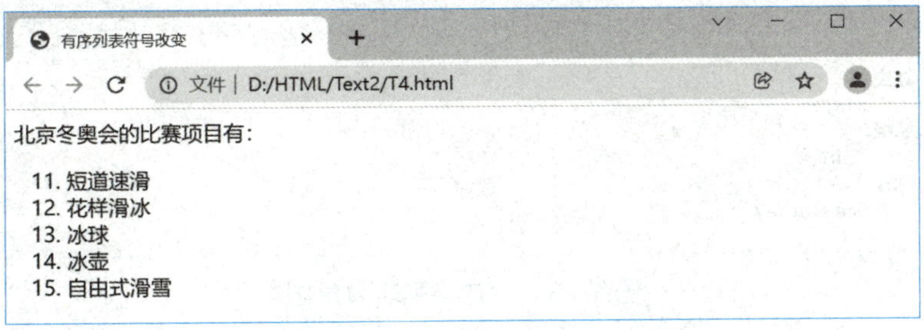

图 1-22　有序列表符号改变效果

3. 自定义列表

有一种列表，它可以实现列表嵌套的效果，这个标签就是 <dl>，其中的标题使用 <dt> 标签定义，元素项使用 <dd> 标签定义。

语法格式如下：

```
<dl>
    <dt> 第一行 </dt>
    <dd> 第一行第一列 </dd>
    <dd> 第一行第二列 </dd>
    <dt> 第二行 </dt>
    <dd> 第二行第一列 </dd>
    <dd> 第二行第二列 </dd>
</dl>
```

自定义列表用于对列表条目进行简短的说明，如示例 1-8 所示。

示例 1-8

```
<html>
    <head>
        <meta charset="utf-8">
        <title> 自定义列表 </title>
    </head>
    <body>
        <dl>
            <dt> 冰壶 </dt>
            <dd>Luge</dd>
            <dt> 雪橇 </dt>
            <dd>Curling</dd>
            <dt> 冰球 </dt>
            <dd>Ice Hockey</dd>
```

```
        </dl>
    </body>
</html>
```

运行效果如图 1-23 所示，可以看到，各种列表之间可以相互嵌套，每嵌套一层，列表条目的输出就会有更大的缩进。

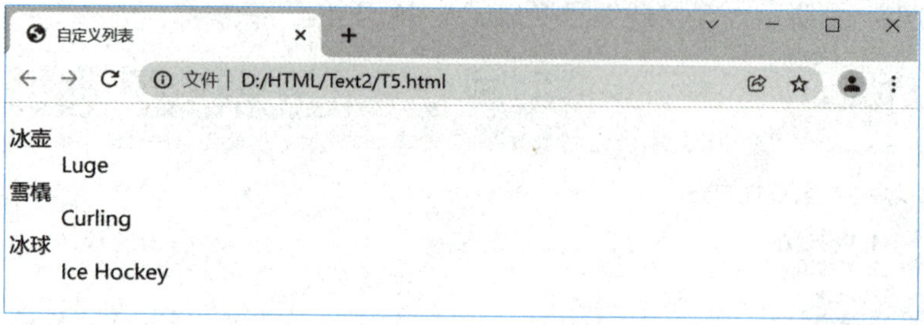

图 1-23　自定义列表效果图

1.5.7　设置文本字体

<font> 标签可以用来给文本设置字体、大小、颜色等。具体语法为：

```
<font color="" size="" face=""> 文字内容 </font>
```

size 属性值共有 7 种，从 <font size=1>（最小）到 <font size=7>（最大），另外，还有一种写法：<font size=+1> 文字内容 </font>，其意思是比预设字大一级。当然也可以写为 font size=+2（比预设字大二级），或是 font size=−1（比预设字小一级）。一般来说，预设字体大小为 3。

如果要给字体设置颜色，需要使用 font 标签的 color 属性，color 值可以是英文颜色单词或者十六进制数值。

face 属性用于给文字设置字体，但前提是浏览者要安装了这种字体，否则将以浏览者系统默认字体显示。

示例 1-9

```
<html>
    <head>
        <meta charset="utf-8">
        <title> 文本字体标签 </title>
    </head>
    <body>
        <p>
            <font size="1"> 字体一 </font><font size="-2"> 字体一 </font>
        </P>
        <p>
            <font size="2"> 字体二 </font> <font size="-1"> 字体二 </font>
        </P>
        <p>
            <font size="3"> 字体三 </font><font size="+0"> 字体三 </font>
        </P>
        <p>
```

```
            <font size="4"> 字体四 </font> <font size="+1"> 字体四 </font>
        </P>
        <p>
            <font size="5"> 字体五 </font> <font size="+2"> 字体五 </font>
        </P>
        <p>
            <font size="6"> 字体六 </font><font size="+3"> 字体六 </font>
        </P>
        <p>
            <font size="7" color="#0000FF"> 字体七 </font>
            <font size="+4" color="blue" face=" 隶书 "> 字体七 </font>
        </P>
    </body>
</html>
```

上面的示例中用两种方式设置了字体大小,并给“字体七”设置颜色为蓝色,最后一个“字体七”设置为隶书字体，效果如图 1-24 所示。

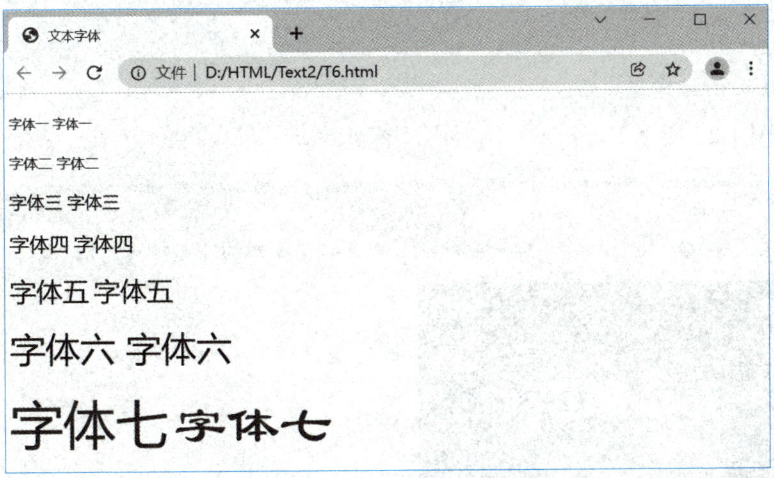

图 1-24　文本字体设置效果图

1.5.8　插入图片

在网页中可以随意插入图片，需要使用 <img> 标签。

<img> 标签的属性较多，语法如下：

```
<img src=" 图片位置 " height=" 高度 " width=" 宽度 " alt=" 说明文字 " align=" 对齐 ">
```

src 属性指明图片的位置，可以是绝对路径也可以是相对路径。路径及图片名中尽量不要出现中文字符。

height、width 可以设置图片显示在网页上的大小，例如，一张图片大小为 100 × 100，如果将这两个属性分别设置为 50，这样在网页上显示的效果就是一张 50 × 50 大小的图片。当然一般情况下不这样设置，在制作网站时，应该先把图片等素材准备好。如果不设置 height 和 width 属性，网页将会以图片默认大小显示。

当浏览网页时，有时把鼠标放在一张图片上，会发现鼠标旁边显示了一些文字对图片进行说明，这就是 alt 属性的作用。此外，在图片未显示出来或显示不出来时，也会以这一段文字代替，让用户知道这个图片的作用是什么。

align 属性用来设置对齐方式，决定图片在包含它的容器中的对齐方式。

此外，还可以指定文本与图像的距离。文本与图像的间距用 vspace=#，hspace=# 指定，# 表示整数，单位是像素。前者指定纵向间距，后者指定横向间距。

示例 1-10

```
<html>
    <head>
        <meta charset="utf-8">
        <title> 插入图片 </title>
    </head>
    <body>
        <img src="img/bj.jpg" width="300" height="400" alt=" 北 京 冬 奥 会 "align=
"middle">
        北京冬奥会成功举办
    </body>
</html>
```

运行效果如图 1-25 所示。

图 1-25　插入图片效果

1.5.9　插入特殊符号

某些字符在 HTML 中有特殊含义，如“<”“>”等，如果想在网页上显示这些符号，就不能简单地输入“<”“>”，因为它们会被解释为标签的开始或结束。例如，要在页面显示 <font>，如果直接输入就会被浏览器认为是标签，这时候就要使用转义码。常用的转义码及其对应的符号见表 1-2。

表 1-2　常用转义码及其对应的符号

特殊字符	转 义 码	示　例
大于（>）	> 或 >	if(a>b) return a;
小于（<）	< 或 <	if(a<0) return 0; <font>
&	& 或 &	张三 & 李四出国了
引号（"）	"	" 条条大路通罗马 "
空格		欢 &bp; 迎 nbsp; 光 临
元（￥）	¥	
版权（@）	©	&copy: 版权所有
注册商标（®）	®	

需要注意以下几点：

（1）转义序列的各字符间不能有空格。

（2）转义序列必须以“;”结束。

（3）单独的 & 不被认为是转义开始。

（4）区分大小写。

（5）可以使用全角空格，全角空格被解释为汉字，不会被解释为 HTML 分隔符，可以按照实际的空格数显示。

1.5.10　插入横线

横线一般用于分隔同一 HTML 文档的不同部分。在窗口中画一条横线非常简单，只要输入一个 <hr> 标签即可。语法如下：

```
<hr width="50%" size="10" align="center" color="#0033FF">
```

其中，width 指长度，可以用占页面长度的百分比，或者以数字来固定横线长度。

size 指横线的高度，以像素为单位。

align 指在页面中如何对齐，有左、中、右三种对齐方式。

color 定义横线的颜色。

此外，还可以添加 noshade 属性规定横线有没有阴影。

示例 1-11

```
<html>
    <head>
        <meta charset="utf-8">
        <title>横线</title>
    </head>
    <body>
        <hr width="50%" align="center" color="red">
    </body>
</html>
```

页面显示效果如图 1-26 所示。

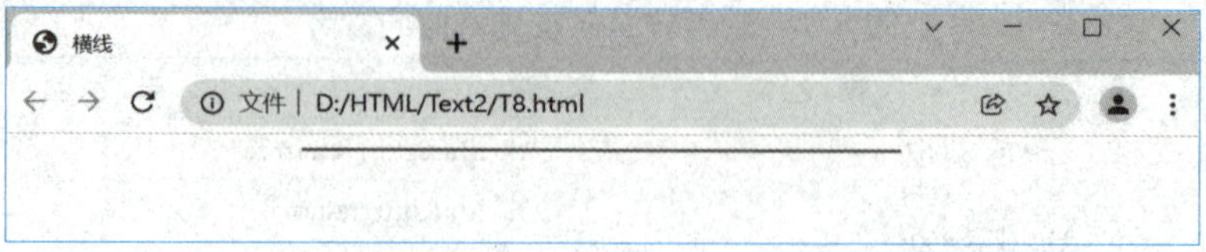

图 1-26　插入横线 <hr> 标签效果图

如果改变页面长度，这条线的长度也会随之改变，以保持占页面长度的 50%，可以采用“width=数字”固定长度。

1.6 HTML5 新增标签

自 1999 年以后，HTML 4.01 已经改变了很多，但是今天，随着 HTML5 的流行，HTML 4.01 中的一些元素或标签在 HTML5 中已经被废弃或重新定义，而且为了更好地适应现代人互联网的需求，在 HTML5 中添加了很多新的元素以及功能。例如，定义独立内容的 <article> 标签、定义声音内容的 <audio> 标签、定义图形的 <canvas> 标签、调用命令的 <command> 标签、定义公历时间或日期的 <time> 标签、定义视频的 <video> 标签等，这些标签极大地丰富了网页的内容，也使用户的体验度大大提高。

1.6.1 <article> 标签

article 元素代表文档、页面或者应用程序中与上下文不相关的独立部分，该元素经常被用于定义一篇日志、一条新闻或用户评论等。<article> 标签主要用来定义一些来自外部的内容，如论坛帖子、报纸文章、微博条目、用户评论等内容，通常大家看到的内容并不是对应本网站的一个具体页面，它是可以被外部独立引用的内容。

示例 1-12

```
<html>
    <head>
        <meta charset="utf-8">
        <title>article 标签定义独立的内容 </title>
    </head>
    <body>
        <article>
        可能的 article 实例：
        论坛帖子
        报纸文章
        博客条目
        用户评论
        </article>
        以上是 article 中所可能使用到的实例
    </body>
</html>
```

1.6.2　声音内容的 <audio> 标签

<audio> 标签用于对音乐或其他音频流的调用和播放。大家日常浏览网页时，通常打开网页后，会自动播放一些音乐，优美的旋律让大家不禁想在这样的网站中多浏览一会儿，其实想达到这种效果，可以使用 <audio> 标签实现。下面，简单介绍一下 <audio> 标签的使用。

示例 1-13

```
<html>
    <head>
        <meta charset="UTF-8">
        <title>控制声音内容的 audio 标签</title>
    </head>
    <body>
        <audio src="/audio/horse.mp3" controls="controls">
        <audio>
    </body>
</html>
```

运行效果如图 1-27 所示。

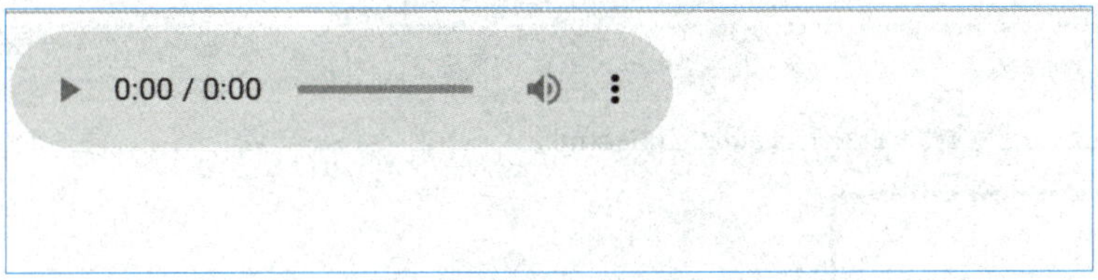

图 1-27　audio 音频显示效果

音乐的格式多种多样，有的浏览器支持 OGG 格式，有的支持 MP3 格式，而有的支持 WAV 格式，浏览器支持的格式可能各不相同，所以有时调用了 <audio> 标签，但是音乐没有播放成功，可能是使用的浏览器尚不支持该音频格式，只需要进行音频的格式转换或改用其他浏览器即可解决。

<audio> 标签可以对音乐或其他音频流进行调用。

src 属性指定音频的位置，可以使用相对定位，也可使用绝对定位，不过建议对于音频路径及音频名称最好不要使用中文字符。

controls 属性如果出现，则会向用户显示控件，比如图 1-27 所显示的播放按钮。

除以上两个属性外，还有其他属性用来控制音频的行为。例如，当出现 autoplay 属性时，则音频在就绪后会自动播放；当出现 loop 属性时，每当音频播放结束便会重新开始播放；当出现 muted 属性时，则音频输出会被静音。通过这些属性，可以精确地定义音频的行为，更好地设计出一款商业网站。

1.6.3　图形的 <canvas> 标签

<canvas> 标签是一个画布标签，它自身没有什么实际行为，只是一个容器而已，可以通过该标签结合脚本进行图形的绘制，画出自己想要展现的效果。画布是一个矩形区域，用户可以控制该区域中的每一个像素，canvas 有多种绘制路径、矩形、圆形、字符及添加图像的方法。不过这个标

签也不是所有浏览器都支持，因此可以在 canvas 的开始和结束标签中添加一个提示文本“当前浏览器不支持 canvas 标签”，这样就会在 <canvas> 标签所在的位置上显示该文本，此时可以改用其他浏览器查看效果。

示例 1-14

```
<html>
    <head>
        <meta charset="utf-8">
        <title>canvas 画布标签 </title>
    </head>
    <body>
        <canvas id="mycanvas" width="200" height="200"
        style="border:3px solid red;">
            您的浏览器不支持 HTML5 canvas 标签
        </canvas>
    </body>
</html>
```

运行效果如图 1-28 所示。

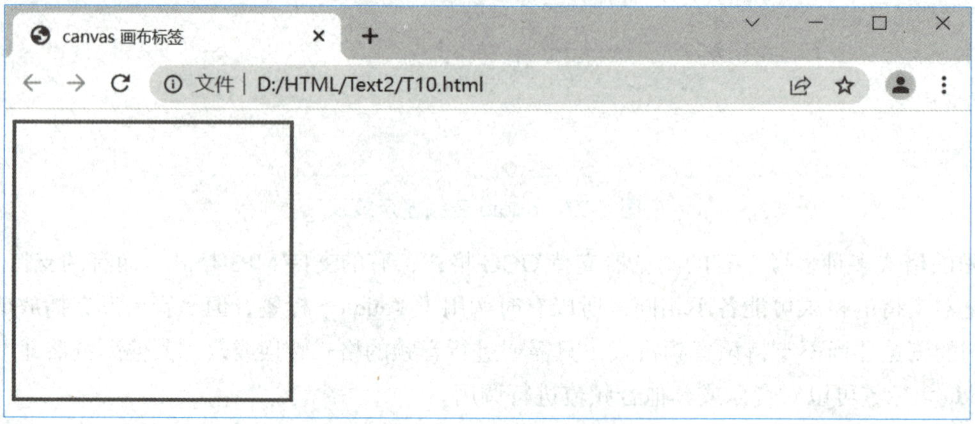

图 1-28　canvas 画布标签效果图

<canvas> 标签是画布标签，是一个容器，可以容纳用户想要放置的内容、图形等。

id 属性是为后面结合脚本来服务的，在脚本中可以通过 id 值对 canvas 画布进行操作。

width 和 height 分别定义了画布 canvas 的宽度和高度。

style 是样式，在后期大家会有所了解。style 后面的内容主要是定义了画布边框大小是 3 px；solid 是实线的意思，即该边框是实线显示；red 是红色，即边框显示为红色。

后续进一步学习了 HTML5 的相关知识后，可以用 <canvas> 标签制作更加复杂的图形，如图 1-29 所示。

图 1-29　canvas 绘图

1.6.4　调用命令的 <command> 标签

<command> 标签表示用户可以调用的命令，该标签可以定义一

些命令按钮，如单选按钮、复选框或按钮。但如果要显示这些内容，必须借助于 <menu> 标签，而且 <command> 标签必须在 <menu> 标签内，才能够显示这些元素，不过可以单独用 <command> 标签规定键盘的快捷键。

示例 1-15

```
<html>
    <head>
        <meta charset="utf-8">
        <title>command 命令 </title>
    </head>
    <body>
        <menu>
        <command onclick="alert('Hello World')">
            点我点我!
            </command>
        </menu>
    </body>
</html>
```

运行效果如图 1-30 所示。

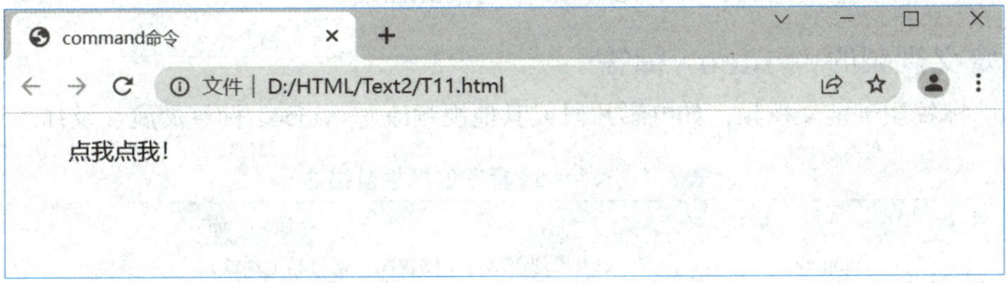

图 1-30　command 命令运行效果图

通过浏览器对网页效果进行浏览，然后单击“点我点我！”，就会弹出 Hello World 窗口，<command> 标签要放到 <menu> 标签下，onclick 命令是当单击 <command> 标签中的内容时会执行一些操作。

1.6.5　定义时间或日期的 <time> 标签

<time> 标签定义公历的时间（24 小时制）或日期，时间和时区偏移是可选的。<time> 标签的属性及描述见表 1-3。

表 1-3　<time> 标签的属性及描述

属　性	值	描　述
datetime	datetime	规定日期 / 时间。否则，由元素的内容给定日期 / 时间
pubdate	pubdate	指示 <time> 元素中的日期 / 时间是文档（或 <article> 元素）的发布日期

该元素能够以机器可读的方式对日期和时间进行编码，举例说，用户代理能够把生日提醒或排定的事件添加到用户日程表中，搜索引擎也能够生成更智能的搜索结果。

示例 1-16

```
<html>
    <head>
        <meta charset="utf-8">
        <title>time 标签的使用 </title>
    </head>
    <body>
        <p> 我们早上 <time>9:00</time> 开始上班 </p>
        <p> 北京冬奥会 <time datetime="2022-2-04"></time> 开幕 </p>
    </body>
</html>
```

显示效果如图 1-31 所示。

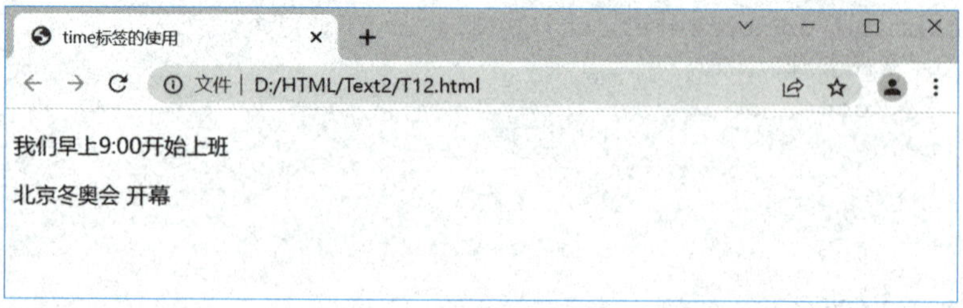

图 1-31　标签效果图

1.6.6　定义视频的 <video> 标签

<video> 标签用于定义视频，如电影片段或其他视频流。<video> 标签的属性及描述见表 1-4。

表 1-4　<video> 标签的属性及描述

属　性	值	描　述
autoplay	autoplay	如果出现该属性，则视频就绪后马上播放
controls	controls	如果出现该属性，则向用户显示控件，如播放按钮
height	pixels	设置视频播放器的高度
loop	loop	如果出现该属性，则当媒介文件完成播放后再次开始播放
preload	preload	如果出现该属性，则视频在页面加载时进行加载，并预备播放。 如果使用 autoplay 属性，则忽略该属性
src	url	要播放视频的 URL
width	pixels	设置视频播放器的宽度

本章小结

1. HTML 文档是包含标记标签的文本文件，这些标签告诉 Web 浏览器如何显示页面。
2. HTML 标签不区分大小写。
3. 标签具有属性，属性进一步描述网页上 HTML 元素的附加信息。
4. HTML 文档分为 head 部分和 body 部分，它们并列位于 <html> 标签内。

5. Meta 用于提供有关页面的信息，搜索引擎通常会用到这些标签。
6. HBuilder 是一种强大的 Web 编辑工具，可以灵活地创建网页。
7. HTML 基本标签有 <h1>…<h6>、<p>、
、<pre>、<font>、<img>。
8. 插入图片标签 <img>；插入特殊符号标签 <font>；插入横线标签 <hr>。
9. HTML5 新增标签包括 <article>、<audio>、<canvas>、<command>、<time>、<video> 等。

课后自测

一、选择题

1. 在 HTML 中，标记 <pre> 的作用是（　　）。
   A. 标题标记　B. 预排版标记　C. 转行标记　D. 文字效果标记
2. 下列关于 <meta> 标签的说法正确的是（　　）。
   A. 在 <meta> 标签的 keywords 中放置关键字列表，把重要的关键字放在 meta 标签的 description 中
   B. 忽略 <meta> 标签，搜索引擎不可用
   C. 在 <meta> 标签的 description 中写上网站的简短描述，在 <meta> 标签的 keywords 中放置最重要的关键字
   D. 在 <meta> 标签的 keywords 中放置最重要的关键字，忽略 meta 标签的 description
3. 按网页的表现形式进行分类，可以分为（　　）。
   A. 浏览页与服务页　B. 主页与内页
   C. 静态网页和动态网页　D. 简单页与复杂页
4. 以下有关列表的说法中错误的是（　　）。
   A. 有序列表和无序列表可以互相嵌套
   B. 指定嵌套列表时，也可以具体指定项目符号或编号样式
   C. 无序列表应使用 ul 和 li 标签进行创建
   D. 在创建列表时，li 标签的结束标签不可省略
5. img 标签的 alt 属性的作用是（　　）。
   A. 表示图片的名称
   B. 无实际意义，可有可无
   C. 提供替代图片的信息，使屏幕阅读器能获取到关于图片的信息
   D. 等比缩放图片大小
6. 以下（　　）标签中的内容会显示在浏览器内容区域。
   A. title　B. head　C. style　D. body
7. 以下（　　）标签用来换行。
   A. br　B. hr　C. tr　D. title

8. 以下（　　）标签不能放在 head 标签内。

A. html　　B. title　　C. style　　D. meta

9. 以下（　　）标签不是标题标签。

A. hr　　B. h1　　C. h2　　D. h3

10. 以下（　　）标签不是单标记标签，有开始与结束标记。

A. h1　　B. hr　　C. br　　D. meta

11. 以下（　　）文件名不能作为网站的主页名称。

A. index.html　　B. index.asp　　C. index.css　　D. index.php

12. 以下（　　）标签用于定义文档的头部信息。

A. head　　B. header　　C. title　　D. nav

13. 在网站站点中，所有图片放在（　　）文件夹中。

A. img　　B. css　　C. js　　D. index

14. 按网页在网站中的位置进行分类，可以将网页分为（　　）。

A. 总页与分页　　B. 主页与内页　　C. 动态与静态　　D. 居左与居中

15. 在 HTML 中，（　　）可以在网页上通过链接直接打开客户端的发送邮件工具发送电子邮件。

A. <a href="telnet:zhangming@aptech.com"> 发送反馈信息 </a>

B. <a href="mail:zhangming@aptech.com"> 发送反馈信息 </a>

C. <a href="ftp:zhangming@aptech.com"> 发送反馈信息 </a>

D. <a href="mailto:zhangming@aptech.com"> 发送反馈信息 </a>

16. 段落标签是（　　）。

A. p　　B. ul　　C. li　　D. div

17. 插入图片标签是（　　）。

A. img　　B. embed　　C. span　　D. h4

18. 下列不是 a 标签属性的是（　　）。

A. href　　B. src　　C. title　　D. target

19. 以下（　　）标签中的内容会显示在浏览器内容区域。

A. title　　B. head　　C. style　　D. body

20. 以下（　　）标签用来定义水平线。

A. br　　B. hr　　C. tr　　D. nr

21. ol 标签是（　　）。

A. 有序列表　　B. 无序列表　　C. 定义列表　　D. 索引列表

22. ul 标签是（　　）。

A. 有序列表　　B. 无序列表　　C. 定义列表　　D. 索引列表

23. img 标签的 src 属性用来设置（　　）。

A. 图片路径　　B. 图片说明　　C. 图片宽度　　D. 图片高度

24. 下列关于 <IMG> 标签的 src 属性说法正确的是（　　）。

A. 用来设置图片文件的格式

B. 用来设置图片文件所在的位置

C. 用来设置鼠标指向图片时显示的文字

D. 用来设置图片周围显示的文字

25. 要求单击“天狼星”时，弹出“page.html”新页面，则在 htmlpage.html 中，正确实现此链接的代码是（　　）。

A. <a href="htmlpage.htm"target="_blank"> 天狼星 </a>

B. <a href="_blank"target="page.html"> 天狼星 </a>

C. <a href="page.html"target="_blank"> 天狼星 </a>

D. <a href="htmlpage.htm"target="page.html"> 天狼星 </a>

26. 下列（　　）是无序列表标签。

A. p　　B. ul　　C. ol　　D. div

27. 下列语句中，（　　）将 HTML 页面的标题设置为“HTML 练习”。

A. <head>HTML 练习 </head>　　B. <title>HTML 练习 </title>

C. <body>HTML 练习 </body>　　D. <html>HTML 练习 </html>

28.（　　）标签有助于进行搜索操作，它包含在 HTML 文档头部中，并使用属性和属性值组合。

A. <title>　　B. <body>　　C.
　　D. <meta>

29. 下列叙述正确的是（　　）。

A. <font> 标签中的 size 属性用于设置文本大小，默认 size=1

B. 有序列表 <ol>、无序列表 <ul>、自定义列表 <dl> 之间不能互相嵌套

C.
 与 <p> 没有区别，都代表换行

D. 标题标签中 <hl> 最大，<h6> 最小

30. 下列（　　）不是 HTML5 新增的标签。

A. <video>　　B. <time>　　C. <dt>　　D. <canvas>

二、判断题

1. 浏览器在解析 HTML 文档时会报错，为防止代码混淆，在 HTML 文件中如果要显示特殊字符，须用其转义字符进行表示。（　　）

2. 用户进入网站时看到的第一个页面就是主页。（　　）

3. 本地站点就是存放在本地机器中的那个文件夹，远程站点就是上传后保存在服务器上的那个文件夹。（　　）

4. <head> 标签内容为浏览器和浏览者提供了不可缺少的文档信息，网页标题名称信息在 <title> 标签中定义。（　　）

5. 可以直接在 HTML 代码中按【Enter】键换行，网页中的内容也会换行。（　　）

6. 用 h1 标签修饰的文字通常比用 h6 标签修饰的要小。（　　）

7. 在 HTML5 中可以通过 video 标签引入视频。（　　）

8. 无序列表和有序列表不能嵌套使用。（　　）

9. 在同一行或段落中，不能混合使用不同的标题级别。（　　）

上机实战

练习 1：制作简单新闻网页

【问题描述】

本案例中，通过制作图 1-32 所示的新闻网页，熟悉插入网页元素的方法及各 HTML 标签的使用。

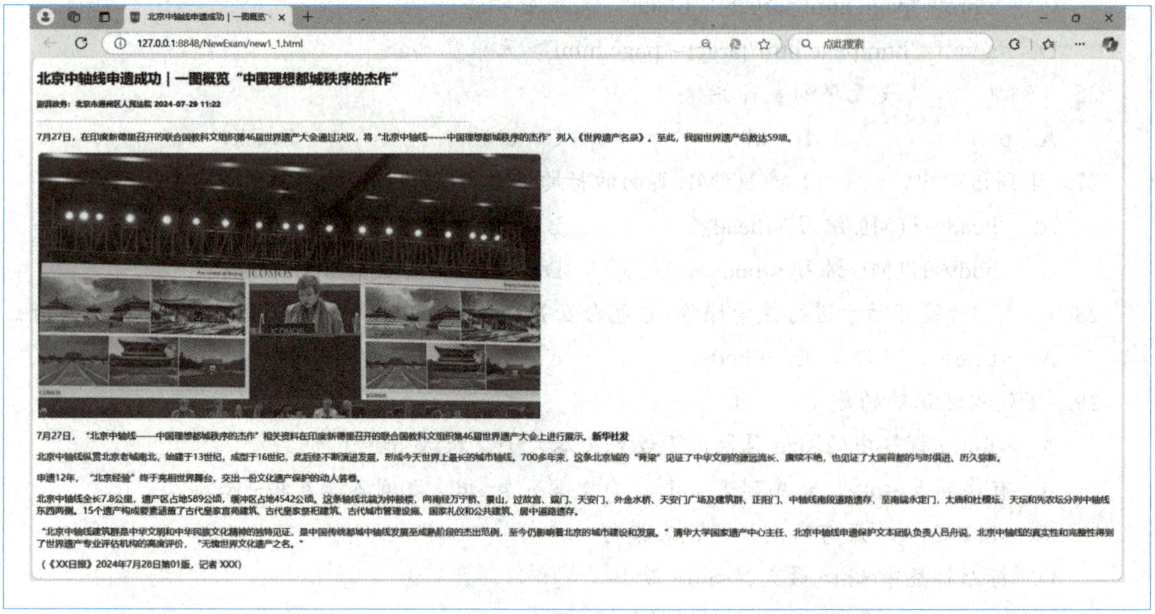

图 1-32　简单新闻网页

【参考步骤】

（1）启动 HBuilderX，在指定项目中新建网页，并将图片素材放到对应目录下。

（2）在 <body> 标签对中构建新闻页面的 HTML 框架，代码如下：

```
<body>
    <div class="box">
            <h2> 北京中轴线申遗成功 | 一图概览“中国理想都城秩序的杰作”</h2>
            <h5> 澎湃政务：北京市通州区人民法院 2024-07-29 11:22</h5>
            <hr size="1px" color="lightgray" width="40%" align="left"/>
            <p>7 月 27 日，在印度新德里召开的联合国教科文组织第 46 届世界遗产大会通过决议，
将“北京中轴线——中国理想都城秩序的杰作”列入《世界遗产名录》。至此，我国世界遗产总数达 59 项。</p>
            <img src="img/new1.jpg" />
            <p>7 月 27 日，“北京中轴线——中国理想都城秩序的杰作”相关资料在印度新德里召
开的联合国教科文组织第 46 届世界遗产大会上进行展示。<b> 新华社发 </b></p>
```

```
        <p> 北京中轴线纵贯北京老城南北，始建于 13 世纪，成型于 16 世纪，此后经不断演进发展，形成今天世界上最长的城市轴线。700 多年来，这条北京城的“脊梁”见证了中华文明的源远流长、赓续不绝，也见证了大国首都的与时俱进、历久弥新。</p>
        <p> 申遗 12 年，“北京经验”终于亮相世界舞台，交出一份文化遗产保护的动人答卷。</p>
        <p> 北京中轴线全长 7.8 公里，遗产区占地 589 公顷，缓冲区占地 4542 公顷。这条轴线北端为钟鼓楼，向南经万宁桥、景山，过故宫、端门、天安门、外金水桥、天安门广场及建筑群、正阳门、中轴线南段道路遗存，至南端永定门，太庙和社稷坛、天坛和先农坛分列中轴线东西两侧。15 个遗产构成要素涵盖了古代皇家宫苑建筑、古代皇家祭祀建筑、古代城市管理设施、国家礼仪和公共建筑、居中道路遗存。</p>
        <p>“北京中轴线建筑群是中华文明和中华民族文化精神的独特见证，是中国传统都城中轴线发展至成熟阶段的杰出范例，至今仍影响着北京的城市建设和发展。”清华大学国家遗产中心主任、北京中轴线申遗保护文本团队负责人吕舟说，北京中轴线的真实性和完整性得到了世界遗产专业评估机构的高度评价，“无愧世界文化遗产之名。”</p>
        <p>（《× × 日报》2024 年 7 月 28 日第 01 版，记者 XXX）</p>
    </div>
</body>
```

（3）保存并预览网页。

练习 2：制作企业动态页面

【问题描述】

本案例中，通过制作图 1-33 所示的企业动态页面，熟悉插入网页元素的方法及列表标签的使用。

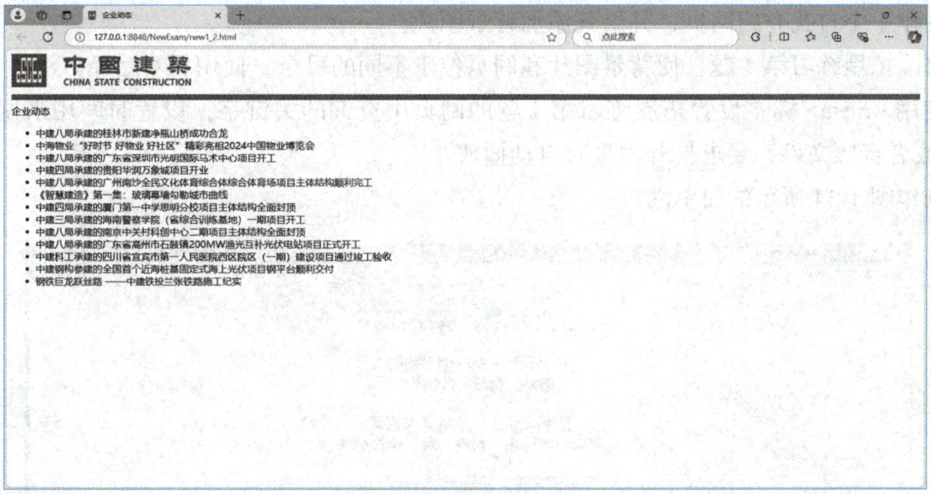

图 1-33　企业动态页面

【参考步骤】

（1）启动 HBuilderX，在指定项目中新建网页，并将图片素材放到对应目录下。

（2）在 <body> 标签对中构建新闻页面的 HTML 框架，代码如下：

```
<body>
    <img src="img/1/logo.png" class="logo1"/>
    <hr size="10px" color="#018dd7" />
```

```
        企业动态
        <ul>
            <li> 中建八局承建的桂林市新建净瓶山桥成功合龙 </li>
            <li> 中海物业“好时节 好物业 好社区”精彩亮相 2024 中国物业博览会 </li>
            <li> 中建八局承建的广东省深圳市光明国际马术中心项目开工 </li>
            <li> 中建四局承建的贵阳华润万象城项目开业 </li>
            <li> 中建八局承建的广州南沙全民文化体育综合体综合体育场项目主体结构顺利完工 </li>
            <li>《智慧建造》第一集：玻璃幕墙勾勒城市曲线 </li>
            <li> 中建四局承建的厦门第一中学思明分校项目主体结构全面封顶 </li>
            <li> 中建三局承建的海南警察学院（省综合训练基地）一期项目开工 </li>
            <li> 中建八局承建的南京中关村科创中心二期项目主体结构全面封顶 </li>
            <li> 中建八局承建的广东省高州市石鼓镇 200MW 渔光互补光伏电站项目正式开工 </li>
            <li> 中建科工承建的四川省宜宾市第一人民医院西区院区（一期）建设项目通过竣工验收 </li>
            <li> 中建钢构参建的全国首个近海桩基固定式海上光伏项目钢平台顺利交付 </li>
            <li> 钢铁巨龙跃丝路——中建铁投兰张铁路施工纪实 </li>
        </ul>
    </body>
```

（3）保存并预览网页。

拓展练习

1．制作一个自我介绍网页，并给其添加背景图片。

2．修改拓展练习第 1 题，使背景图片和网页位于不同的目录，使用相对路径。

3．使用 <meta> 标签设置拓展练习第 1 题的网页中查询的关键字，设置时间用来刷新，并且添加视频或者音频文件，要求打开网页时自动播放。

4．制作图 1-34 所示的简单网页。

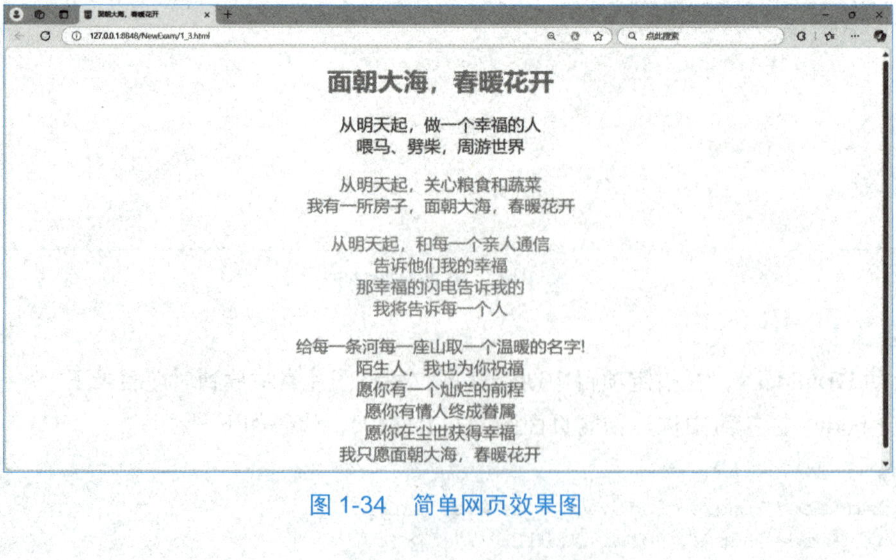

图 1-34　简单网页效果图

第2章

CSS样式表基础

学习目标

- 了解 CSS 的基本语法；
- 掌握选择器的使用，会在网页的制作中熟练使用各种不同的选择器；
- 掌握样式表的使用，会使用三种不同的样式表。

知识结构

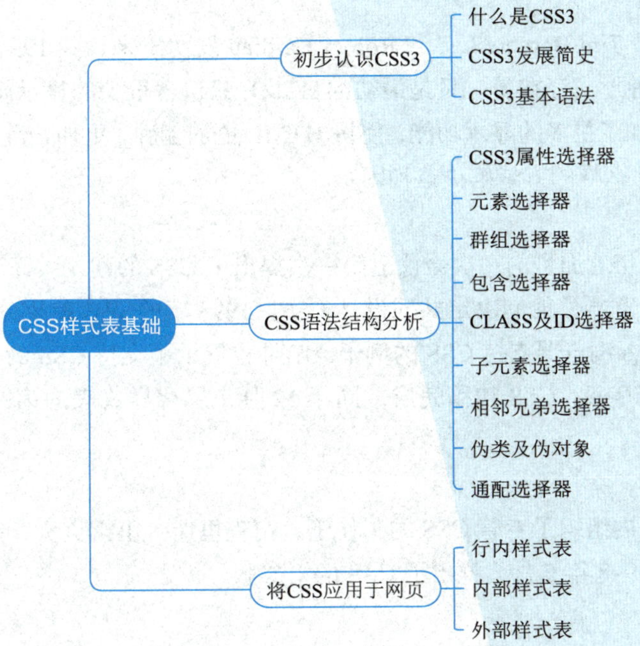

随着网页设计技术的发展，人们已经渐渐不满足原有的一些 HTML 标记，而是希望能够为页面内容添加一些更加绚丽的属性，如鼠标标记、渐变效果等。CSS 技术的发展使这些成为现实。本章主要介绍CSS中的选择器和样式表，通过本章的学习，读者能够熟练使用选择器和样式表制作网页。

2.1 初步认识 CSS3

2.1.1 什么是 CSS3

CSS（cascading style sheets，层叠样式表）是一种用来表现 HTML 或 XML 等文件样式的计算机语言。网页是由内容和格式组成的，网页上的文字和图片是内容，文字的大小、字体、颜色等都是格式，而样式表就是一种控制网页格式的技术。CSS 不但可以静态地修饰网页，还可以配合各种脚本语言动态地对网页元素进行格式化。在网页制作时使用 CSS 技术，可以对网页的布局、字体、颜色、背景和其他效果实现更加精确的控制。CSS 文件其实是一种文本文件，扩展名是 .css，只是采用 CSS 的语法规则来写，这样浏览器也可以识别，可以将 HTML 代码和 CSS 代码分开编写，做到内容和格式相分离，互不干扰，条理也更加清晰。随着 CSS3 标准被越来越多的浏览器支持，CSS 的作用也越来越大，从而和 HTML、JavaScript 组成了网页制作的三大元素。

2.1.2 CSS3 发展简史

1. CSS 的出现

从 1990 年 Web 被 Tim Berners-Lee 和 Robert Cailliau 发明出来，到 1994 年 Web 开始进入人们的生活，样式就以各种形式存在着，只是最初的 HTML 只包含很少的显示属性。而随着 HTML 的发展，在 HTML 中添加了更多的显示功能，使得 HTML 更加臃肿，更加杂乱，为了改善这种情况，人们开始寻找设计以什么样的方式解决这种困难。

2. CSS1

哈坤 • 利在 1994 年芝加哥的一次会议上第一次提出了 CSS 的建议，而当时波特 • 波斯正在设计一款名叫 Argo 的浏览器，他们决定共同设计 CSS。1995 年的 WWW 网络会议上 CSS 又一次被提出，波特演示了 Argo 浏览器支持 CSS 的例子，哈坤也展示了支持 CSS 的 Arena 浏览器。同年，W3C 组织成立，1996 年底，CSS 初稿完成，同年 12 月，层叠样式表的第一份正式标准完成，成为 W3C 的推荐标准。

3. CSS2

1997 年初，W3C 内组织了专管 CSS 的工作组，由克里斯 • 里雷负责，讨论了一套内容和表现效果分离的方式，在 1998 年 5 月，推出了 CSS 的第二版。

4. CSS3

1999 年开始制定 CSS3，希望 CSS 向着模块化方向发展，于是，在 2001 年 5 月 23 日 W3C 完成了 CSS3 的工作草案，主要包括盒子模型、列表模块、超链接方式、语言模块、背景、边框、文字特效、多栏布局等模块。CSS3 提供了一些新的特性及功能，可以使用户减少一些开发成本和维护成本，并且能够提升页面的性能。

2.1.3　CSS3 基本语法

CSS 的语法结构如下：

```
选择器 { 样式属性 : 属性值 ; 样式属性 : 取值 ; }
```

其中，选择器可以是多种形式的，例如，要定义 HTML 标记中 H2 的样式，可以使用以下代码：

```
H2{font-family: 黑体 ;font-size:24px;}
```

以上代码表示，选择器字体属性为黑体，字体大小为 24 px。

2.2 CSS 语法结构分析

2.2.1　CSS3 属性选择器

CSS 的属性很多，可以从网上查阅相关资料。表 2-1 列出了常用的 CSS 属性。

表 2-1　常用的 CSS 属性

属　性	CSS 名称	说　明
字体属性	font-family	设置或检索文本的字体
	font-size	设置或检索文本字体的大小
	font-style	设置或检索文本的字体样式，即字体风格，主要设置字体是否为斜体。取值范围：normal | italic | oblique
	font-weight	用于设置字体的粗细，取值范围：Normal | bold | bolder | lighter | number
颜色及背景属性	color	设置文本的颜色
	background-color	设置背景颜色
	background-image	设置元素的背景图像
文本属性	text-align	设置文本的对齐方式，如左对齐、右对齐、居中对齐、两端对齐
	text-indent	设置文本第一行的缩进量，取值可以是一个长度或一个百分比
	vertical-align	设置文本的纵向位置
边框属性	border-style	设置边框的样式
	border-width	设置边框的宽度
	border-color	设置边框的颜色
	border-left	设置左边框的属性
尺寸及定位属性	width	设置元素的宽度
	height	设置元素的高度
	left	定位元素的左边距
	top	定位元素的顶边距
	position	设定浏览器如何定位元素，absolute 表示绝对定位，需要同时使用 left、right、top、bottom 等属性进行绝对定位
	z-index	设置层的层叠先后顺序和覆盖关系

2.2.2　元素选择器

最常见的 CSS 选择器是元素选择器，也就是最基本的选择器。如果设置 HTML 的样式，选择器通常就是某个 HTML 元素，如 p、n1、em、a，也可以是 HTML 本身。

示例 2-1

```
<html>
    <head>
        <meta charset="UTF-8">
        <title>元素选择器示例</title>
        <style type="text/css">
            html{color: black;}
            h1{color: blue;}
            h3{color:red};
            h5{color:yellow}
        </style>
    </head>
    <body>
        <h1>2022 北京冬奥会</h1>
        <h3>谷爱凌获得自由式滑雪女子大跳台金牌</h3>
        <h5>苏翊鸣获得单板滑雪男子大跳台金牌</h5>
        <p>中国“00 后”运动员闪耀赛场</p>
    </body>
</html>
```

运行结果如图 2-1 所示。

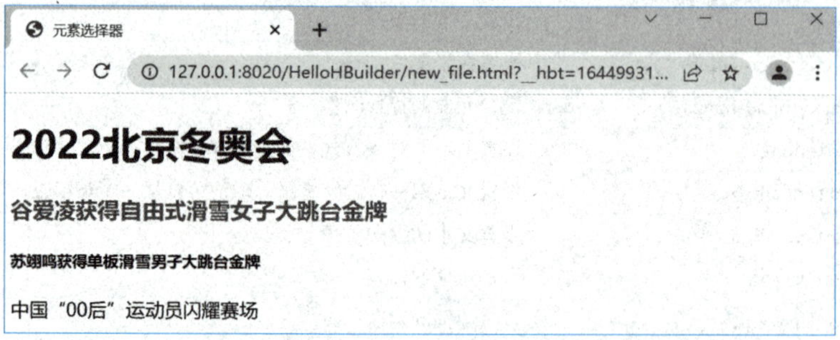

图 2-1　元素选择器效果图

2.2.3　群组选择器

更改一下示例 2-1，假设希望 h5 和段落都显示为红色。为达到这个目的，最容易的做法是使用以下声明：

```
h5, p { color:red }
```

将 h5 和 p 选择器放在规则左边，然后用逗号分隔，这样就定义了一个规则。其右边的样式 { color:red } 将应用到这两个选择器所引用的元素。逗号告诉浏览器，规则中包含两个不同的选择器。如果没有这个逗号，那么规则的含义将完全不同。也可以将任意多个选择器分组在一起，对此没有任何限制。

例如，如果用户想把很多元素显示为红色，可以使用类似如下规则：

```
body, h5, p, table, th,td, pre, strong,em{ color:red }
```

通过分组，创作者可以将某些类型的样式“压缩”在一起，这样就可以得到更简洁的样式表。以下两组规则能得到同样的结果，可以很清楚地看出哪一个写起来更容易。

```
h1 {color:blue;}
h2 {color:blue;}
h3 {color:blue;}
h4 {color:blue;}
h5 {color:blue;}
h6 {color:blue;}
h1, h2, h3, h4, h5, h6 {color:blue;}
```

示例 2-2

```
<html>
    <head>
        <meta charset="utf-8">
        <title>群组选择器</title>
        <style type="text/css">
            html{color: black;}
            h1{color: blue;}
            h3,h5,p{color:red};
        </style>
    </head>
    <body>
        <h1>2022 北京冬奥会</h1>
        <h3>谷爱凌获得自由式滑雪女子大跳台金牌</h3>
        <h5>苏翊鸣获得单板滑雪男子大跳台金牌</h5>
        <p>中国“00后”运动员闪耀赛场</p>
    </body>
</html>
```

运行结果如图 2-2 所示。

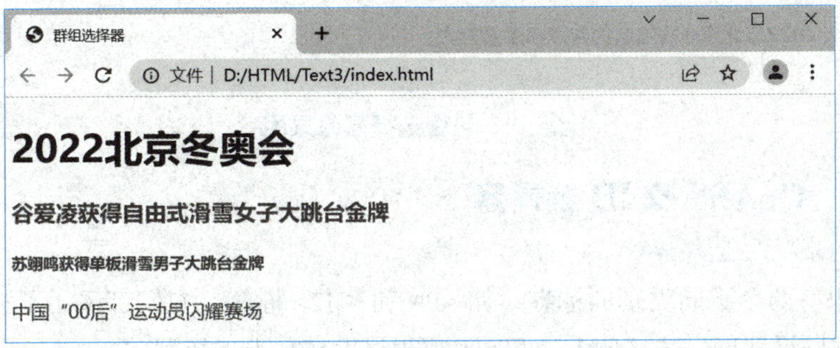

图 2-2　群组选择器效果图

2.2.4　包含选择器

包含选择器又称后代选择器，后代选择器可以选择作为某元素后代的元素。可以定义后代选择器创建一些规则，使这些规则在某些文档结构中起作用，而在另外一些结构中不起作用。

例如，如果用户希望只对 h1 元素中的 em 元素应用样式，可写为：

```
h1 em {color:red;}
```

上面这个规则会把作为 h1 元素后代的 em 元素的文本设置为红色。其他 em 文本（如段落或块引用中的 em）则不会被这个规则影响。

```
<h1>This is a <em>important</em> heading</h1>
<p>This is a <em>important</em> paragraph.</p>
```

当然，用户也可以在 h1 中找到的每个 em 元素上放置一个 class 属性，但是这样代码会更复杂，效率低。

示例 2-3

```
<html>
    <head>
        <meta charset="utf-8">
        <title> 包含选择器 </title>
        <style type="text/css">
            h1 em{color:red;}
        </style>
    </head>
    <body>
        <h1>2022 年北京冬奥会的吉祥物是 <em> 冰墩墩 </em></h1>
        <h3>2022 年北京冬残奥会的吉祥物是 <em> 雪容融 </em></h3>
    </body>
</html>
```

运行结果如图 2-3 所示。

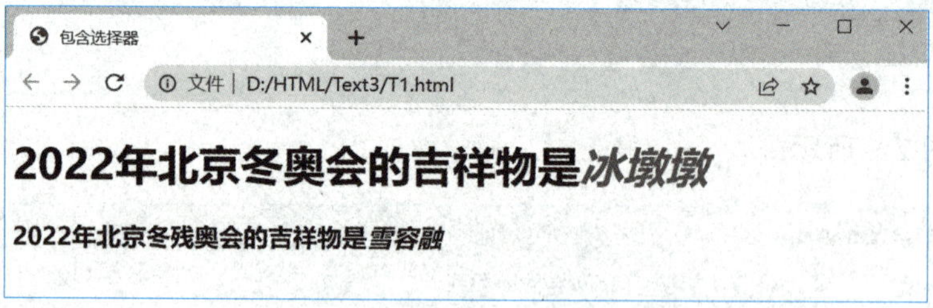

图 2-3　包含选择器效果图

2.2.5　CLASS 及 ID 选择器

视　频

CLASS及ID选择器

1. CLASS 选择器

如果有两个不同类别的标签，如 <P> 和 <H2> 标签，它们都采用了相同的样式，如何让它们共同设置同一样式呢？这里可以采用 CLASS 类选择器。

CLASS 选择器的语法格式如下：

```
. 类名
{
```

```
        样式属性：取值；
        样式属性：取值；
        ...
}
```

需要注意的是：类名前面有一个“.”号，类的名称可以是任意英文单词，或以英文开头与数字的组合，一般以功能或者显示效果简要命名。

但是，与直接定义 HTML 中的标记样式不同的是，这段代码仅仅是定义了样式，并没有应用样式，如果要应用样式中的某个类，还需要在正文中添加如下代码：

```
<P CLASS=" 类名 ">…</P>
<H2 CLASS=" 类名 ">…</H2>
```

示例 2-4 所示为 text 类选择器示例。

示例 2-4

```
<html>
    <head>
        <meta charset="utf-8">
        <title>CLASS 选择器 </title>
        <style type="text/css">
        .text{
            color:red;
            text-decoration:underline;
        }
        </style>
    </head>
    <body>
        <h1 CLASS="text">冰墩墩简介 </h1>
        <p>冰墩墩是 2022 年北京冬季奥运会的吉祥物。它将熊猫形象与富有超能量的冰晶外壳相结合，头部外壳造型取自冰雪运动头盔，装饰彩色光环，整体形象酷似航天员。2018 年 8 月 8 日，北京冬奥会和冬残奥会吉祥物全球征集启动仪式举行。2019 年 9 月 17 日晚，冰墩墩正式亮相。</p>
        <p CLASS="text">冰墩墩寓意创造非凡、探索未来，体现了追求卓越、引领时代，以及面向未来的无限可能。</p>
    </body>
</html>
```

在浏览器中查看该 HTML 页面时，运行结果如图 2-4 所示。

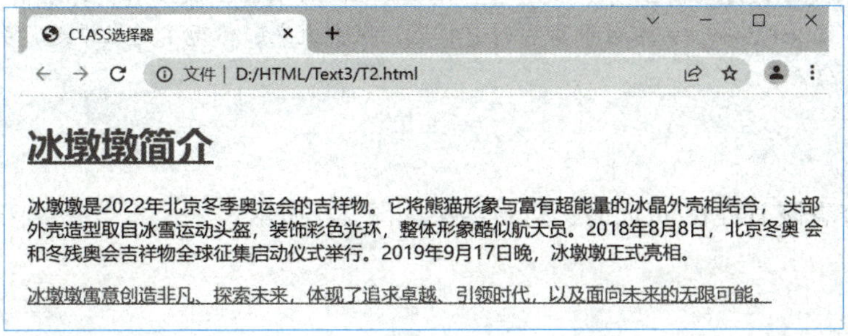

图 2-4　CLASS 选择器效果图

<h1> 和第二个 <p> 标签都采用 text 选择器，第一个 <p> 标签没有采用任何样式，所以按默认样式显示。

从示例 2-4 可以看出，不同类别的标签可以使用同一类选择器，同一类标签可以采用不同的类选择器，类选择器实现了样式的灵活多样，样式共享。

2. ID 选择器

ID 选择器使用 HTML 元素的 ID 属性。

ID 选择器的语法格式如下：

```
#ID 名
{
    .. 样式规则：
}
```

与 CLASS 选择器不同的是，ID 名前面是“#”号，ID 的名称可以是任意取名，但在整个网页中必须唯一，不能重名。如果某个标签希望采用该 ID 选择器的样式，语法格式为：

```
<P ID="ID 名">…</P>
<H2 ID="ID 名">…</H2>
```

示例 2-5 所示为 text ID 选择器示例。

示例 2-5

```
<html>
    <head>
        <meta charset="utf-8">
        <title>ID 选择器 </title>
        <style type="text/css">
            #text{
                color:red;
                text-decoration:underline;
            }
        </style>
    </head>
    <body>
        <h1 ID="text">冰墩墩简介 </h1>
        <p>冰墩墩是 2022 年北京冬季奥运会的吉祥物。它将熊猫形象与富有超能量的冰晶外壳相结合，头部外壳造型取自冰雪运动头盔，装饰彩色光环，整体形象酷似航天员。2018 年 8 月 8 日，北京冬奥会和冬残奥会吉祥物全球征集启动仪式举行。2019 年 9 月 17 日晚，冰墩墩正式亮相。</p>
        <p ID="text">冰墩墩寓意创造非凡、探索未来，体现了追求卓越、引领时代，以及面向未来的无限可能。</p>
    </body>
</html>
```

在浏览器中查看该 HTML 页面时，运行结果如图 2-5 所示。

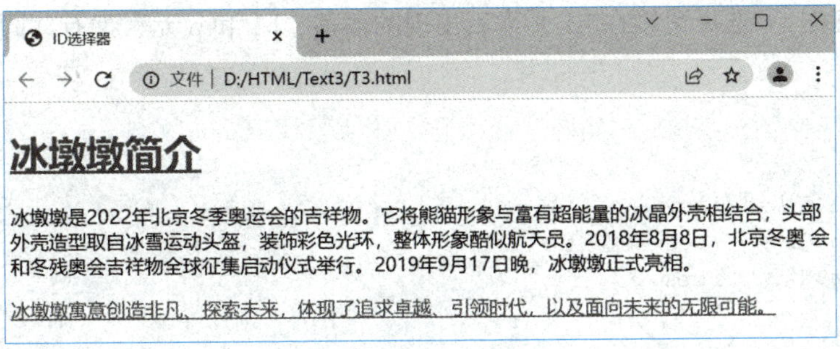

图 2-5　ID 选择器效果图

由于 ID 选择器的功能与 CLASS 选择器一样，并且有时容易与 HTML 标签的 ID 属性相冲突，所以一般不推荐使用。

2.2.6　子元素选择器

视　频

伪类和选择器

子元素选择器（child selector）只能选择作为某元素子元素的元素（IE6 不支持子元素选择器）。

如果用户不希望选择任意后代元素，而是希望缩小范围，只选择某个元素的子元素，可使用子元素选择器。

例如，如果用户希望选择只作为 h1 元素子元素的 strong 元素，可以按照如下规则写：

```
<h1> strong {color:red;}
```

示例 2-6

```
<h1> 这次活动 <strong> 非常 </strong> 重要 .</h1>
<h1> 这次活动 <em> 真的 <strong> 非常 </strong></em> 重要 .</h1>
```

这个规则会把第一个 h1 下面的 strong 元素变为红色，但是第二个 strong 不受影响，效果如图 2-6 所示。

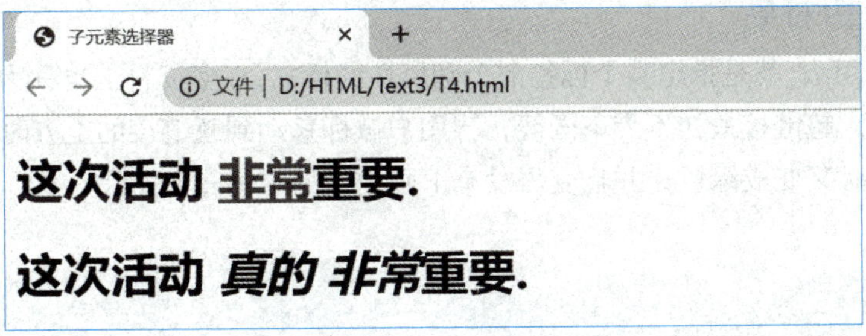

图 2-6　子元素选择器效果图

2.2.7　相邻兄弟选择器

如果需要选择紧接在另一个元素后的元素，而且二者有相同的父元素，可以使用相邻兄弟选择器（adjacent sibling selector）。

例如，如果要增加紧接在 h1 元素后出现的段落的上边距，可以这样写：

```
h1+p {margin-top:50px; }
```

这个选择器读作："选择紧接在 h1 元素后出现的段落，h1 和 p 元素拥有共同的父元素。"

例如：

```
<div>
    <ul>
        <li>List item 1</li>
        <li>List item 2</li>
        <li>List item 3</li>
    </ul>
    <ol>
        <li>List item 1<//i>
        <li>List item 2</li>
        <li>List item 3</li>
    </ol>
</div>
```

在上面的片段中，div 元素中包含两个列表：一个无序列表，一个有序列表，每个列表都包含三个列表项。这两个列表是相邻兄弟，列表项本身也是相邻兄弟。不过，第一个列表中的列表项与第二个列表中的列表项不是相邻兄弟，因为这两组列表项不属于同一父元素（最多只能算堂兄弟）。

注意：用一个结合符只能选择两个相邻兄弟中的第二个元素。例如下面的选择器：

```
li + li {font-weight:bold;}
```

上面这个选择器只会把列表中的第二个和第三个列表项变为粗体。第一个列表项不受影响。

相邻兄弟结合符还可以结合其他结合符：

```
html > body table + ul
{margin-top:20px;}
```

这个选择器解释为：选择紧接在 table 元素后出现的所有兄弟元素，该 table 元素包含在一个 body 元素中，body 元素本身是 html 元素的子元素。

2.2.8 伪类及伪对象

还有一种特殊用法，就是指定某个标签的个别属性的样式，许多资料上也称为"伪类"选择器。常见的就是超链接，超链接最初不带下画线，当用户鼠标移动到超链接的上方时，显示红色的下画线；当单击超链接时又变成绿色，并且变得没有下画线，如示例 2-7 所示。

示例 2-7

```
<html>
    <head>
        <meta charset="utf-8">
        <style type="text/css">
            a{
                /*设置超链接不带下画线，text-decoration 表示对文本修饰*/
                color:blue;
                text-decoration:none;
            }
            a:hover
```

```
            {
                /* 鼠标在超链接上悬停时，带下画线 */
                color:red;
                text-decoration:underline;
            }
            a:active
            {
                /* 当为活动链接时，颜色为绿色，并不带下画线 */
                color:green;
                text-decoration:none;
            }
        </style>
    </head>
    <body>
        <a href="http://www.baidu.com">我是超链接，移过来后再点击我试试看</a>
    </body>
</html>
```

运行效果如图 2-7 至图 2-9 所示。

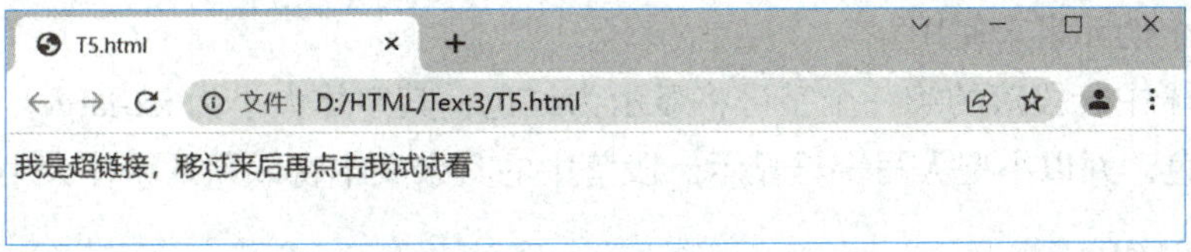

图 2-7　不带下画线的超链接

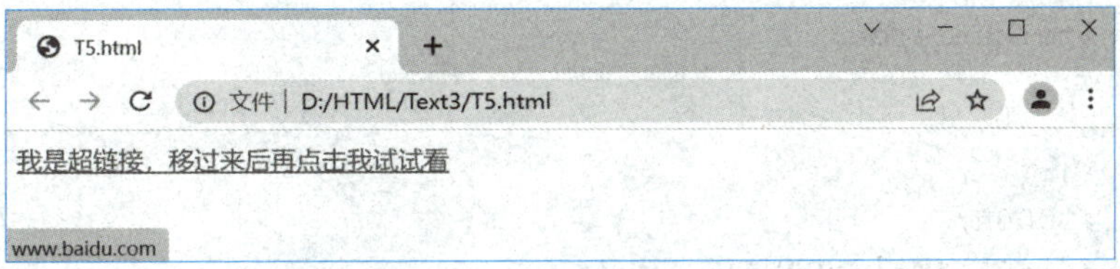

图 2-8　鼠标指针悬停时显示下画线

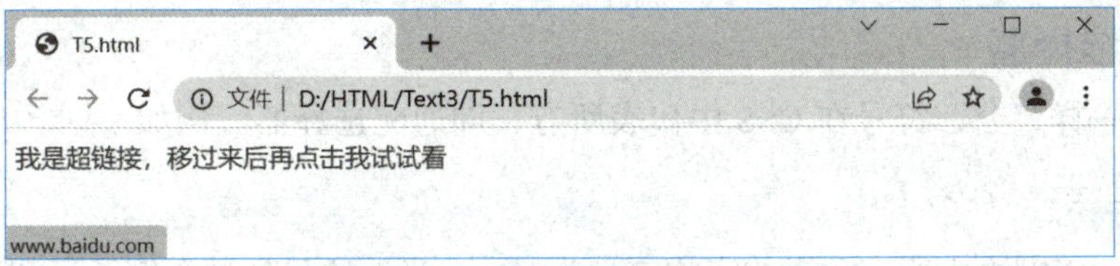

图 2-9　单击时不带下画线

伪对象又称伪元素，用于向某些选择器设置特殊效果。

伪元素的语法如下：

```
selector:pseudo-element {property:value;}
```

CSS 类也可以与伪元素配合使用：

```
selector.class:pseudo-element {property:value;}
```

:first-line 伪元素

“first-line” 伪元素用于向文本的首行设置特殊样式。

在下面的例子中，浏览器会根据“first-line”伪元素中的样式对 p 元素的第一行文本进行格式化：

```
p:first-line
{
    color:#ff0000;
    font-variant:small-caps;
}
```

伪元素可以与 CSS 类配合使用：

下面的例子会使所有 class 为 article 的段落的首字母变为红色。

```
p.article:first-letter
{
    color: #FF0000;
}
<p class="article" >This is a paragraph in an article. </p>
```

可以结合多个伪元素来使用。

在下面的例子中，段落的第一个字母将显示为红色，其字体大小为 xx-large。第一行中的其余文本将显示为蓝色，并以小型大写字母显示。段落中的其余文本将以默认字体大小和颜色显示。

```
p:first-letter
{
    color:#ff0000;
    font-size:xx-large;
}
p:first-line
{
    color:#0000ff;
    font-variant:small-caps;
}
```

2.2.9 通配选择器

和很多语言一样，“*”符号在 CSS 中代表所有，即通配选择器。例如：

```
*{font-size: 12px;}
```

这个例子表示将网页中所有元素的字体定义为 12 px，当然这只是举个例子，一般不会这样定义。在实际应用中，更多的可能如下：

```
*{
    margin:0;
    padding: 0;
}
```

这个定义的含义是将所有元素的外边距和内边距定义为 0，而在具体需要设定内外边距时，再具体定义。从这个例子可以看出，通配选择器的作用更多的是用于对元素的一种统一预设定。

通配选择器也可以用于选择器组合中：

```
div *{ color: #FF0000;}
```

该例子表示在 <div> 标签内的所有字体颜色为红色。

一种例外情况：

```
body *{ font-size:120%;}
```

这时它表示相乘，当然 body 也可以换成其他选择器标签。由于这种效果取决的因素较多，一般不使用。

2.3 将 CSS 应用于网页

根据样式代码所处的位置，可将样式分为行内样式表、内部样式表和外部样式表三类。

视　频

样式表

2.3.1 行内样式表

如果希望某段文字和其他段落文字的显示风格不一样，那么采用“行内样式”比较合适。

行内样式使用元素标签的 style 属性定义，如示例 2-8 所示，两段文字需要采用不同的字体颜色显示，则可在标签内加上 style 属性，运行效果如图 2-10 所示。

示例 2-8

```
<html>
    <head>
        <meta charset="utf-8" />
        <title>行内样式表示例</title>
    </head>
    <body>
        <p style="color:red">2022 北京冬奥会</p>
        <p style="color:blue">
        2 月 4 日，恰逢中国农历二十四节气中的第一个节气“立春”。20 时整，北京第二十四届冬季奥林匹克运动会开幕式倒计时表演在中国传统历法的时光轮转中开篇，大屏幕上依次闪现二十四节气，全场观众随着数字变换齐声呼喊：10、9、8、7、6、5、4、3、2、1……在一片欢呼声中，体育场中央地屏上，一轮明月升起，翩翩彩蝶飞舞，蒲公英的种子飞向空中，绚丽的焰火点亮鸟巢上空，绽放出“立春”的中英文造型，在冬日传递着春的消息。
        </p>
    </body>
</html>
```

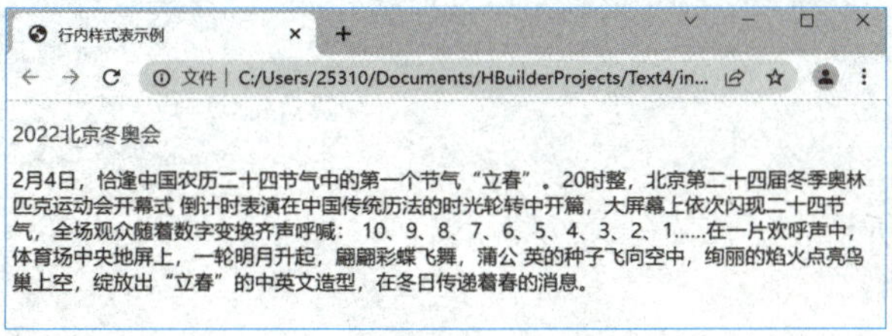

图 2-10　行内样式表示例

从示例 2-8 可以看出，行内样式就是修饰某个标签，规定的样式只对所修饰的标签有效，如此示例中分别规定了两个 <P> 标签的样式。

这种方法简单有效，适合于单个标签，但是，如果有许多同类的标签，如都是 <P> 标签，希望采用同一样式，如果在每个 <P> 标签内都加上重复的样式代码，那将比较麻烦。这时可以采用内嵌样式，即把样式统一放置在 <HEAD> 标签内。

2.3.2 内部样式表

内部样式表又称嵌入样式表，它放置在 <HEAD> 标签内，格式如下：

```
<HEAD>
    <STYLE TYPE="TEXT/CSS">
        //1……样式规则……
    </STYLE>
</HEAD>
```

其中 <STYLE>…</STYLE> 分别代表样式的开始和结束。

定义好某个标签（如 <p>）的样式后，所有同类标签（如 <p>）都将采用该样式。示例 2-8 可以用内部样式表改写为示例 2-9 所示形式。

示例 2-9

```
<html>
    <head>
        <meta charset="utf-8" />
        <title>内部样式表示例</title>
        <style type="text/css">
            .text1{
                color:red;
            }
            .text2{
                color:blue;
            }
        </style>
    </head>
    <body>
        <p class="text1">2022 北京冬奥会</p>
        <p class="text2">
2月4日，恰逢中国农历二十四节气中的第一个节气“立春”。20时整，北京第二十四届冬季奥林匹克运动会开幕式倒计时表演在中国传统历法的时光轮转中开篇，大屏幕上依次闪现二十四节气，全场观众随着数字变换齐声呼喊：10、9、8、7、6、5、4、3、2、1……在一片欢呼声中，体育场中央地屏上，一轮明月升起，翩翩彩蝶飞舞，蒲公英的种子飞向空中，绚丽的焰火点亮鸟巢上空，绽放出“立春”的中英文造型，在冬日传递着春的消息。
        </p>
    </body>
</html>
```

运行结果如图 2-11 所示。

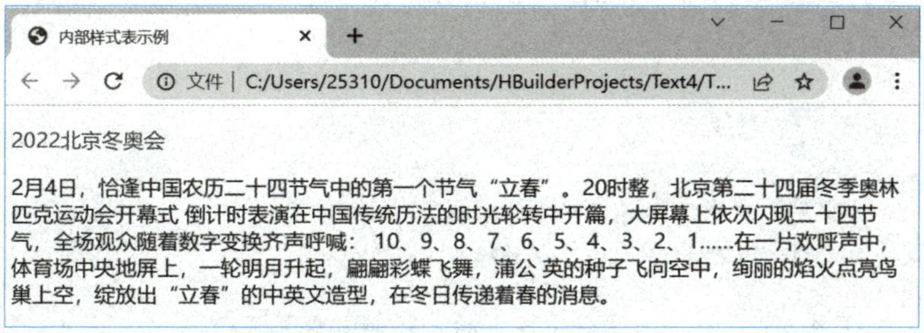

图 2-11　内部样式表效果图

可以看出，写法改变了，演示效果并没有改变。

2.3.3　外部样式表

无论是行内样式还是内部样式，都实现了在同一张网页内，各个标签可以采用自己希望的样式。但是，这还远远不够，因为在开发网站时，可能希望整个网站的所有网页都采用同一样式，这怎么办呢？这时可以把这些样式从 <HEAD> 标签中提取出来，放在一个单独的文件中，然后和每张网页关联，这种做法就是外部样式表。

根据样式文件与网页的关联方式，可分为两种：链接外部样式表和导入样式表。

1. 链接外部样式表

链接外部样式表是指通过 HTML 的 <link> 标签把样式文件和网页建立关联，而该 <link> 标签必须放到页面的 <head> 标签内，其语法格式如下：

```
<head>
    <link rel="stylesheet" type="text/css"  href="样式表文件.css">
</head>
```

在该语法中，浏览器从样式表文件中以文档格式读出定义的样式表。Rel="stylesheet" 是指在页面中使用的是外部样式表；type="textcss" 是指文件的类型是样式表文本；href 参数用来指定文件的地址，可以是绝对地址或相对地址。

具体创建步骤如下所示：

（1）创建外部样式表文件：新建文本文档，把以前写在 <head> 标签中的样式规则写入该文件即可，保存时以 .css 为扩展名。假设取名为 mystyle.css。

mystyle.css 文件：

```
p {
    font-family:宋体;
    font-size:36px;
}
.text {
    background-color:yellow;
    font-size:18px;
}
```

（2）把样式文件和网页关联：假定示例 2-10 和示例 2-11 网页都引用 mystyle.css 样式表。代码如示例 2-10 所示。

示例 2-10

```
<html>
    <head>
        <title>外部样式表示例</title>
        <link rel="stylesheet" type="text/css" href="mystyle.css" />
    </head>
    <body> 采用 mystyle.css 文件中规定的 <p> 链接样式显示
        <p>奥林匹克运动经过漫长的历史，发展到今天，无论从规模，还是从水平上来看，都已为举世所瞩目。
        <p class="text">奥林匹克精神也因此得到了广泛传播，对人类的社会活动和人类的文明产生了深刻的影响。
    </body>
</html>
```

在浏览器中查看该页面时，运行结果如图 2-12 所示。

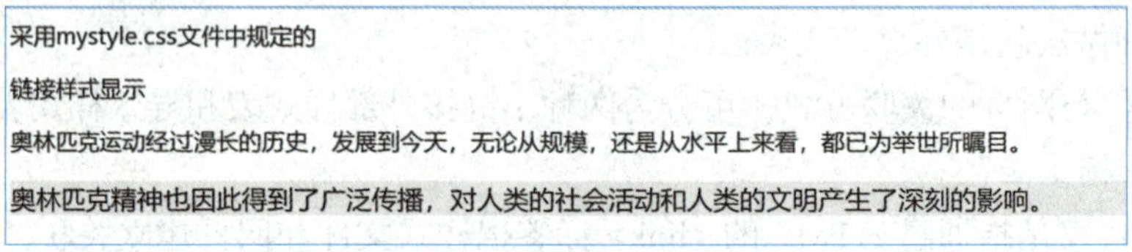

图 2-12　外部样式表示例

示例 2-11

```
<html>
    <head>
        <title> 外部样式表示例 </title>
        <link rel="stylesheet" type="text/css" href="mystyle.css" />
    </head>
    <body>
        <h3> 速度滑冰 </h3>
        <hr>
        <p class="text">     速度滑冰是以冰刀为工具在冰上进行的一种冰上竞速运动。在国际体育分类学上属于滑冰运动。它是指在规定距离内以竞速为目的的滑冰比赛，简称速滑，是冬季奥运会的正式比赛项目。运动员脚着冰鞋在冰面上滑行，借助冰刀的刀刃切入冰面形成稳固的支撑点，通过两腿轮流蹬冰、收腿、下刀，滑进动作以及全身协调配合向前快速滑行。
    </body>
</html>
```

在浏览器中查看该页面时，运行结果如图 2-13 所示。

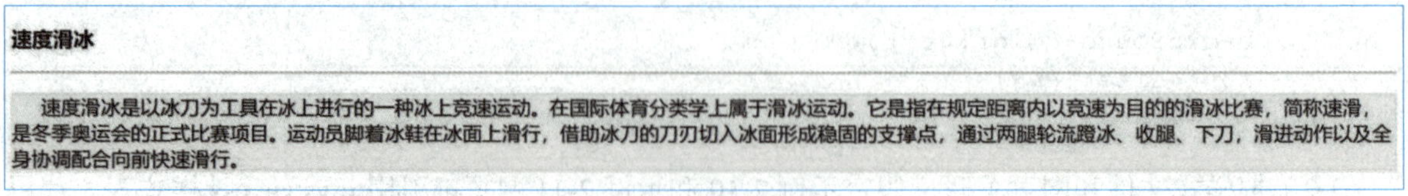

图 2-13　外部样式表示例

2. 导入样式表

在网页中，还可以使用 @import 方法导入样式表，其格式如下：

```
<head>
    <style type="text/css">
        @import 样式表文件 .css
        选择器 ( 样式属性 : 取值 ; 样式属性 : 取值 ; …)
    </style>
</head>
```

注意：在使用中，需要注意的是导入外部样式表，也就是 @import 声明必须在样式表定义的开始部分，而其他样式表的定义都要在 @import 声明之后。

本章小结

1. 样式表由样式规则组成，这些规则告诉浏览器如何显示文档。样式表是将样式（如字体、颜色、字号等）添加到网页中的简单机制。

2. 样式表包括选择器和样式规则，选择器又分为 HTML 选择器、CLASS 类选择器和 ID 选择器。

3. 根据样式代码的位置不同，可以将样式分为行内样式表、内部样式表、外部样式表三类。

课后自测

一、选择题

1. CSS 的中文全称是（　　）。

A. 层叠样式表　　B. 层叠表　　C. 样式表　　D. 以上都正确

2. 下列不是 CSS 字体属性的是（　　）。

A. font-family　　B. font-size　　C. font-weight　　D. color

3. 下列不属于 CSS 插入形式的是（　　）。

A. 链接式　　B. 内嵌式　　C. 导入外部式　　D. 索引式

4. 下列关于 CSS 的说法不正确的是（　　）。

A. CSS 可以控制网页背景图片　　B. margin 属性的属性值可以是百分比

C. 字体大小的单位可以是 em　　D. px 是长度单位

5. CSS 的正确语法构成是（　　）。

A. body:color=black　　B. {body color:black;}

C. body {color: black;}　　D. {body:color=black(body)}

6. 下列 CSS 属性能够设置文本加粗的是（　　）。

A. font=　　B. style:bold　　C. font:b　　D. font-weight:bold

7. 下列 CSS 属性能够更改文本字体的是（　　）。

A. f:　　B. font=　　C. font-family:　　D. text-decoration:none

8. 下列选项中不属于 CSS 文本属性的是（　　）。

A. font-size　　B. text-transform　　C. text-align　　D. line-height

9. 在 CSS 中用于设置背景图像的是（　　）。

A. background-color　　B. background-image

C. background-repeat　　D. background-position

10. 在 CSS 中下画线的属性是（　　）。

A. text-decoration　　B. text-indent　　C. text-transform　　D. text-align

11. 在 CSS 中“左边框”的语法是（　　）。

A. border-left-width: 值　　B. border-top-width: 值

C. border-left: 值　　D. border-top-width: 值

12. 在 CSS 文本属性中，文本对齐属性的取值没有（　　）。

A. left　　B. center　　C. right　　D. none

13. 在 CSS 中“大小写转换”属性是（　　）。

A. text-decoration　　B. text-indent　　C. text-transform　　D. text-align

14. 下列关于 CSS 样式表作用的叙述中不正确的是（　　）。

A. 精减网页，提高下载速度

B. 只需修改一个 CSS 代码，即可改变页数不定的网页外观和格式

C. 在不同浏览器和平台之间具有较好的兼容性

D. 内容与样式分离

15. 在 CSS 中不属于添加在当前页面的形式是（　　）。

A. 内联式样式表　　B. 嵌入式样式表

C. 层叠式样式表　　D. 链接式样式表

16. 在 CSS 中用于设置“字体风格”的属性是（　　）。

A. font-size　　B. font-style　　C. font-weight　　D. font-variant

17. 在 CSS 中用于设置“字体粗细”的属性是（　　）。

A. font-size　　B. font-style　　C. font-weight　　D. font-variant

18. 在 CSS 中用于设置“字体大小”的属性是（　　）。

A. font-size　　B. font-style　　C. font-weight　　D. font-variant

19. 在 CSS 中用于设置下画线样式的是（　　）。

A. text-decoration:underline;　　B. text-indent:2em;

C. text-decoration:none;　　D. text-align:left;

20. 在 CSS 中用于设置对文字加上画线的是（　　）。

A. text-decoration:none　　B. text-decoration:underline

C. text-decoration:overline　　D. text-decoration:line-through

21. （　　）属性指定字体样式为：正常、斜体和偏斜体。

A. font style　　B. font family　　C. line height　　D. font designer sight

22. 要链接到外部样式表 mystyle.css，下列代码正确的是（　　）。

A. <head><link rel="mystyle.css"...></head>

B. <head><link href="mystyle.css"></head>

C. <head-style><link rel="nystyle.css".></style></head>

D. <head><style><link href="mystyle.css"...></style></head>

23. 为了在网页中将 H1 标题定位于左边距为 100 px、上边距为 50 px 处，下面代码正确的是（　　）。

A.
```
h1 {position:absolute ;
    left:100px ;
    top:50px; }
```

B.
```
h1 {left:100px;
    top:50px; }
```

C.
```
h1 {left:100;
    top:50; }
```

D.
```
h1 {position:absolute;
    left:100;
    top:50; }
```

24. 在样式表中（　　）属性用于设置文本框边框的粗细。

A. border　　B. border-style　　C. border-size　　D. border-width

25. 下面不是文本标签属性的是（　　）。

A. nbsp;　　B. align　　C. color　　D. face

二、判断题

1. CSS 属性 background-image 用于设置背景位置。（　　）
2. CSS 样式表可以控制页面的布局。（　　）
3. CSS 样式表可以将格式和结构分离。（　　）
4. CSS 属性 color 用于指定元素的背景色。（　　）
5. CSS 定义一般是由标签、大括号构成。（　　）
6. CSS 样式表能精减网页，提高下载速度。（　　）
7. CSS 样式表可以使许多网页同时更新。（　　）
8. CSS 语法中的大括号中放置此标签的属性。（　　）
9. 一般用“标签属性：属性数值”表示 CSS 语法格式。（　　）
10. CSS 样式表不能制作体积更小、下载速度更快的网页。（　　）
11. 在首页中不可以使用 CSS 样式定义风格。（　　）
12. CSS 语法格式中不同属性之间用逗号隔开。（　　）
13. 样式表又称 CSS（cascading style sheets，层叠样式表）。（　　）
14. CSS 样式只能通过外部导入，并链接到网页，网页才能有效果。（　　）
15. CSS 样式有内嵌样式表、内部样式表、外部样式表三种。（　　）

上机实战

练习 1：制作企业动态列表网页

【问题描述】

本案例中，在第 1 章企业动态页面案例的基础上，应用各 HTML 标签和常用的 CSS 样式属性，以及在页面中添加 CSS 样式的方法，制作图 2-14 所示的企业动态页面。

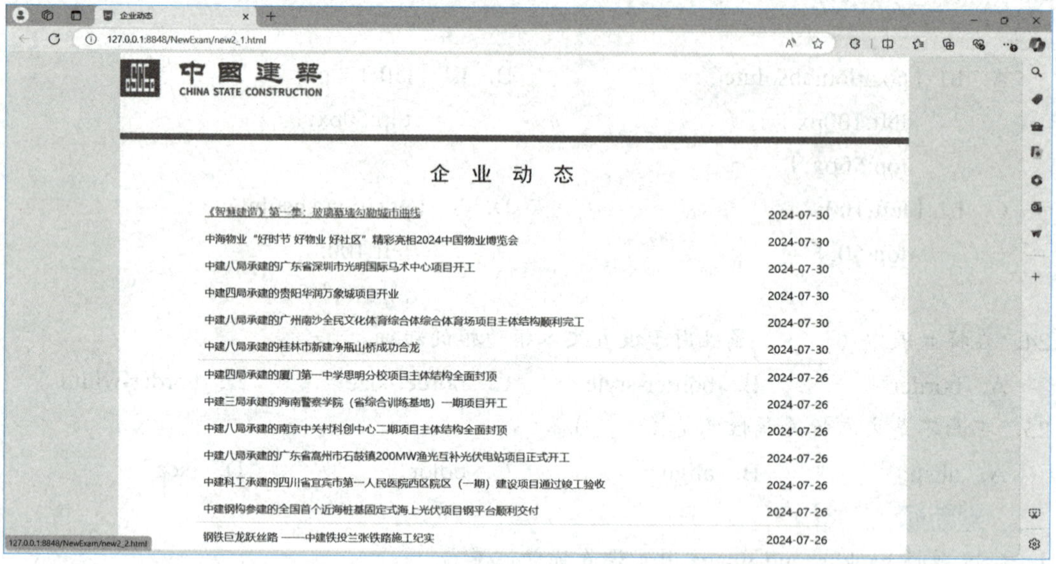

图 2-14　企业动态页面

【参考步骤】

（1）启动 HBuilderX，在指定项目中新建网页，并将图片素材放到对应目录下。

（2）在 <body> 标签对中构建新闻页面的 HTML 框架，代码如下：

```
<body>
    <div class="box">
        <img src="img/2/logo.png" class="logo1"/>
        <hr size="10px" color="#018dd7" />
        <div class="box2">
            <h2>企业动态</h2>
            <ul>
                <li><a href="new2_2.html" target="_blank">《智慧建造》第一集：玻璃幕墙勾勒城市曲线</a><span>2024-07-30</span></li>
                <li>中海物业“好时节 好物业 好社区”精彩亮相 2024 中国物业博览会<span>2024-07-30</span></li>
                <li>中建八局承建的广东省深圳市光明国际马术中心项目开工<span>2024-07-30</span></li>
                <li>中建四局承建的贵阳华润万象城项目开业<span>2024-07-30</span></li>
```

```
                    <li> 中建八局承建的广州南沙全民文化体育综合体综合体育场项目主体结构顺
利完工 <span>2024-07-30</span></li>
                    <li> 中建八局承建的桂林市新建净瓶山桥成功合龙 <span>2024-07-30</
span></li>
                    <hr color="#f2f2f2" />
                    <li> 中建四局承建的厦门第一中学思明分校项目主体结构全面封顶 <span>
2024-07-26</span></li>
                    <li> 中建三局承建的海南警察学院（省综合训练基地）一期项目开工 <span>
2024-07-26</span></li>
                    <li> 中建八局承建的南京中关村科创中心二期项目主体结构全面封顶 <span>
2024-07-26</span></li>
                    <li> 中建八局承建的广东省高州市石鼓镇 200 MW 渔光互补光伏电站项目正式
开工 <span>2024-07-26</span></li>
                    <li> 中建科工承建的四川省宜宾市第一人民医院西区院区（一期）建设项目通
过竣工验收 <span>2024-07-26</span></li>
                    <li> 中建钢构参建的全国首个近海桩基固定式海上光伏项目钢平台顺利交付
<span>2024-07-26</span></li>
                    <hr color="#f2f2f2" />
                    <li> 钢铁巨龙跃丝路 ——中建铁投兰张铁路施工纪实 <span>2024-07-26</
span></li>
    <li> 中建八局承建的湖北艺术职业学院新校区建设项目全面封顶 <span>2024-07-24</span></li>
                    <li> 中建科工承建的广东平远深圳小镇安居工程（一期）项目开工
<span>2024-07-24</span></li>
                    <li> 中建四局承建的广东名创优品肇庆高新区“一带一路”产业园项目竣工
<span>2024-07-24</span></li>
                    <li> 中建四局承建的广州黄埔智荟产业基地项目主体结构全面封顶
<span>2024-07-24</span></li>
                    <li>【贯彻大商务管理 提升价值创造力】中国建筑首届青年商务人才大赛金奖
展示 <span>2024-07-24</span></li>
                </ul>
            </div>
        </div>
    </body>
```

（3）为了页面更加美观，使用内部样式表为上面搭建好的 HTML 结构的网页应用简单的 CSS 样式，代码如下：

```
    <style>
        *{                                  /* 通用设置，清除所有元素默认内外边距 */
            margin: 0;
            padding: 0;
        }
        .box{                               /* 设置 box 内容在浏览器居中 */
            width: 84%;
            margin: 0 auto;
            background-color: #fff;         /* 设置背景颜色 */
        }
        body {
            background-color: #f2f2f2;      /* 背景颜色灰色 */
            font-size: 15px;                /* 设置文字大小为 15 px*/
```

```
        margin: 0px 20px;     /*设置整个页面的上下边距为 0 px，左右边距为 20 px */
    }
    .logo1{
        margin-top: 10px;                          /*设置顶部边距 10 px*/
        margin-bottom: 50px;                       /*设置底部边距 50 px*/
    }
    .box2{                                         /*设置 box2 在 box 内部居中 */
        width: 80%;
        margin: 0 auto;
    }
    h2{
        text-align: center;                        /*设置文字居中对齐 */
        color: #333;                               /*设置文字颜色 */
        font-weight: normal;                       /*设置文字常规 */
        font-family: "黑体";                       /*设置文字字体为黑体 */
        font-size: 30px;                           /*设置文字大小为 30 px */
        line-height: 56px;                         /*设置行高 */
        padding: 20px 0 10px;
        letter-spacing: 1em;                       /*设置文字间距 */
    }
    ul{
        list-style: none;                          /*清除列表的项目符号 */
    }
    ul li{
        line-height: 40px;                         /*设置列表每一项行高 */
        font-size: 16px;                           /*设置文字大小为 16 px */
        color: #333;                               /*设置文字颜色 */
        padding-left: 10px;                        /*设置列表项内容左边距 */
    }
    ul li span{
        float: right;                              /*设置列表每一项日期靠右 */
        padding-left: 0px;
    }
    a:link{                                        /*伪类选择器，设置超链接样式 */
        color: #018dd7;
        text-decoration: none;
    }
    a:visited{                                     /*超链接被访问后的文字颜色 */
        color: #626675;
    }
    a:hover{                                       /*鼠标移到超链接上的样式 */
        text-decoration: underline;
        color: #ff0000;
    }
</style>
```

（4）保存并预览网页。

练习 2：制作企业新闻列表页面

【问题描述】

本案例制作的页面效果如图 2-15 所示。

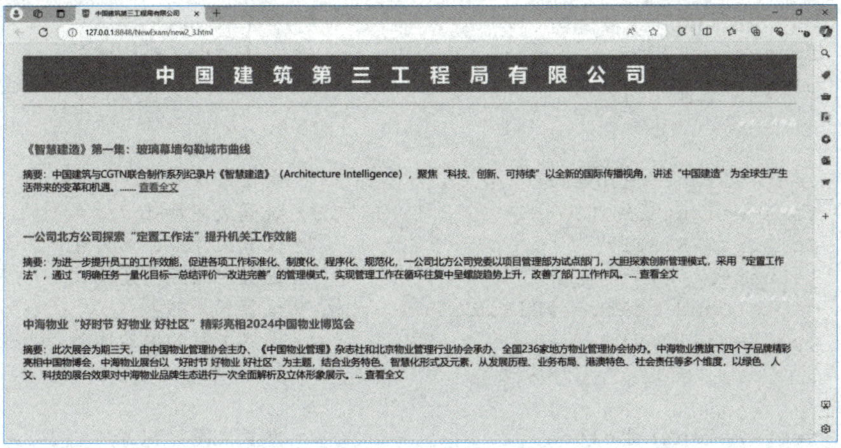

图 2-15　企业新闻列表页面

【参考步骤】

（1）启动 HBuilderX，在指定项目中新建网页，并将图片素材放到对应目录下。

（2）在 <body> 标签对中构建新闻页面的 HTML 框架，代码如下：

```
<body>
    <h1> 中国建筑第三工程局有限公司 </h1>
    <hr />
    <h4> 分类：行业动态 </h4>
    <h3>《智慧建造》第一集：玻璃幕墙勾勒城市曲线 </h3>
    <p> 摘要：中国建筑与 CGTN 联合制作系列纪录片《智慧建造》(Architecture Intelligence)，
聚焦“科技、创新、可持续”以全新的国际传播视角，讲述“中国建造”为全球生产生活带来的变革和机遇。
.......  <a href="new2_2.html" target="_blank"> 查看全文 </a></p>

    <h4> 分类：行业动态 </h4>
    <h3> 一公司北方公司探索“定置工作法”提升机关工作效能 </h3>
    <p> 摘要：为进一步提升员工的工作效能，促进各项工作标准化、制度化、程序化、规范化，一
公司北方公司党委以项目管理部为试点部门，大胆探索创新管理模式，采用“定置工作法”，通过“明确任
务—量化目标—总结评价—改进完善”的管理模式，实现管理工作在循环往复中呈螺旋趋势上升，改善了部
门工作作风。...   查看全文 </p>

    <h4> 分类：行业动态 </h4>
    <h3> 中海物业“好时节 好物业 好社区”精彩亮相 2024 中国物业博览会 </h3>
    <p> 摘要：此次展会为期三天，由中国物业管理协会主办、《中国物业管理》杂志社和北京物业
管理行业协会承办、全国 236 家地方物业管理协会协办。中海物业携旗下四个子品牌精彩亮相中国物博会，
中海物业展台以“好时节 好物业 好社区”为主题，结合业务特色、智慧化形式及元素，从发展历程、业务
布局、港澳特色、社会责任等多个维度，以绿色、人文、科技的展台效果对中海物业品牌生态进行一次全面
解析及立体形象展示。...   查看全文 </p>
</body>
```

（3）为了页面更加美观，使用内部样式表（读者可以尝试使用外部样式表）为上面搭建好的 HTML 结构的网页应用简单的 CSS 样式，代码如下：

```
<style>
    body {
        background-color:#f2f2f2;              /* 背景颜色灰色 */
        font-size:18px;                        /* 文字大小 18 px*/
        margin: 0px 30px;      /* 设置整个页面的上下边距为 0 px，左右边距为 30 px */
    }
    h1 {
        text-align: center;                    /* 文字居中对齐 */
        font-weight: bolder;                   /* 设置文字加粗 */
        color: #FFFFFF;                        /* 设置文字颜色为白色 */
        letter-spacing:1em;                    /* 设置字间距为 1 个文字大小 */
        background-color: #018dd7;             /* 设置背景颜色 */
        padding: 10px;                         /* 设置文字的内边距为 10 px */
    }
    h3 {
        font-weight: bold;                     /* 设置文字加粗 */
        color: #018dd7;                        /* 设置文字颜色 */
    }
    h4{
        text-align: right;                     /* 文字右对齐 */
        color: #ffff7f;                        /* 设置文字颜色为白色 */
        font-family: "华文新魏";                /* 设置文字字体为华文新魏 */
        font-style:oblique;                    /* 文字倾斜 */
    }
    a:link{                                    /* 设置超链接初始样式 */
        text-decoration: underline;
        color: #222;
    }
    a:visited{                                 /* 超链接被访问后的文字颜色 */
        color: #626675;
    }
    a:hover{                                   /* 鼠标移到超链接上的样式 */
        text-decoration: underline;
        color: #315efb;
    }
</style>
```

（4）保存并预览网页。

拓展练习

1. 制作图 2-16 所示的企业新闻显示网页。

图 2-16　企业新闻显示页面

2．制作个人主页。效果如图 2-17 所示。

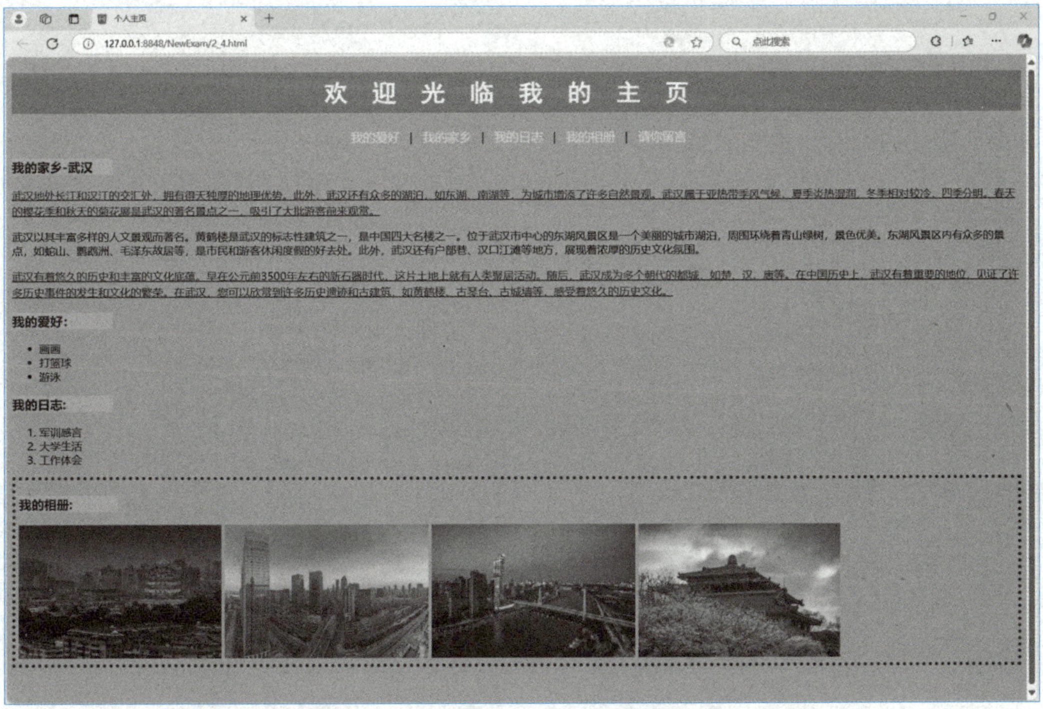

图 2-17　个人主页效果图

3．制作图 2-18 所示的旅游攻略网站页面。

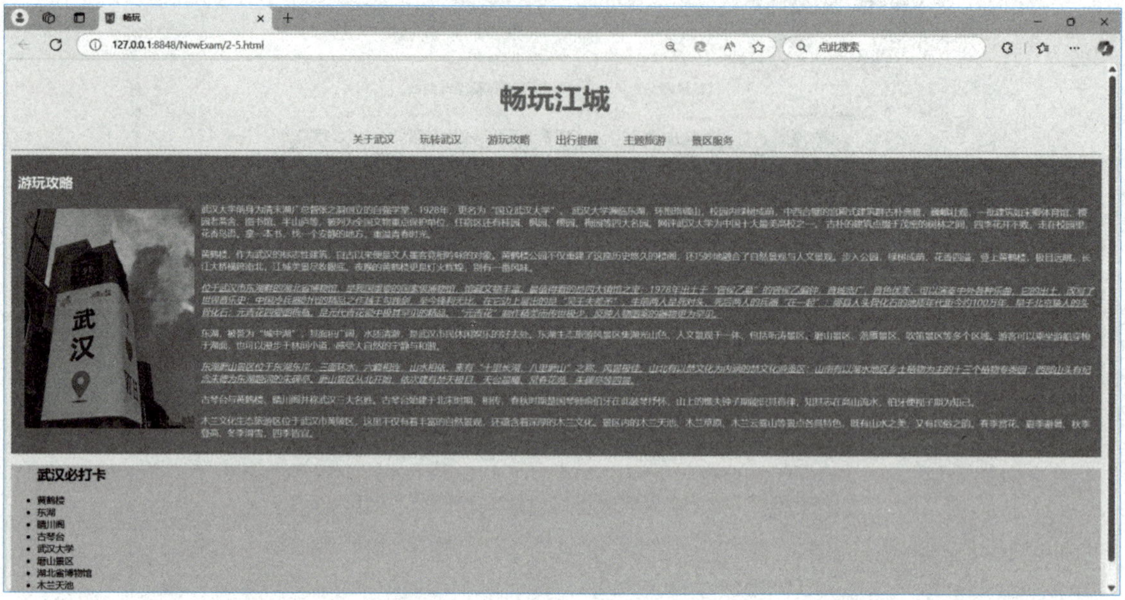

图 2-18　旅游攻略网页效果

第3章 表格的应用

学习目标

- 掌握与表格相关的 HTML 标签、表格的基础用法；
- 能够在网页中使用表格显示数据。

知识结构

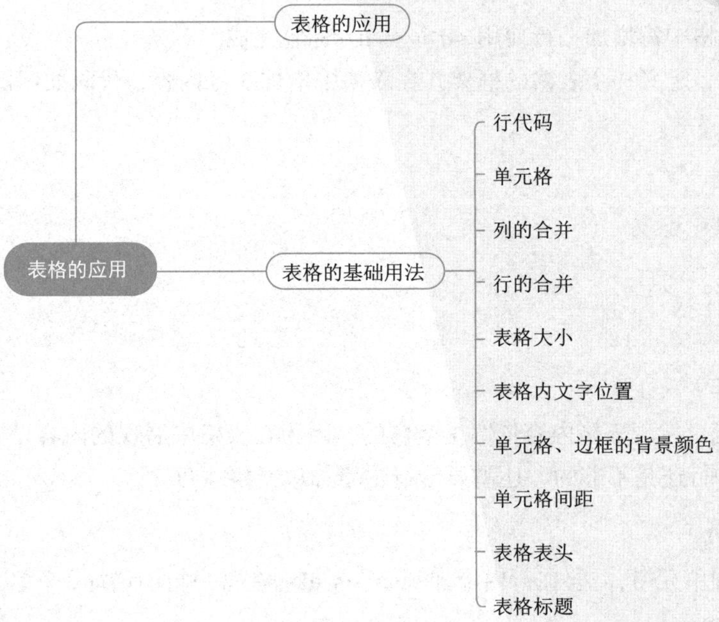

前面学习了构成网页的基本标签。从本章开始学习表格标签，表格主要用于设计和规划网页，也让人们日常使用的表格能在网页中正常展现。

本章主要讲解表格的相关标签，以及表格的基础用法，让网页中能够正常展现表格的内容。

3.1 表格的定义

表格在日常生活中很常见，在 Excel 中创建一个表格时，只需在表格的相应位置输入对应的内容，使用鼠标拖动表格的宽度和高度即可完成制作，操作很简单。但在网页中要生成一个表格就相对要复杂一点，需要使用代码定义表格的每一个属性。

在 HTML 中，<table>…</table> 标签用来创建一个表格区域，这是表格中的主体框架代码。

添加表格的语法如下：

```
<table>
    …
</table>
```

3.2 表格的基础用法

视 频

表格中的单元格

<table>…</table> 创建一个表格区域后，直接预览的话，内容是空白的，需要在表格中增加对应的行数、列数、单元格数据以及其他属性才能正常展示出表格。

3.2.1 行代码

在表格中每增加一行使用 <tr>…</tr> 标签完成。

例如，定义一个表格的框架并在表格中增加 3 行内容，代码如示例 3-1 所示。

示例 3-1

```
<table>
    <tr>
    </tr>
    <tr>
    </tr>
    <tr>
    </tr>
</table>
```

再次进行预览，发现表格内容依旧是空白的，因为在表格中展现的内容是一个个单元格，所以在表格中只是增加行还是不够的，还需要给行中增加单元格才行。

3.2.2 单元格

在表格中增加单元格，需要在行内增加 <td>…</td>。在每一行中增加 2 个单元格，代码如示例 3-2 所示。

示例 3-2

```
<table>
    <tr>
        <td></td>
        <td></td>
```

```
    </tr>
    <tr>
        <td></td>
        <td></td>
    </tr>
    <tr>
        <td></td>
        <td></td>
    </tr>
</table>
```

再次预览发现表格内容依旧是空白，因为单元格中需要有对应的值才能展示出单元格的内容，单元格的内容放在 <td>…</td> 之间即可，代码如示例 3-3 所示。

示例 3-3

```
<table>
    <tr>
        <td> 书名 </td>
        <td> 作者 </td>
    </tr>
    <tr>
        <td> 三国演义 </td>
        <td> 罗贯中 </td>
    </tr>
    <tr>
        <td> 水浒传 </td>
        <td> 施耐庵 </td>
    </tr>
    <tr>
        <td> 西游记 </td>
        <td> 吴承恩 </td>
    </tr>
    <tr>
        <td> 红楼梦 </td>
        <td> 曹雪芹 </td>
    </tr>
</table>
```

再次预览，效果如图 3-1 所示，可以观察到表格是没有边框的，边框需要加上表单代码才会出现，表格中的边框需要增加边框的 border 属性，修改代码如示例 3-4 所示。

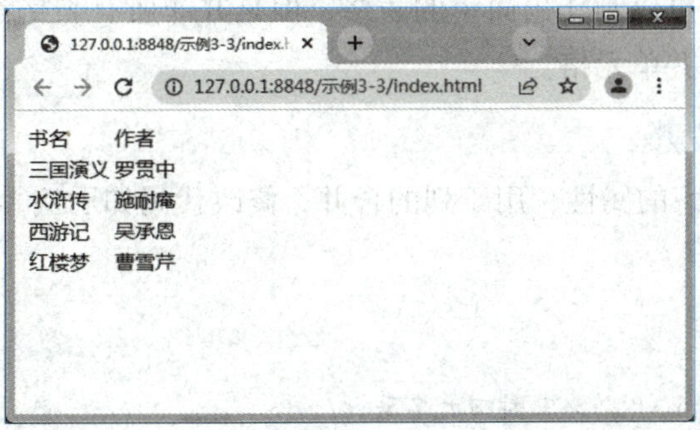

图 3-1　表格中的单元格

示例 3-4

```
<table border="1">
    <tr>
        <td> 书名 </td>
        <td> 作者 </td>
    </tr>
    <tr>
        <td> 三国演义 </td>
        <td> 罗贯中 </td>
    </tr>
    <tr>
        <td> 水浒传 </td>
        <td> 施耐庵 </td>
    </tr>
    <tr>
        <td> 西游记 </td>
        <td> 吴承恩 </td>
    </tr>
    <tr>
        <td> 红楼梦 </td>
        <td> 曹雪芹 </td>
    </tr>
</table>
```

增加边框属性后的效果如图 3-2 所示。

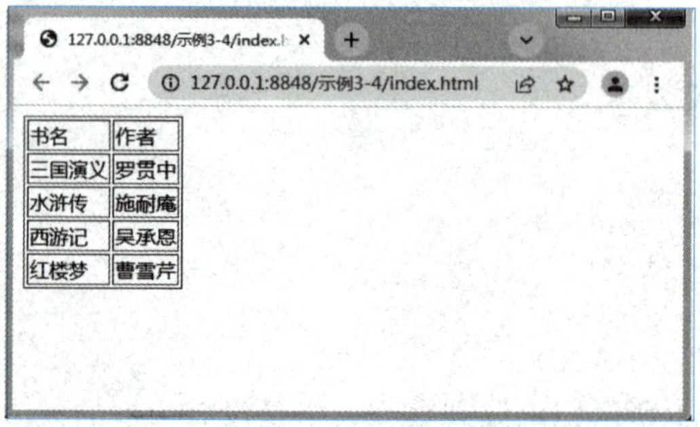

图 3-2　带有边框的表格

视　频

表格中列的合并

通过示例 3-4 可以制作出简单的表格，但是并非所有表格都是这样基础的内容，通常还需要合并列和合并单元格。

3.2.3　列的合并

colspan 是 <td> 的属性，用于列的合并，修改代码如示例 3-5 所示。

示例 3-5

```
<table border="1">
    <tr>
        <td colspan="2"> 中国四大名著 </td>
    </tr>
```

```
        <tr>
            <td> 书名 </td>
            <td> 作者 </td>
        </tr>
        <tr>
            <td> 三国演义 </td>
            <td> 罗贯中 </td>
        </tr>
        <tr>
            <td> 水浒传 </td>
            <td> 施耐庵 </td>
        </tr>
        <tr>
            <td> 红楼梦 </td>
            <td> 曹雪芹 </td>
        </tr>
        <tr>
            <td> 西游记 </td>
            <td> 吴承恩 </td>
        </tr>
    </table>
```

预览后，效果如图 3-3 所示。

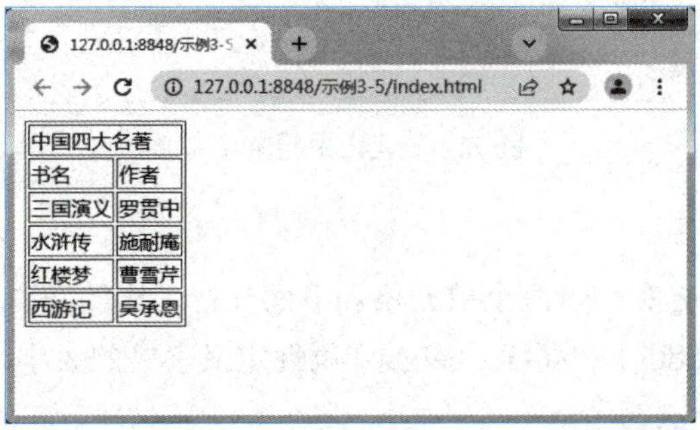

图 3-3　表格中列的合并

3.2.4　行的合并

rowspan 是 <td> 的属性，用于行的合并，修改代码如示例 3-6 所示。

示例 3-6

```
    <table border="1">
        <tr>
            <td rowspan="5"> 中国四大名著 </td>
            <td> 书名 </td>
            <td> 作者 </td>
        </tr>
        <tr>
            <td> 三国演义 </td>
            <td> 罗贯中 </td>
```

```
        </tr>
        <tr>
            <td> 水浒传 </td>
            <td> 施耐庵 </td>
        </tr>
        <tr>
            <td> 红楼梦 </td>
            <td> 曹雪芹 </td>
        </tr>
        <tr>
            <td> 西游记 </td>
            <td> 吴承恩 </td>
        </tr>
    </table>
```

预览后，效果如图 3-4 所示。

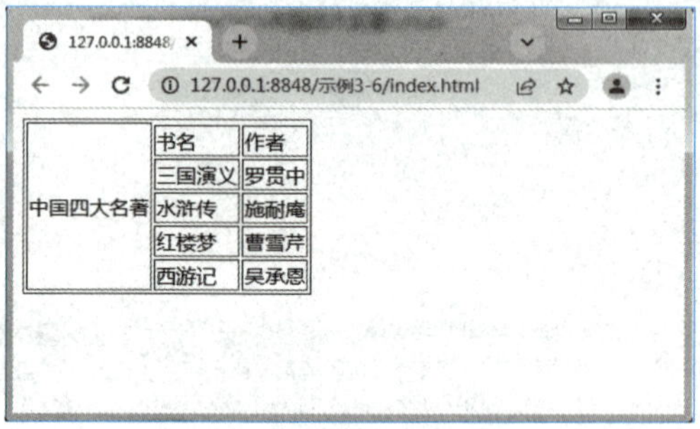

图 3-4　表格中行的合并

3.2.5　表格大小

从图 3-4 可以看出，书名和作者两个单元格和下面几行表格的宽度不一样，而且单元格的高度刚刚合适，需要使用宽度（width）和高度（height）属性定义表格的大小，修改代码如示例 3-7 所示。

示例 3-7

```
<table border="1" width="320" height="200">
    <tr>
        <td rowspan="5"> 中国四大名著 </td>
        <td> 书名 </td>
        <td> 作者 </td>
    </tr>
    <tr>
        <td> 三国演义 </td>
        <td> 罗贯中 </td>
    </tr>
    <tr>
        <td> 水浒传 </td>
        <td> 施耐庵 </td>
    </tr>
    <tr>
```

```
            <td> 红楼梦 </td>
            <td> 曹雪芹 </td>
        </tr>
        <tr>
            <td> 西游记 </td>
            <td> 吴承恩 </td>
        </tr>
    </table>
```

预览后，效果如图 3-5 所示。

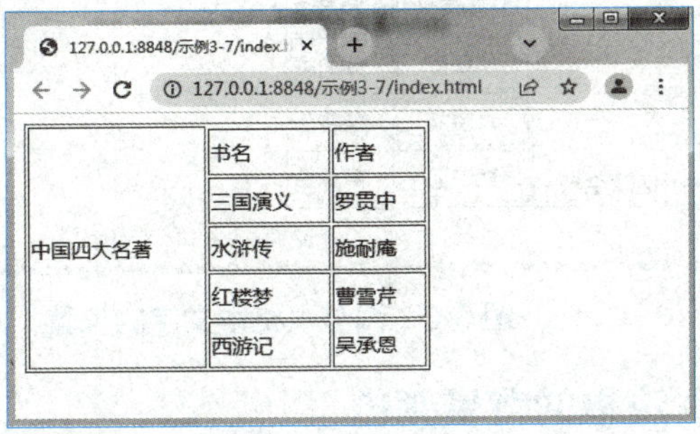

图 3-5　调整好大小后的表格

视　频

调整表格中文字的位置

3.2.6　表格内文字位置

width 和 height 只能定义表格的大小，不能调整文字在表格中的位置，可以使用上中下、左中右等方式进行调整，左中右用 align 属性表示，分别为 left、center、right；上中下用 valign 属性表示，分别为 top、middle、bottom，修改代码如示例 3-8 所示。

示例 3-8

```
<table border="1" width="320" height="200">
    <tr>
        <td rowspan="5" valign="bottom" style="text-align: center;"> 中国四大名著 </td>
        <td style="text-align: center;"> 书名 </td>
        <td style="text-align: right;"> 作者 </td>
    </tr>
    <tr>
        <td style="text-align: center;"> 三国演义 </td>
        <td style="text-align: right;"> 罗贯中 </td>
    </tr>
    <tr>
        <td style="text-align: center;"> 水浒传 </td>
        <td style="text-align: right;"> 施耐庵 </td>
    </tr>
    <tr>
        <td style="text-align: center;"> 红楼梦 </td>
        <td style="text-align: right;"> 曹雪芹 </td>
    </tr>
    <tr>
        <td style="text-align: center;"> 西游记 </td>
```

```
        <td style="text-align: right;"> 吴承恩 </td>
    </tr>
</table>
```

预览后，效果如图 3-6 所示。

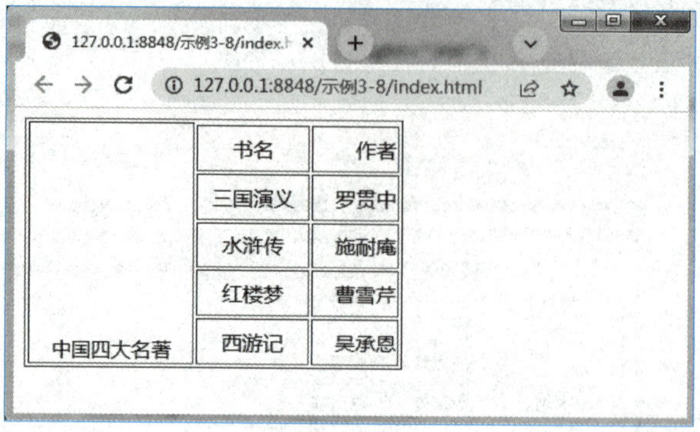

图 3-6　调整表格中文字的位置

视　频

调整表格中背景色、间距

3.2.7　单元格、边框的背景颜色

可以给整个表格或每一行设置背景颜色，也可以给单元格设置背景颜色，还可以给表格边框设置背景颜色，通过 bgcolor 属性可以设置表格、单元格、边框背景颜色，修改代码如示例 3-9 所示。

示例 3-9

```
<table border="1" width="320" height="200" bgcolor="gray" bordercolor="red">
    <tr>
        <td rowspan="5" valign="bottom" style="text-align: center;"> 中国四大名著 </td>
        <td style="text-align: center;"> 书名 </td>
        <td style="text-align: right;"> 作者 </td>
    </tr>
    <tr>
        <td style="text-align: center;"> 三国演义 </td>
        <td style="text-align: right;"> 罗贯中 </td>
    </tr>
    <tr>
        <td style="text-align: center;"> 水浒传 </td>
        <td style="text-align: right;"> 施耐庵 </td>
    </tr>
    <tr>
        <td style="text-align: center;"> 红楼梦 </td>
        <td style="text-align: right;"> 曹雪芹 </td>
    </tr>
    <tr>
        <td style="text-align: center;"> 西游记 </td>
        <td style="text-align: right;"> 吴承恩 </td>
    </tr>
</table>
```

预览后，效果如图 3-7 所示。

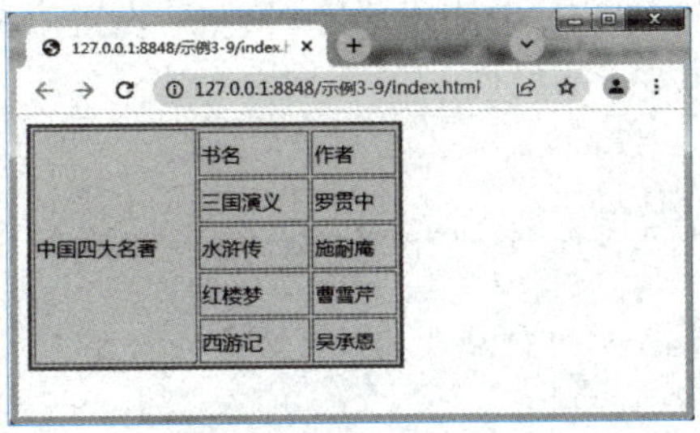

图 3-7　调整表格中背景色

3.2.8　单元格间距

width 和 height 只能定义表格的大小，而 align 和 valign 可以调整表格中文字的上中下、左中右的位置，但是这样不能调整每一个单元格之间的间距，可以使用 cellspacing 属性调整全部单元格间距，也可以使用 cellspacing 属性调整单个单元格间距，修改代码如示例 3-10 所示。

示例 3-10

```
<table border="1" width="320" height="200" cellspacing="10">
    <tr>
        <td rowspan="5"> 中国四大名著 </td>
        <td> 书名 </td>
        <td> 作者 </td>
    </tr>
    <tr>
        <td> 三国演义 </td>
        <td> 罗贯中 </td>
    </tr>
    <tr>
        <td> 水浒传 </td>
        <td> 施耐庵 </td>
    </tr>
    <tr>
        <td> 红楼梦 </td>
        <td> 曹雪芹 </td>
    </tr>
    <tr>
        <td> 西游记 </td>
        <td> 吴承恩 </td>
    </tr>
</table>
```

预览后，效果如图 3-8 所示。

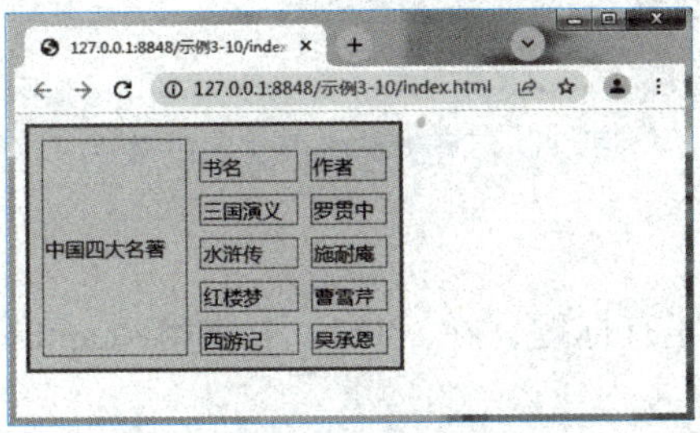

图 3-8　调整表格中的间距

3.2.9 表格表头

正常的表格都包含表头，在 HTML 中使用 <th>…</th> 设置表头，表头中的文字会自动加粗，修改代码如示例 3-11 所示。

视 频

调整表格中表头、标题

示例 3-11

```
<table border="1" width="320" height="200" cellspacing="10">
    <tr>
        <td rowspan="5"> 中国四大名著 </td>
        <th> 书名 </th>
        <th> 作者 </th>
    </tr>
    <tr>
        <td> 三国演义 </td>
        <td> 罗贯中 </td>
    </tr>
    <tr>
        <td> 水浒传 </td>
        <td> 施耐庵 </td>
    </tr>
    <tr>
        <td> 红楼梦 </td>
        <td> 曹雪芹 </td>
    </tr>
    <tr>
        <td> 西游记 </td>
        <td> 吴承恩 </td>
    </tr>
</table>
```

预览后，效果如图 3-9 所示。

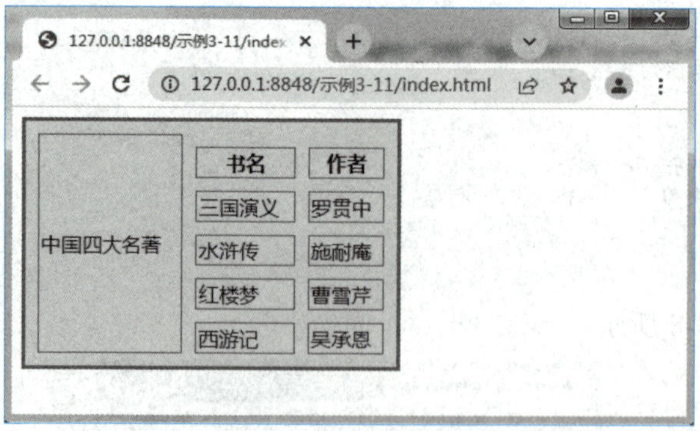

图 3-9 调整表格中文字的表头

3.2.10 表格标题

除了表头内容以外，表格还有标题，在 HTML 中使用 <caption>…</caption> 标签设置标题，修改代码如示例 3-12 所示。

示例 3-12

```
    <table border="3" width="300" height="200" bgcolor="aquamarine" bordercolor=
"red" cellspacing="10">
        <caption align="center"> 中国四大名著 </caption>
        <tr>
            <th> 书名 </th>
            <th> 作者 </th>
        </tr>
        <tr>
            <td align="center"> 三国演义 </td>
            <td align="center"> 罗贯中 </td>
        </tr>
        <tr>
            <td align="center"> 水浒传 </td>
            <td align="center"> 施耐庵 </td>
        </tr>
        <tr>
            <td align="center"> 红楼梦 </td>
            <td align="center"> 曹雪芹 </td>
        </tr>
        <tr>
            <td align="center"> 西游记 </td>
            <td align="center"> 吴承恩 </td>
        </tr>
    </table>
```

预览后，效果如图 3-10 所示。

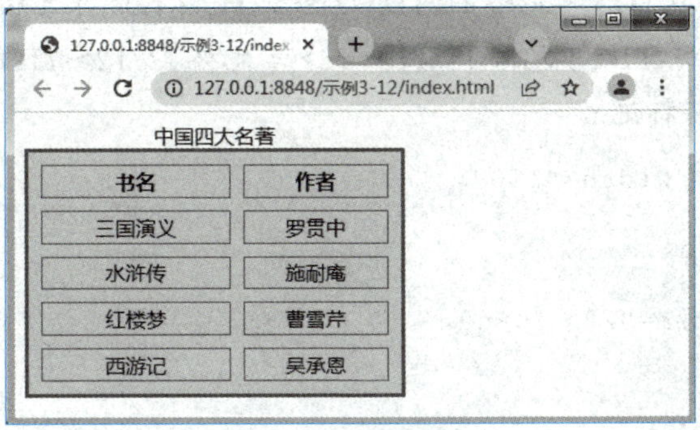

图 3-10　调整表格中标题

本章小结

1. 常见的 HTML 表格有行、单元格、列的合并、行的合并、表格大小、表格内文字位置、单元格、边框的背景颜色、单元格间距、表头、标题。

2. 表格中的文字可以使用文字的设置方式来调整。

课后自测

1. （　　）标签用于在网页中创建表格。

A. <Input>　B. <table>　C. <Form>　D. <Option>

2. 当表格需要合并时，可以使用（　　）标签合并表格。

A. colspan 和 rowspan　B. td 和 tr

C. colspan 和 td　D. tr 和 rowspan

3. 表格边框厚度设置为（　　），在浏览器中显示时没有边框。

A. 0　B. 1　C. 2　D. null

4. 表格最基本的单元是（　　）。

A. 行　B. 列　C. 单元格　D. 行和列

5. 合并单元格 3 列为 1 列，下面设置正确的是（　　）。

A. <td colspan=3></td>　B. <td rowspan=3></td>

C. <td cols=3></td>　D. <td rows=3></td>

6. 下列（　　）不属于表格属性的对齐方式。

A. 左对齐　B. 右对齐　C. 居中　D. 基线

7. 要创建一个 1 行 2 列的表格，下面语句正确的是（　　）。

A. <TABLE><TD><TR> 单元格 1</TR><TR> 单元格 2</TR></TD></TABLE>

B. <TABLE><TR><TD> 单元格 1</TD><TD> 单元格 2</TD></TR></TABLE>

C. <TABLE><TR><TD> 单元格 1</TD></TR><TR><TD> 单元格 2</TD></TR></TABLE>

D. <TABLE><TD><T1> 单元格 1</T1><T2> 单元格 2</T2></TD></TABLE>

8. 有下面一段 HTML 标记：

```
<table border="1" width="150">
    <tr>
        <td> </td>
        <td> </td>
        <td rowspan="2"> </td>
    </tr>
    <tr>
        <td> </td>
        <td> </td>
    </tr>
    <tr>
        <td colspan="2"> </td>
        <td> </td>
    </tr>
</table>
```

下列说法错误的是（　　）。

A. 这是一个 3 行 3 列的表格　B. 这个表格的边框宽度为“1”

C. 这个表格的第 3 行有两个单元格　D. 这个表格的第 3 列有三个单元格

上机实战

练习 1：利用表格布局，制作企业业务领域页面

【问题描述】

本案例中，在前几章案例的基础上，利用 <table> 标签布局网页，制作图 3-11 所示的企业业务领域页面。

图 3-11　业务领域页面效果

【参考步骤】

（1）启动 HBuilderX，在指定项目中新建网页，并将图片素材放到对应目录下。

（2）在 <body> 标签对中构建新闻页面的 HTML 框架，代码如下：

```
<body>
    <div class="box">
        <img src="img/2/logo.png" class="logo1"/>
        <hr size="10px" color="#018dd7" />
        <div class="box2">
            <h2> 业务领域 </h2>
            <table>
                <tr c>
                    <td><img src="img/3/t1.jpg" alt="" /></td>
                    <td class="t2">
                        <span> 中建绿色建筑技术的发展，自 20 世纪 80 年代末参加中国政
府与英国建设署合作的建筑节能项目开始，在建筑工程绿色设计、施工及建材开发等方面，开展了卓有成效
的工作。</span>
```

```
                        <p>2013 年，中国建筑制定并印发了《关于推进中建绿色建筑技术加速发展的指导意见》，开始全面推进绿色建造工作；自 2010 年起，先后主编了《建筑工程绿色施工评价标准》、《建筑工程绿色施工规范》、《钢与混凝土组合结构技术规程》、城市污水处理厂工程施工规范等国家标准，参编了《绿色建筑评价标准》、《公共建筑节能设计标准》（GB 50189—2015）、《绿色旅馆建筑评价标准》、《绿色博览建筑评价标准》等 10 余项国家标准；取得了《建筑与市政工程施工质量控制技术规范》和《施工安全卫生与职业健康技术规范》两项国家强制性标准的牵头编制权以及国标《绿色施工评价标准》修编权；承担了“十二五国家科技支撑项目”中《建筑工程绿色建造关键技术研究与示范》</p>
                        <a href="#" target="_blank">更多</a>
                    </td>
                </tr>
                <tr>
                    <td><img src="img/3/t2.jpg" alt="" /></td>
                    <td class="t2">
                        <span>根据《关于推进中建 BIM 技术加速发展的若干意见》的指导思想，中建在 BIM 应用组织机构建设、集成能力建设、示范工程建设、标准体系建设、人才队伍建设等方面开展了系统推进。</span>
                        <p>中国建筑主编了我国首部施工 BIM 国标《建筑信息模型施工应用标准》（GB/T 51235—2017），参编了《建筑信息模型应用统一标准》（GB/T 51212—2016）等 4 本国家标准，协助住建部起草了《关于推进 BIM 应用的指导意见》（建质函〔2015〕159 号）、《中建行业信息化发展报告》（2014、2015、2016）等行业技术政策和行业报告，编制了具有中国建筑特色的企业 BIM 标准《建筑工程设计 BIM 应用指南》和《建筑工程施工 BIM 应用指南》（2014 年第一版，2016 年第二版），研究建立了具有中国建筑特色的 BIM 应用流程和集成应用方案。并自 2013 年开始率先在业内开展了 BIM 示范工程建设，并结合工程实践创新 BIM 人才培养模式</p>
                        <a href="#" target="_blank">更多</a>
                    </td>
                </tr>
                <tr>
                    <td><img src="img/3/t3.jpg" alt="" /></td>
                    <td class="t2">
                        <span>以中建科技集团为龙头，依托中国建筑品牌、资金、技术以及人才等丰富资源，建立了具有中建自主知识产权的技术应用体系和建筑产业化平台。</span>
                        <p>成立了国内第一个装配式建筑院士专家工作站，牵头组建了中国建筑学会建筑产业现代化发展委员会，成为住建部新型建筑工业化集成建造工程技术研究中心主要成员单位，参加国家装配式建筑产业技术创新联盟、建筑工业化产业技术创新战略联盟等，进一步强化与高校、科研院所、行业知名企业的交流合作；参与编制了国家标准《装配式混凝土结构技术规范》、《装配式钢结构技术规范》、《装配式建筑评价标准》和《近零能耗建筑技术标准》等，主编《北京市装配式建筑评价标准》，成功发布中国建筑《装配式建筑技术标准》、《中建科技装配式建筑全产业链技术体系》1.0 版，形成了《装配式混凝土剪力墙结构建筑技术体系》、《装配式混凝土框架结构建筑技术体系》。
                        </p>
                        <a href="#" target="_blank">更多</a>
                    </td>
                </tr>
            </table>
        </div>
    </div>
</body>
```

（3）为了页面更加美观，使用内部样式表（也可以使用外部样式表）为上面搭建好的 HTML 结构的网页应用简单的 CSS 样式，代码如下：

```
<style>
```

```
*{                                  /* 通用设置，清除所有元素默认内外边距 */
    margin: 0;
    padding: 0;
}
.box{                               /* 设置 box 内容在浏览器居中 */
    width: 84%;
    margin: 0 auto;
    background-color: #fff;         /* 设置背景颜色 */
}
body {
    background-color: #f2f2f2;  /* 背景颜色为灰色 */
    font-size: 15px;                /* 设置文字大小为 15 px*/
    margin: 0px 20px;       /* 设置整个页面的上下边距为 0 px，左右边距为 20 px */
}
.logo1{
    margin-top: 10px;               /* 设置顶部边距 10 px*/
    margin-bottom: 50px;            /* 设置底部边距 50 px*/
}
.box2{                              /* 设置 box2 在 box 内部居中 */
    width: 95%;
    margin: 0 auto;
}
h2{
    text-align: center;             /* 设置文字居中对齐 */
    color: #333;                    /* 设置文字颜色 */
    font-weight: normal;            /* 设置文字常规 */
    font-family: "黑体";            /* 设置文字字体为黑体 */
    font-size: 38px;                /* 设置文字大小为 30 px */
    line-height: 56px;              /* 设置行高 */
    padding: 20px 0 10px;
    letter-spacing: 1em;            /* 设置文字间距 */
}
table{
    width: 100%;                    /* 设置表格宽度 */
}
tr{                                 /* 给每一行设置底部外边距 */
    display: block;                 /* 将 tr 设置为块元素 */
    margin-bottom: 20px;            /* 设置底部边距 20 px*/
}
td.t2{
    padding-left: 20px;             /* 设置第二列左侧内边距 20 px*/
}
span{                               /* 设置 span 文字样式 */
    font-size: 16px;                /* 设置字体大小 */
    line-height: 26px;              /* 设置行高 */
    color: #0080cc;
    display: block;                 /* 将 span 设置为块元素 */
    margin-top: -15px;              /* 设置顶部边距为负值，可自行调整 */
}
p{                                  /* 设置 p 文字样式 */
```

```
            font-size: 14px;
            line-height: 26px;
            margin-top: 10px;
            color: #333;
        }
        table a{
            display: block;                 /* 将 a 设置为块元素 */
            width: 78px;
            height: 26px;
           line-height: 26px;               /* 设置行高与块高相等，使文字垂直居中 */
            border: 1px solid #1d85c2;      /* 设置边框样式 */
            color: #1d85c2;
            text-align: center;
            margin-top: 5px;
            font-size: 12px;
        }
    </style>
```

（4）保存并预览网页。

拓展练习

制作列车时刻表页面，效果如图 3-12 所示。

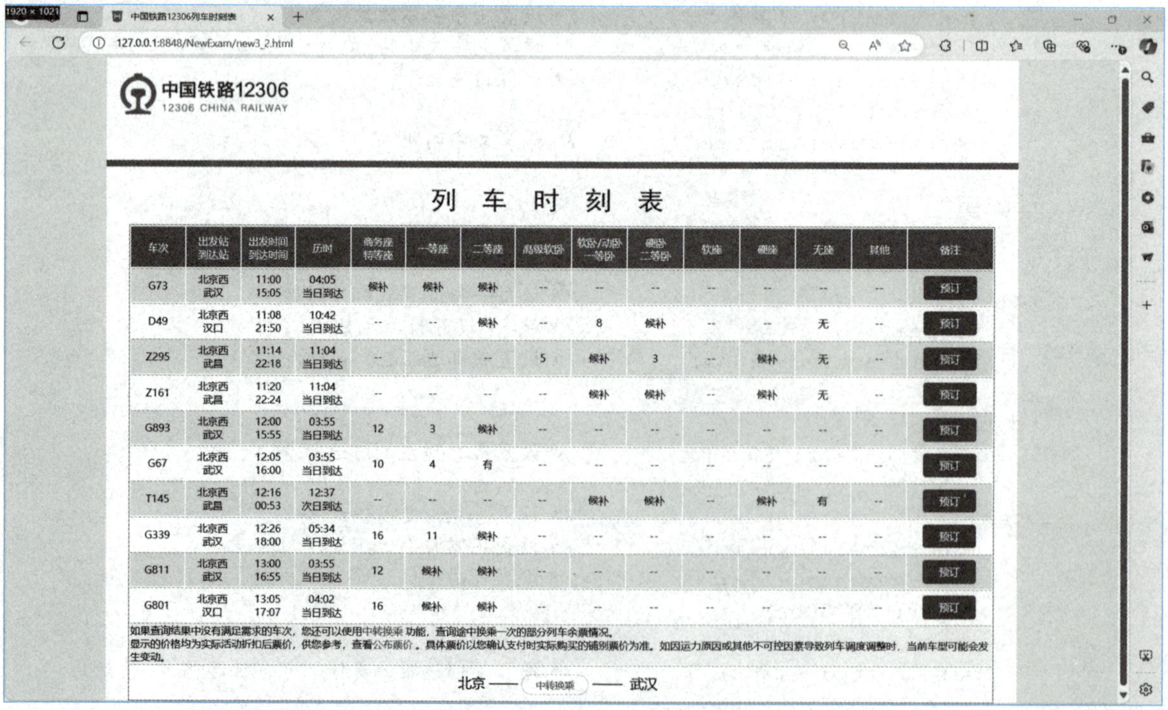

图 3-12　列车时刻表页面效果

第4章 表单的应用

学习目标

- 掌握与表单相关的 HTML 标签；
- 能够根据需要在网页中插入表单标签；
- 掌握 HTML5 新增表单标签。

知识结构

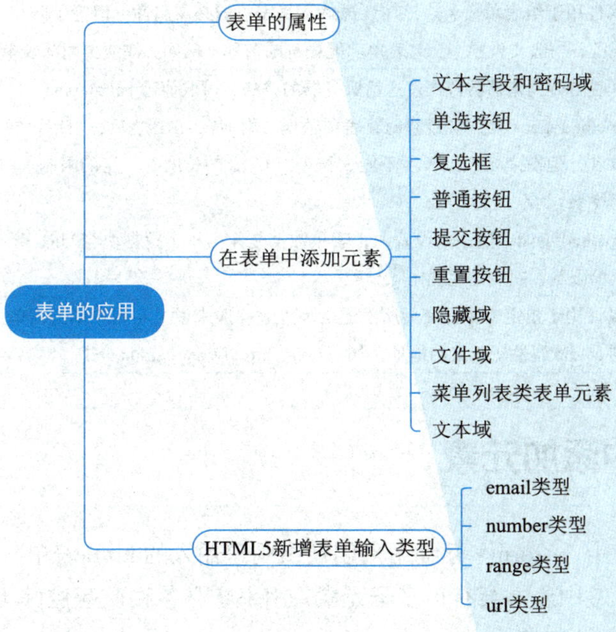

前面已经学习了构成网页常见的表格标签。从本章开始学习表单标签，表格主要用于设计和规划网页，而表单多用于注册页面的设计。

本章主要讲解表单的应用，以及表单中各元素和 HTML5 新增表单标签。

4.1 表单的属性

在 HTML 文档中，表单多数用于注册页面，表单用来接收用户输入的信息，当用户提交表单时，浏览器将用户在表单中输入的数据打包，并发送给服务器，从而实现用户与 Web 服务器的交互。

在 HTML 中，<form>…</form> 标签用来创建一个表单，定义表单的开始和结束，这两个标签之间的内容都属于表单的内容。

添加表单的语法如下：

```
<form name="表单名 " method="传送方示 " action="表单处理程序 ">
    ...
</form>
```

表 4-1 列出了表单属性及说明。

表 4-1　表单属性及说明

属　性	说　明
name	此属性用于给表单命名。该属性虽然不是表单的必需属性，但为了防止表单在提交到后台处理程序时出现混乱，一般要设置一个与表单功能相符的名称。例如，注册页面的表单可以命名为 reg
method	该属性告诉浏览器将数据发送给服务器的方法，可取值为 get 或 post ● method=get：使用该设置时，表单数据会附加在 URL 之后，由用户端直接发送到服务器，所以速度比 post 快，但缺点是数据长度不能太长（因 URL 的长度有一定的限制）。在没有指定 method 的情形下，一般会视 get 为默认值 ● method=post：使用该设置时，表单数据是作为一个数据块与 URL 分开发送的，所以通常没有数据长度上的限制，缺点是速度比 get 慢
action	该属性用于指定表单提交后所发送的地址。一般来说，当用户单击表单上的“提交”按钮后，信息会发送到 action 属性所指定的地址，如 action="http://www.baidu.com"

4.2 在表单中添加元素

视　频

表单中添加元素

在 HTML 中，<form> 标签用来创建供用户输入的 html 表单。

<form> 标签中通常会有很多子元素，用来定义各种交互控件（如文本字段、复选框、单选按钮、提交按钮等），如 <input>、<button>、<select>、<textarea> 等标签。

按照表单元素的填写方式可以将表单分为输入类控件和菜单列表类控件。输入类控件一般以 input 标记开始，说明这个表单元素需要用户输入；菜单列表类控件则以 select 开始，表示用户需要选择。

input 标记定义的表单元素最常用的有文本框、按钮、单选按钮等。input 标记的基本语法如下：

```
<form ……>
    <input name="控件名称" type ="控件类型">
</form>
```

input 标记所包含的元素类型见表 4-2。

表 4-2　input 标记所包含的元素

属　性	说　　明
text	单行文本字段
password	密码字段
radio	单选按钮
checkbox	复选框
button	普通按钮
submit	提交按钮
reset	重置按钮
hidden	隐藏域
file	文件域

4.2.1　文本字段和密码域

文本字段（text）和密码域（password）用于创建单行文本输入框，供访问者输入单行文本信息，它们的属性及说明见表 4-3。

表 4-3　text 和 password 的属性及说明

属　性	说　　明
type	当 type=text 时，创建文本字段 当 type=password 时，创建密码域，当用户输入时，内容显示为“*”
name	文本字段或密码域的名称
size	文本框在页面中显示的长度，以字符为单位
maxlength	在文本框或密码域中最多可以输入的字符数
value	用于定义默认值

例如，创建图 4-1 所示的登录页面，代码如示例 4-1 所示。

示例 4-1

```
<body>
    <p>登录页面</p>
    <p>用户名:<input type="text" name="username" size="15" value="请输入用户名"></p>
    <p>密　码:<input type="password" name="password" size="15" maxlength="6"></p>
</body>
```

视　频

登录页面

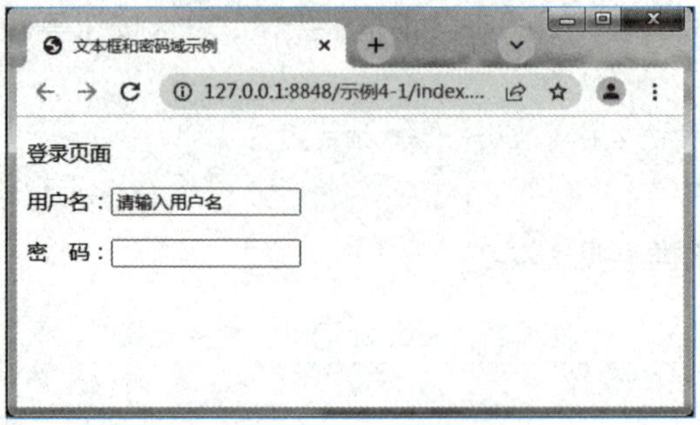

图 4-1 登录页面

4.2.2 单选按钮

radio 元素用于创建单选按钮，单选按钮中的每个单选按钮需要使用相同的名称，用户一次只能选择一个。单选按钮还需要使用 value 值，选定的单选按钮在提交时生成对应的 name/value 值。表 4-4 列出了 radio 元素的属性及说明。

视 频

登录页面增加单选按钮

表 4-4 radio 元素的属性及说明

属 性	说 明
checked	此属性设置该单选按钮被选中
name	此属性设置该单选按钮的名称
value	此属性设置该单选按钮的值

例如，在图 4-1 所示的登录页面中增加单选按钮，如图 4-2 所示，代码如示例 4-2 所示。

示例 4-2

```
<body>
    <p>登录页面</p>
    <p>用户名：<input type="text" name="username" size="15" value="请输入用户
名"></p>
    <p>密  码：<input type="password" name="password" size="15" maxlength= "6">
</p>
    <p>性  别：
        <input type="radio" name="sex" value="male" checked>男
        <input type="radio" name="sex" value="female">女
    </p>
</body>
```

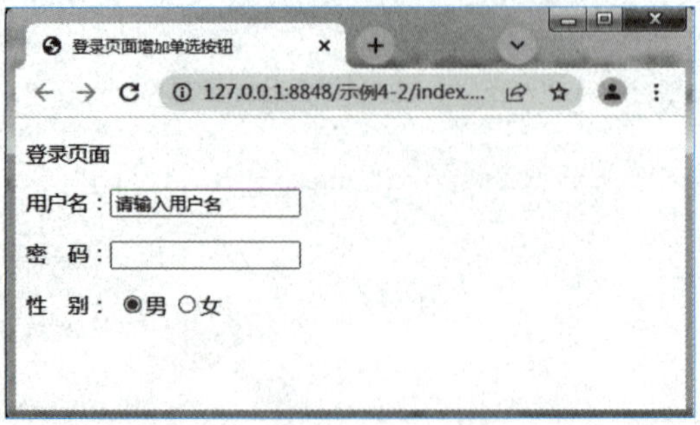

图 4-2 登录页面增加单选按钮

4.2.3　复选框

checkbox 元素用于创建复选框。复选框允许用户在有限数量的选项中选择零个或多个选项。选定的多个选项在提交时生成对应的 name/value 值。表 4-5 列出了 checkbox 元素的属性及说明。

视　频

登录页面增加复选框

表 4-5　checkbox 元素的属性及说明

属　性	说　　明
checked	此属性设置该复选框被选中
name	此属性设置该复选框的名称
value	此属性设置该复选框的值

例如，在图 4-2 所示的登录页面中增加复选框，如图 4-3 所示，代码如示例 4-3 所示。

示例 4-3

```
<body>
    <p>登录页面</p>
    <p>用户名：<input type="text" name="username" size="15" value="请输入用户
名"></p>
    <p>密　码：<input type="password" name="password" size="15" maxlength="6"></p>
    <p>性　别：
        <input type="radio" name="sex" value="male" checked>男
        <input type="radio" name="sex" value="female">女
    </p>
    <p>
        <input type="checkbox" name="test" value="book" checked>看书
        <input type="checkbox" name="test" value="spot">运动
        <input type="checkbox" name="test" value="sing">唱歌
        <input type="checkbox" name="test" value="game">游戏
    </p>
</body>
```

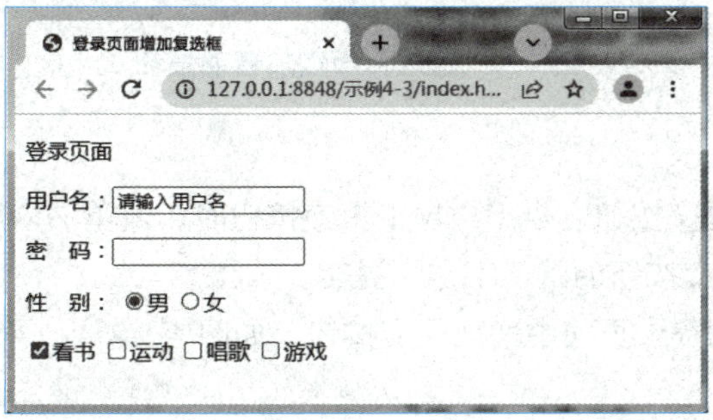

图 4-3　登录页面增加复选框

4.2.4　普通按钮

button 元素是普通按钮，普通按钮在正常情况下单击是没有效果的，需要给按钮单独设置方法后单击才能生效。

例如,在图 4-3 所示的登录页面中增加一个“这是点击无效按钮”按钮,如图 4-4 所示,代码如示例 4-4 所示。

示例 4-4

```
<body>
    <p>登录页面</p>
    <p>用户名:<input type="text" name="username" size="15" value="请输入用户名"></p>
    <p>密  码:<input type="password" name="password" size="15" maxlength= "6"></p>
    <p>性  别:
        <input type="radio" name="sex" value="male" checked>男
        <input type="radio" name="sex" value="female">女
    </p>
    <p>
        <input type="checkbox" name="test" value="hobby1" checked>看书
        <input type="checkbox" name="test" value="hobby2">运动
        <input type="checkbox" name="test" value="hobby3">唱歌
        <input type="checkbox" name="test" value="hobby4">游戏
    </p>
    <p><input type="button" name="b1" value="这是点击无效按钮"></p>
</body>
```

视 频

登录页面增加普通按钮、提交按钮、重置按钮

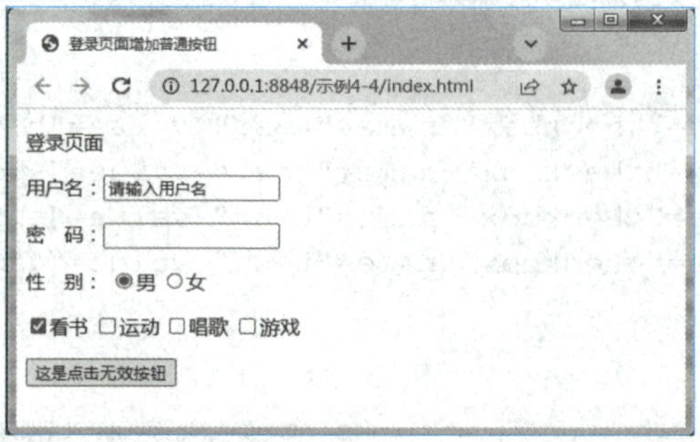

图 4-4　登录页面增加普通按钮

4.2.5　提交按钮

submit 元素用于创建提交按钮。当用户单击提交按钮时，表单的内容就会提交至指定的位置。当 value 值没有设置时，提交按钮的默认字样为提交。

例如，在图 4-3 所示的登录页面中增加提交按钮，如图 4-5 所示，代码如示例 4-5 所示。

示例 4-5

```
<body>
    <p>登录页面</p>
    <p>用户名:<input type="text" name="username" size="15" value="请输入用户名"></p>
    <p>密  码:<input type="password" name="password" size="15" maxlength="6"></p>
    <p>性  别:
```

```
            <input type="radio" name="sex" value="male" checked>男
            <input type="radio" name="sex" value="female">女
        </p>
        <p>
            <input type="checkbox" name="test" value="hobby1" checked>看书
            <input type="checkbox" name="test" value="hobby2">运动
            <input type="checkbox" name="test" value="hobby3">唱歌
            <input type="checkbox" name="test" value="hobby4">游戏
        </p>
        <p><input type="submit" name="button2" value="提交表单"></p>
    </body>
```

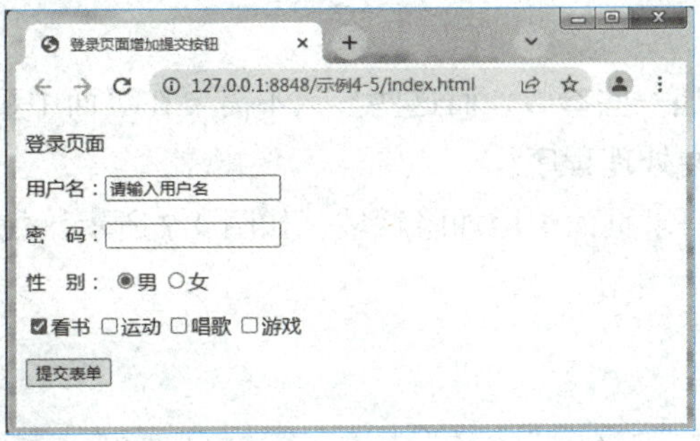

图 4-5　登录页面增加提交按钮

4.2.6　重置按钮

reset 元素用于创建重置按钮。当用户单击此按钮时，此重置按钮所在表单中的所有元素的值被重置为其 value 属性中指定的初始值。当 value 值没有设置时，提交按钮的默认字样为重置。

例如，在图 4-5 所示的登录页面中增加重置按钮，如图 4-6 所示，代码如示例 4-6 所示。

示例 4-6

```
    <body>
        <p>登录页面</p>
        <p>用户名：<input type="text" name="username" size="15" value="请输入用户
名"></p>
        <p>密　码：<input type="password" name="password" size="15" maxlength="6">
</p>
        <p>性　别：
            <input type="radio" name="sex" value="male" checked>男
            <input type="radio" name="sex" value="female">女
        </p>
        <p>
            <input type="checkbox" name="test" value="hobby1" checked>看书
            <input type="checkbox" name="test" value="hobby2">运动
            <input type="checkbox" name="test" value="hobby3">唱歌
            <input type="checkbox" name="test" value="hobby4">游戏
        </p>
        <p><input type="submit" name="button2" value="提交表单"> <input type="reset"
name="b3" value="重新填写"></p>
    </body>
```

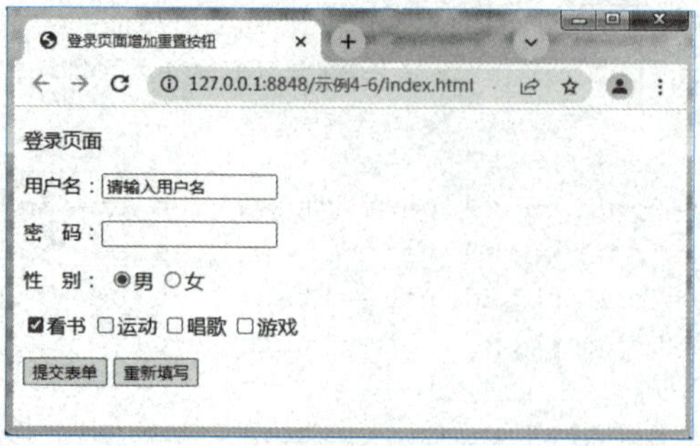

图 4-6　登录页面增加重置按钮

4.2.7　隐藏域

表单中的隐藏域用来传递一些参数，而这些参数不需要在页面中显示。当浏览者提交表单时，隐藏域的内容会被一起提交给处理程序。

例如，在图 4-6 所示的登录页面中增加隐藏域，如图 4-7 所示，代码如示例 4-7 所示。

示例 4-7

```
<body>
    <p>登录页面</p>
    <p>用户名：<input type="text" name="username" size="15" value="请输入用户名"></p>
    <p>密　码：<input type="password" name="password" size="15" maxlength= "6"></p>
    <p>性　别：
        <input type="radio" name="sex" value="male" checked>男
        <input type="radio" name="sex" value="female">女
    </p>
    <p>
        <input type="checkbox" name="test" value="hobby1" checked>看书
        <input type="checkbox" name="test" value="hobby2">运动
        <input type="checkbox" name="test" value="hobby3">唱歌
        <input type="checkbox" name="test" value="hobby4">游戏
    </p>
    <p><input type="submit" name="button2" value="提交表单"> <input type="reset" name="b3" value="重新填写"></p>
    <input type="hidden" name="page_id" value="example">
</body>
```

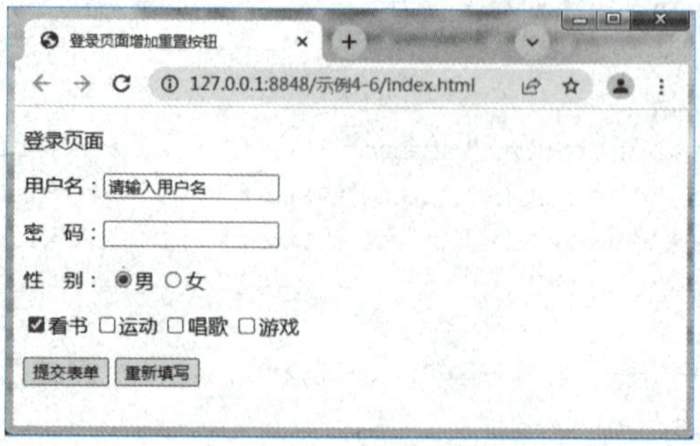

图 4-7　登录页面增加隐藏域

视　频

登录页面增加隐藏域、文件域

从图 4-7 中可以看出，页面中并没有显示隐藏域的信息，但是运行这段代码时，隐藏域的内容虽然不会显示在页面中，但是在提交表单时，其名称 page_id 和取值 example 将会被同时传递给处理程序。

4.2.8　文件域

在上传文件时常常会用到文件域，它用于查找硬盘中的文件路径，然后通过表单将选中的文件上传。在设置电子邮件的附件、上传头像、发送文件时，常常会看到这个控件。

例如，在图 4-7 所示的登录页面中增加文件域，如图 4-8 所示，代码如示例 4-8 所示。

示例 4-8

```
<body>
    <p>登录页面</p>
    <p>用户名：<input type="text" name="username" size="15" value="请输入用户名"></p>
    <p>密　码：<input type="password" name="password" size="15" maxlength="6"></p>
    <p>性　别：
        <input type="radio" name="sex" value="male" checked>男
        <input type="radio" name="sex" value="female">女
    </p>
    <p>
        <input type="checkbox" name="test" value="hobby1" checked>看书
        <input type="checkbox" name="test" value="hobby2">运动
        <input type="checkbox" name="test" value="hobby3">唱歌
        <input type="checkbox" name="test" value="hobby4">游戏
    </p>
    <p>请上传你的头像：<input type="file" name="picture"></p>
    <p><input type="submit" name="button2" value="提交表单"> <input type="reset" name="b3" value="重新填写"></p>
</body>
```

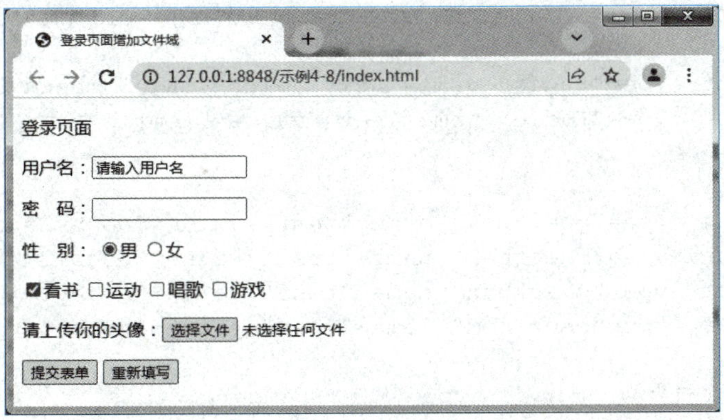

图 4-8　登录页面增加文件域

单击“选择文件”按钮，弹出图 4-9 所示的“选择要加载的文件”对话框。

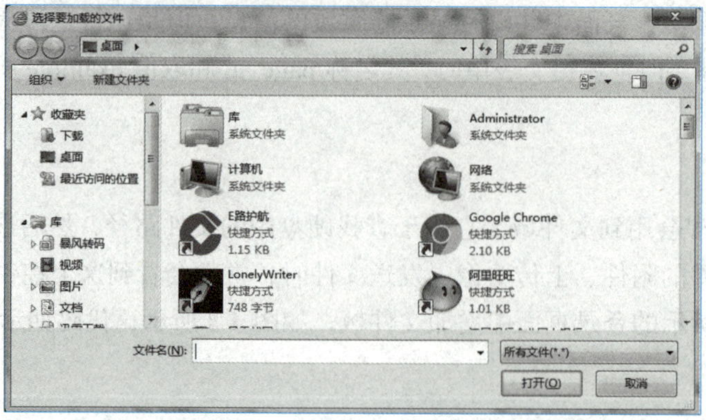

图 4-9 “选择要加载的文件”对话框

4.2.9 菜单列表类表单元素

select 元素用于显示下拉列表。每个选项由一个 option 元素表示，select 必须包含至少一个 option 元素。用户所选择的选项将高亮显示块表示。表 4-6 列出了 select 元素的属性及说明。

表 4-6 select 元素的属性及说明

属 性	说 明
name	指定元素的名称，提交表单时，会将 name 属性与所选定的值一并提交
size	在有多种选项可供用户滚动查看时，size 确定列表中可同时查看到的行数
multiple	表示在列表中可以选择多项

例如，在图 4-8 所示的登录页面中增加下拉列表框，如图 4-10 所示，代码如示例 4-9 所示。

示例 4-9

```
<body>
    <p> 登录页面 </p>
    <p> 用户名：<input type="text" name="username" size="15" value=" 请输入用户
名 "></p>
   <p> 密  码：<input type="password" name="password" size="15" maxlength="6"> </p>
    <p> 性  别：
        <input type="radio" name="sex" value="male" checked> 男
        <input type="radio" name="sex" value="female"> 女
    </p>
    <p>
        <input type="checkbox" name="test" value="hobby1" checked> 看书
        <input type="checkbox" name="test" value="hobby2"> 运动
        <input type="checkbox" name="test" value="hobby3"> 唱歌
        <input type="checkbox" name="test" value="hobby4"> 游戏
    </p>
    <p> 请上传你的头像：<input type="file" name="picture"></p>
    <p> 请选择你的学历
        <select name="cardtype">
        <option value="university"> 大学 </option>
        <option value="high"> 高中 </option>
        <option value="middle"> 初中 </option>
```

```
            <option value="small">小学</option>
            <option value="other">其他</option>
            </select>
        </p>
        <p><input type="submit" name="button2" value="提交表单"> <input type="reset"
name="b3" value="重新填写"></p>
    </body>
```

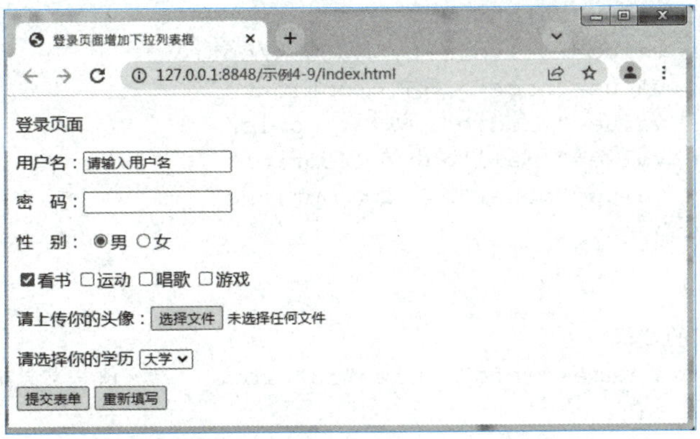

图 4-10　登录页面增加下拉列表框

视　频

登录页面增加下拉列表框、文本域

当单击下拉按钮时显示效果如图 4-11 所示。

图 4-11　登录页面下拉列表框显示效果

4.2.10　文本域

textarea 元素用于创建多行文本输入控件。此元素使用结束标记 </textarea> 结束，在 <textarea>…</textarea> 之间的内容是该多行文本框的初始值。表 4-7 列出了 textarea 元素的属性及说明。

表 4-7　textarea 元素的属性及说明

属　性	说　　明
name	设置文本域的名称
cols	设置文本域的宽度
rows	设置文本域包含的行数

例如，在图 4-10 所示的登录页面中增加文本域，如图 4-12 所示，代码如示例 4-10 所示。

示例 4-10

```
    <body>
        <p>登录页面</p>
        <p>用户名：<input type="text" name="username" size="15" value="请输入用户
名"></p>
        <p>密　码：<input type="password" name="password" size="15" maxlength="6">
</p>
        <p>性　别：
            <input type="radio" name="sex" value="male" checked>男
            <input type="radio" name="sex" value="female">女
        </p>
```

```
        <p>
            <input type="checkbox" name="test" value="hobby1" checked>看书
            <input type="checkbox" name="test" value="hobby2">运动
            <input type="checkbox" name="test" value="hobby3">唱歌
            <input type="checkbox" name="test" value="hobby4">游戏
        </p>
        <p>请上传你的头像：<input type="file" name="picture"></p>
        <p>请选择你的学历
            <select name="cardtype">
            <option value="university">大学</option>
            <option value="high">高中</option>
            <option value="middle">初中</option>
            <option value="small">小学</option>
            <option value="other">其他</option>
            </select>
        </p>
        <p>
            您对我们的建议：
            <textarea name="info" cols="35" rows="7">请将意见输入此区域
            </textarea>
        <p>
         <p><input type="submit" name="button2" value="提交表单"> <input type="reset"
name="b3" value="重新填写"></p>
    </body>
```

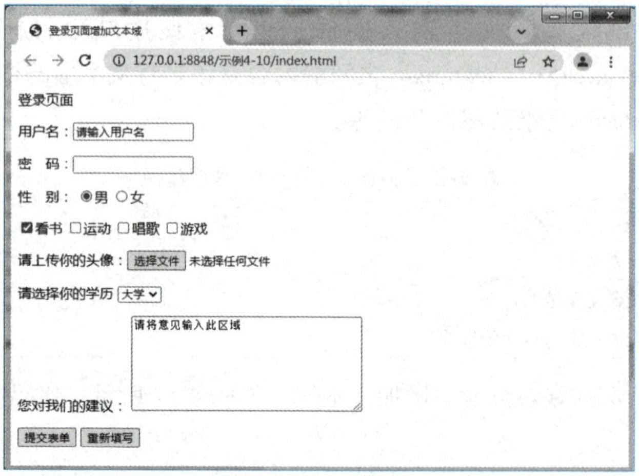

图 4-12　登录页面增加文本域

4.3 HTML5 新增表单输入类型

HTML 表单用于收集不同类型的用户输入，在 HTML 表单中，元素是最重要的表单元素。元素有很多形态，根据不同的 type 属性，在原 HTML 表单中 type 类型有 text、password、radio、submit

等，在新的 HTML5 中拥有多个新的表单输入类型。这些新特性提供了更好的输入控制和验证。

视　频

HTML5新增表单输入类型

4.3.1　email 类型

当 input 的 type 属性设置为 email，在提交表单时，会自动验证 email 域的值是否符合 email 的标准格式，再也不用自己用正则表达式书写 email 的格式验证了。

例如，在图 4-12 所示登录页面中增加 email 类型，如图 4-13 所示，代码如示例 4-11 所示。

示例 4-11

```
<body>
    <p> 登录页面 </p>
    <p> 用户名：<input type="text" name="username" size="15" value=" 请输入用户名 "></p>
    <p> 密　码：<input type="password" name="password" size="15" maxlength="6"></p>
    <p> 性　别：
        <input type="radio" name="sex" value="male" checked> 男
        <input type="radio" name="sex" value="female"> 女
    </p>
    <p>
        <input type="checkbox" name="test" value="hobby1" checked> 看书
        <input type="checkbox" name="test" value="hobby2"> 运动
        <input type="checkbox" name="test" value="hobby3"> 唱歌
        <input type="checkbox" name="test" value="hobby4"> 游戏
    </p>
    <p> 请上传你的头像：<input type="file" name="picture"></p>
    <p> 请输入你的邮箱：<input type="email" name="useremail"/></p>
    <p> 请选择你的学历
        <select name="cardtype">
        <option value="university"> 大学 </option>
        <option value="high"> 高中 </option>
        <option value="middle"> 初中 </option>
        <option value="small"> 小学 </option>
        <option value="other"> 其他 </option>
        </select>
    </p>
    <p>
        您对我们的建议：
        <textarea name="info" cols="35" rows="7"> 请将意见输入此区域
        </textarea>
    <p>
    <p><input type="submit" name="button2" value=" 提交表单 "> <input type="reset" name="b3" value=" 重新填写 "></p>
</body>
```

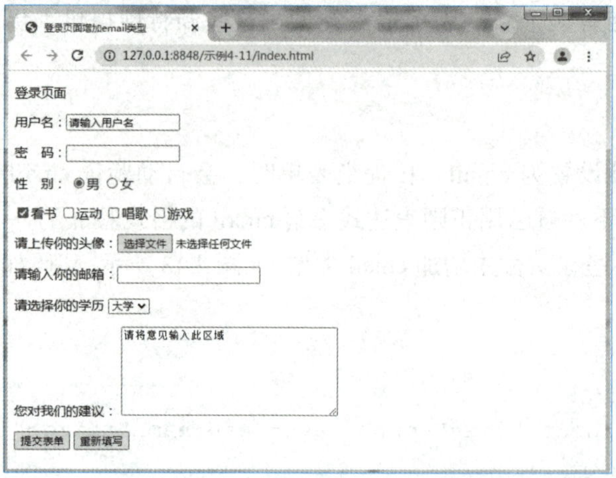

图 4-13　登录页面增加 email 类型

4.3.2　number 类型

当 input 的 type 属性设置为 number 时，会自动检验输入内容是否为数字类型，用户还能够设定该输入框数字的限定。表 4-8 列出了 number 元素的属性及说明。

表 4-8　number 元素的属性及说明

属　性	说　　明
max	规定允许的最大值
min	规定允许的最小值
step	规定合法的数字间隔（如果 step="3"，则合法的数是 -3、0、3、6 等）
value	规定默认值

例如，在图 4-13 所示的登录页面中增加 number 类型，如图 4-14 所示，代码如示例 4-12 所示。

示例 4-12

```
<body>
    <p>登录页面</p>
    <p>用户名：<input type="text" name="username" size="15" value="请输入用户名"></p>
    <p>密　码：<input type="password" name="password" size="15" maxlength="6"></p>
    <p>性　别：
        <input type="radio" name="sex" value="male" checked>男
        <input type="radio" name="sex" value="female">女
    </p>
    <p>
        <input type="checkbox" name="test" value="hobby1" checked>看书
        <input type="checkbox" name="test" value="hobby2">运动
        <input type="checkbox" name="test" value="hobby3">唱歌
        <input type="checkbox" name="test" value="hobby4">游戏
    </p>
    <p>请上传你的头像：<input type="file" name="picture"></p>
```

```
        <p>请输入你的邮箱：<input type="email" name="useremail"/></p>
        <p>请输入你的电话：<input type="number" name="phone" min="11" max="11"/>
</p>
        <p>请选择你的学历
            <select name="cardtype">
            <option value="university">大学</option>
            <option value="high">高中</option>
            <option value="middle">初中</option>
            <option value="small">小学</option>
            <option value="other">其他</option>
            </select>
        </p>
        <p>
            您对我们的建议：
            <textarea name="info" cols="35" rows="7">请将意见输入此区域
            </textarea>
        <p>
        <p><input type="submit" name="button2" value="提交表单"> <input type="reset"
name="b3" value="重新填写"></p>
    </body>
```

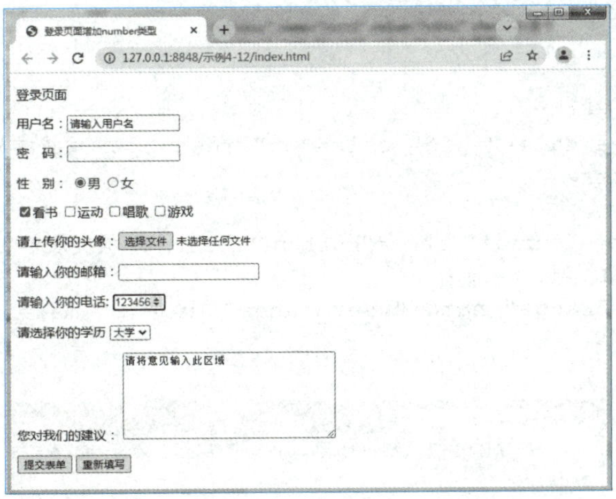

图 4-14　登录页面增加 number 类型

4.3.3　range 类型

range 类型应用于应该包含一定范围内数字值的输入域。range 类型显示为滑动条。用户还能够设定对所接收数字的限定。

例如，在图 4-14 所示的登录页面中增加 range 类型，如图 4-15 所示，代码如示例 4-13 所示。

示例 4-13

```
    <body>
        <p>登录页面</p>
        <p>用户名：<input type="text" name="username" size="15" value="请输入用户
名"></p>
```

```
        <p>密  码:<input type="password" name="password" size="15" maxlength="6">
</p>
        <p>性  别:
            <input type="radio" name="sex" value="male" checked>男
            <input type="radio" name="sex" value="female">女
        </p>
        <p>
            <input type="checkbox" name="test" value="hobby1" checked>看书
            <input type="checkbox" name="test" value="hobby2">运动
            <input type="checkbox" name="test" value="hobby3">唱歌
            <input type="checkbox" name="test" value="hobby4">游戏
        </p>
        <p>请上传你的头像:<input type="file" name="picture"></p>
        <p>请输入你的邮箱:<input type="email" name="useremail"/></p>
        <p>请输入你的电话 : <input type="number" name="phone" min="11" max="11"/> </p>
        <p>请选择你的学历
            <select name="cardtype">
            <option value="university">大学</option>
            <option value="high">高中</option>
            <option value="middle">初中</option>
            <option value="small">小学</option>
            <option value="other">其他</option>
            </select>
        </p>
        <p>
            您对我们的建议:
            <textarea name="info" cols="35" rows="7">请将意见输入此区域
            </textarea>
        <p>
        <p><input type="submit" name="button2" value="提交表单"> <input type="reset"
name="b3" value="重新填写"></p>
        <input type="range" name="user_range" min="5" max="10"/>
    </body>
```

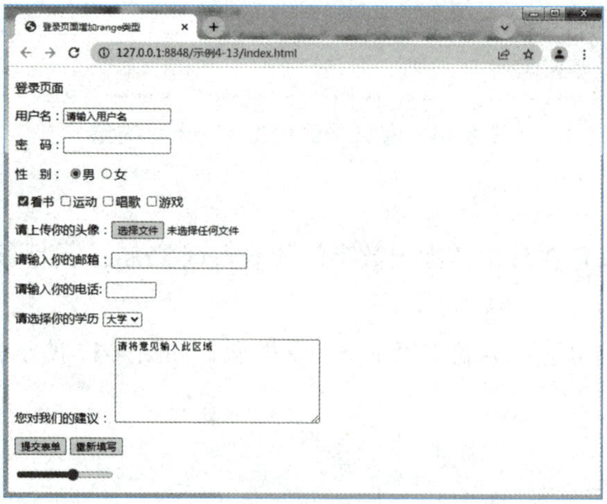

图 4-15　登录页面增加 range 类型

4.3.4 url 类型

当 input 的 type 属性设置为 url，在提交表单时，会自动验证 url 域的值是否符合 url 的标准格式。此类型与 email 类型一致。

例如，在图 4-15 所示的登录页面中增加 url 类型，如图 4-16 所示，代码如示例 4-14 所示。

示例 4-14

```
    <body>
        <p>登录页面</p>
        <p>用户名:<input type="text" name="username" size="15" value="请输入用户
名"></p>
        <p>密　码:<input type="password" name="password" size="15" maxlength="6">
</p>
        <p>性　别:
            <input type="radio" name="sex" value="male" checked>男
            <input type="radio" name="sex" value="female">女
        </p>
        <p>
            <input type="checkbox" name="test" value="hobby1" checked>看书
            <input type="checkbox" name="test" value="hobby2">运动
            <input type="checkbox" name="test" value="hobby3">唱歌
            <input type="checkbox" name="test" value="hobby4">游戏
        </p>
        <p>请上传你的头像:<input type="file" name="picture"></p>
        <p>请输入你的邮箱:<input type="email" name="useremail"/></p>
        <p>请输入你的电话: <input type="number" name="phone" min="11" max="11"/>
</p>
        <p>请输入您的个人主页 : <input type="url" name="link_url"/></p>
        <p>请选择你的学历
            <select name="cardtype">
            <option value="university">大学</option>
            <option value="high">高中</option>
            <option value="middle">初中</option>
            <option value="small">小学</option>
            <option value="other">其他</option>
            </select>
        </p>
        <p>
            您对我们的建议:
            <textarea name="info" cols="35" rows="7">请将意见输入此区域
            </textarea>
        <p>
        <p><input type="submit" name="button2" value="提交表单"> <input type="reset"
name="b3" value="重新填写"></p>
    </body>
```

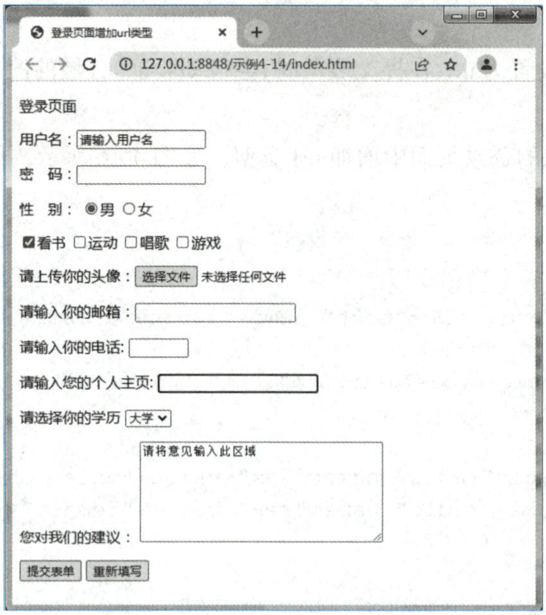

图 4-16 登录页面增加 url 类型

本章小结

1. 常见的 html 输入表单的元素类型包括：text、password、radio、checkbox、button、submit、reset、hidden、file 等。

2. 其他常用表单类型主要有：select、textarea。

3. HTML5 新增表单输入类型有：email、number、range、search、url 等。

课后自测

1. (　　) 标签用于在网页中创建表单。

A. <Input>　　B. <Select>　　C. <Form>　　D. <Option>

2. 当列表框中有多个列表项时，如果用户希望同时查看到两行，下列描述正确的是 (　　)。

A. <select name="content" maxlength="3" >…</select>

B. <select name="content" height="3" >…</select>

C. <select name="content" size="3" >…</select>

D. <select name="content" width="3" >…</select>

3. 要在网页中插入密码域，并且输入的密码不能超过 6 位，下列代码正确的是 (　　)。

A. <input type="password" size="6" >

B. <input type="password" maxlength="6" >

C．<input type="text" size="6" >

D．<textarea maxlength="6"></textarea>

4. 在网页上，当表单中的 input 元素的 type 属性为 reset 时，是用于创建（　　）按钮。

A. 提交　B. 重置　C. 普通　D. 以上都不对

5. <form> 标签中用来指定表单需要提交的地址，需要设置（　　）属性。

A. name　B. method　C. action　D. onsubmit

6. 对于下拉列表框，下列说法错误的是（　　）。

A. 可以设置成单选

B. 可以设置成多选

C. 下拉列表框中 size 的默认值为 0 时，则说明一次只能看见一个选项值

D. 在 <select multiple="multiple" id="aa"></select> 中，multiple 表明这个下拉列表框为多选

7. 能够提交表单的按钮，type 属性的值应该为（　　）。

A. button　B. reset　C. submit　D. hidden

8. 若干个单选按钮 radio 一次只能选择一个，则需要将（　　）属性设置成相同值。

A. type　B. name　C. value　D. checked

9. 下面不是 <select> 标签属性的是（　　）。

A. Name　B. Size　C. Multiple　D. Selected

10. 下列关于各表单域的描述不正确的是（　　）。

A. 单选按钮一般以两个或者两个以上的形式出现

B. 复选框在表单中一般都不是单独出现的，都是多个复选框同时使用

C. 图片域可以用来代替提交按钮的作用

D. 不可以在表单域中插入图片

11. 要在表单中创建一个多行输入文本框，初始值：这是一个多行文本框，下面语句正确的是（　　）。

A. <TEXTAREA NAME="texr1" VALUE=" 这是一个多行文本框 "></TEXTAREA>

B. <INPUT TYPE =text VALUE=" 这是一个多行文本框 " NAME="text1">

C. <INPUT TYPE =textarea NAME="text1" VALUE=" 这是一个多行文本框 " >

D. <TEXTAREA NAME="text1" COLS=20 ROWS=5> 这是一个多行文本框 </TEXTAREA>

12. 若要限制文本框中输入的字符数，需要设置 <input> 的（　　）属性。

A. value　B. type　C. size　D. maxlength

13. 在 HTML 中，要创建一个表单（form1），要向服务器发送数据的方式为 post，提交表单服务器的地址为 process.asp。创建表单的正确代码是（　　）。

A. <form name="form1" method="post" submit="process.asp"></form>

B. <form name="form1" method="post" submitSrc="process.asp"></form>

C. <form name="form1" method="post" action="process.asp"></form>

D. <form name="form1" method="post" src="process.asp"></form>

14. 在网页上，表单中 input 元素的 TYPE 属性为（　　）时，用于创建重置按钮。

A. RESET　　　B. SET　　　C. BUTTON　　　D. IMAGE

上机实战

练习：制作“旅游调查问卷”网页

【问题描述】

本案例中，利用本章所学的表单标签，结合 CSS 属性样式，制作图 4-17 所示的“旅游调查问卷”网页。

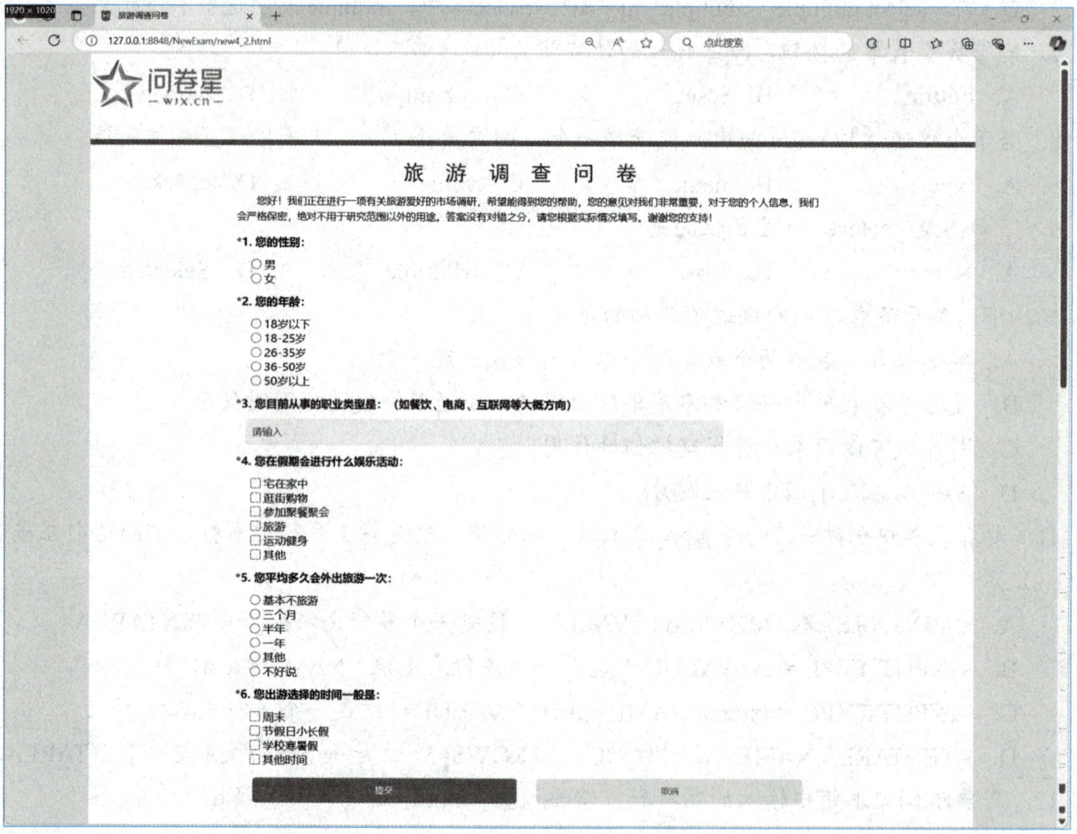

图 4-17　“旅游调查问卷”网页效果

【参考步骤】

（1）启动 HBuilderX，在指定项目中新建网页，并将图片素材放到对应目录下。

（2）在 <body> 标签对中构建新闻页面的 HTML 框架，代码如下：

```
<body>
    <div class="box">
        <img src="img/4/logo.png" class="logo1"/>
```

```
            <hr size="10px" color="#018dd7" />
            <div class="box2">
                <h2>旅游调查问卷 </h2>
                <div class="content">
                    <h3>您好！我们正在进行一项有关旅游爱好的市场调研，希望能得到您的帮助，
您的意见对我们非常重要，对于您的个人信息，我们会严格保密，绝对不用于研究范围以外的用途。答案没
有对错之分，请您根据实际情况填写。谢谢您的支持！ </h3>
                    <form action="">
                        <p>1．您的性别：</p>
                        <input type="radio" class="radio" name="r1"/><span>男
</span><br />
                        <input type="radio" class="radio" name="r1" /><span>女
</span>
                        <p>2．您的年龄：</p>
                        <input type="radio" class="radio" name="r2"/><span>18
岁以下 </span><br />
                        <input type="radio" class="radio" name="r2" /><span>18-
25 岁 </span><br />
                        <input type="radio" class="radio" name="r2"/> <span>26-
35 岁 </span><br />
                        <input type="radio" class="radio" name="r2" /><span>36-
50 岁 </span><br />
                        <input type="radio" class="radio" name="r2" /><span>50
岁以上 </span>
                        <p>3．您目前从事的职业类型是：(如餐饮、电商、互联网等大概方向)
</p>
                        <input type="text" class="txt" placeholder="请输入">
                        <p>4．您在假期会进行什么娱乐活动：</p>
                        <input type="checkbox" class="check" name="c1"/><span>
宅在家中 </span><br />
                        <input type="checkbox" class="check" name="c1"/><span>
逛街购物 </span><br />
                        <input type="checkbox" class="check" name="c1"/><span>
参加聚餐聚会 </span><br />
                        <input type="checkbox" class="check" name="c1"/><span>
旅游 </span><br />
                        <input type="checkbox" class="check" name="c1"/><span>
运动健身 </span><br />
                        <input type="checkbox" class="check" name="c1"/><span>
其他 </span>
                        <p>5．您平均多久会外出旅游一次：</p>
                        <input type="radio" class="radio" name="r3"/><span>基本
不旅游 </span><br />
                        <input type="radio" class="radio" name="r3"/><span>三个
月 </span><br />
                        <input type="radio" class="radio" name="r3"/><span>半年
</span><br />
                        <input type="radio" class="radio" name="r3"/><span>一年
</span><br />
```

```
                        <input type="radio" class="radio" name="r3"/><span>其他
</span><br />
                        <input type="radio" class="radio" name="r3"/><span>不好
说</span>
                        <p>6. 您出游选择的时间一般是：</p>
                        <input type="checkbox" class="check" name="c2"/><span>
周末</span><br />
                        <input type="checkbox" class="check" name="c2"/><span>
节假日小长假</span><br />
                        <input type="checkbox" class="check" name="c2"/><span>
学校寒暑假</span><br />
                        <input type="checkbox" class="check" name="c2"/><span>
其他时间</span><br /><br />
                        <button class="submit" type="submit">提交</button>
                        <button class="reset" type="reset">取消</button>
                    </form>
                </div>
            </div>
        </div>
    </body>
```

（3）为了页面更加美观，为上面搭建好的HTML结构的网页应用简单的CSS样式，在HbuilderX项目css文件夹中新建外部样式表public.css，在外部样式表中设置页面通用样式，代码如下：

```
    *{                                  /*通用设置，清除所有元素默认内外边距*/
        margin: 0;
        padding: 0;
    }
    .box{                               /*设置box内容在浏览器居中*/
        width: 84%;
        margin: 0 auto;
        background-color: #fff;         /*设置背景颜色*/
    }
    body {
        background-color: #f2f2f2;      /*背景颜色为灰色*/
        font-size: 15px;                /*设置文字大小为15 px*/
        margin: 0px 20px; /*设置整个页面的上下边距为0 px，左右边距为20 px */
    }
    .logo1{
        margin-top: 10px;               /*设置顶部边距10 px*/
        margin-bottom: 50px;            /*设置底部边距50 px*/
    }
    .box2{                              /*设置box2在box内部居中*/
        width: 95%;
        margin: 0 auto;
    }
    h2{
        text-align: center;             /*设置文字居中对齐*/
```

```
    color: #333;                        /* 设置文字颜色 */
    font-weight: normal;                /* 设置文字常规 */
    font-family: "黑体";                /* 设置文字字体为黑体 */
    font-size: 38px;                    /* 设置文字大小为 30 px*/
    line-height: 56px;                  /* 设置行高 */
    padding: 20px 0 10px;
    letter-spacing: 1em;                /* 设置文字间距 */
}
```

（4）在 <head></head> 内部使用 <link> 标签链接外部样式表，代码如下：

```
<link rel="stylesheet" href="css/public.css" />
```

（5）页面其他标签样式使用内部样式表，在 <style> 标签中添加样式属性，代码如下：

```
<style>
    .content{                           /* 设置正文内容显示宽度并居中 */
        width: 70%;
        margin: 0 auto;
    }
    h3{                                 /* 设置欢迎文字内容样式 */
        font-size: 18px;                /* 设置字体大小 */
        text-indent: 2em;               /* 首行缩进 2 个字 */
        line-height: 28px;              /* 设置行高，使行间距增大 */
        margin-bottom: 20px;            /* 设置底部边距 */
      font-weight: normal;              /* 设置字体不加粗，正常显示 */
    }
    p{                                  /* 设置题目文字内容样式 */
        font-size: 20px;
        margin: 15px 0;                 /* 设置上下外边距为 15 px，左右外边距为 0*/
        font-weight: bold;              /* 设置字体加粗 */
    }
    p::before{                          /* 伪类选择器，在题目文字前 */
        content: "*";                   /* 添加内容为“*” */
        color: red;                     /* 设置内容颜色红色 */
    }
    .radio{                             /* 设置单选按钮样式 */
        width: 18px;
        height: 18px;
        margin-left: 2em;
    }
    span{                               /* 设置选项文字样式 */
        font-size: 20px;
        margin-left: 5px;
        vertical-align: bottom;         /* 垂直方向对齐为底部对齐 */
    }
    .txt{                               /* 设置文本框样式 */
        outline: none;                  /* 清除默认轮廓 */
        width: 80%;
        height: 46px;
```

```
        line-height: 46px;
        font-size: 18px;
        color: #333;
        padding-left: 10px;
        margin-left: 1em;
        background-color: rgba(241, 243, 246, 0.5);
        border: 1px solid rgba(241, 243, 246, 0.5);
        transition: border-color 0.2s ease-in-out;      /* 过渡动画 */
        border-radius: 4px;
    }
    .txt:hover,.txt:focus{                          /* 设置鼠标悬停，鼠标单击的过渡样式 */
        border-color: #2672ff;
    }
    .check{                                         /* 设置复选框样式 */
        width: 18px;
        height: 18px;
        margin-left: 2em;
    }
    button{                                         /* 设置按钮通用样式 */
        background: #1ea0fa;
        border: none;
        border-radius: 6px;                         /* 边框圆角设置 */
        color: #fff;
        cursor: pointer;                            /* 设置鼠标为手型 */
        font-size: 16px;
        height: 46px;
        line-height: 1.4;
        text-align: center;
        width: 45%;
        margin-left: 2em;
        margin-bottom: 40px;
    }
    .reset{                                         /* 类选择器，单独设置重置按钮样式 */
        background-color: rgba(241, 243, 246);
        color: #999;
    }
</style>
```

（6）保存并预览网页。

拓展练习

1．制作图 4-18 所示快递信息输入页面。

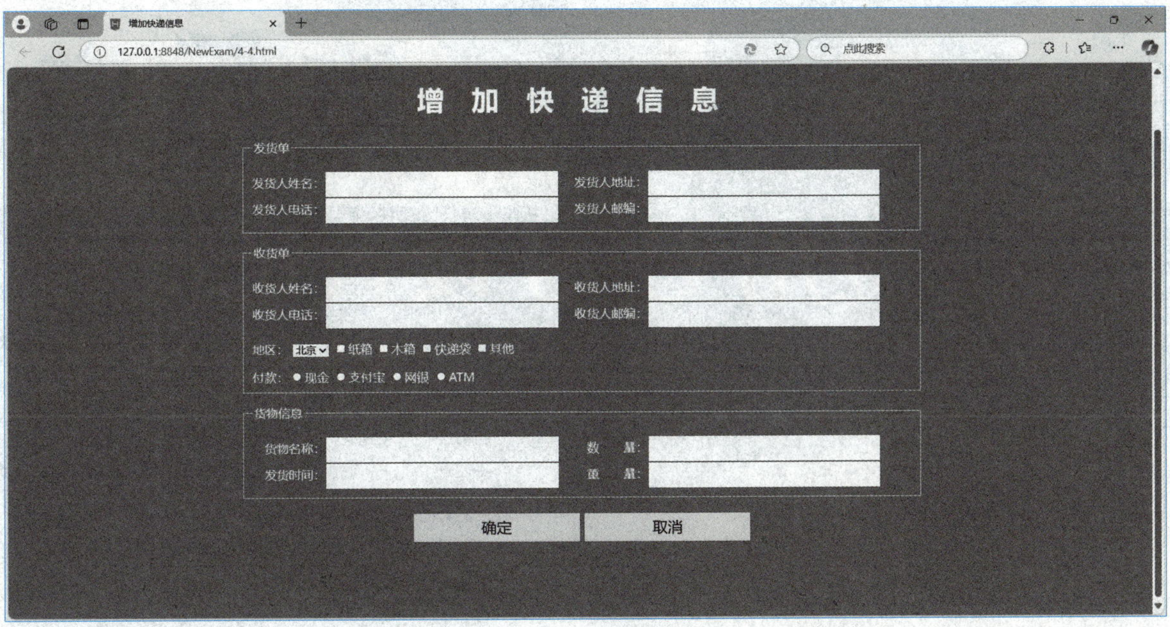

图 4-18　快递信息输入页面

2. 根据本章学习内容完成图 4-19 所示的个人信息页面。

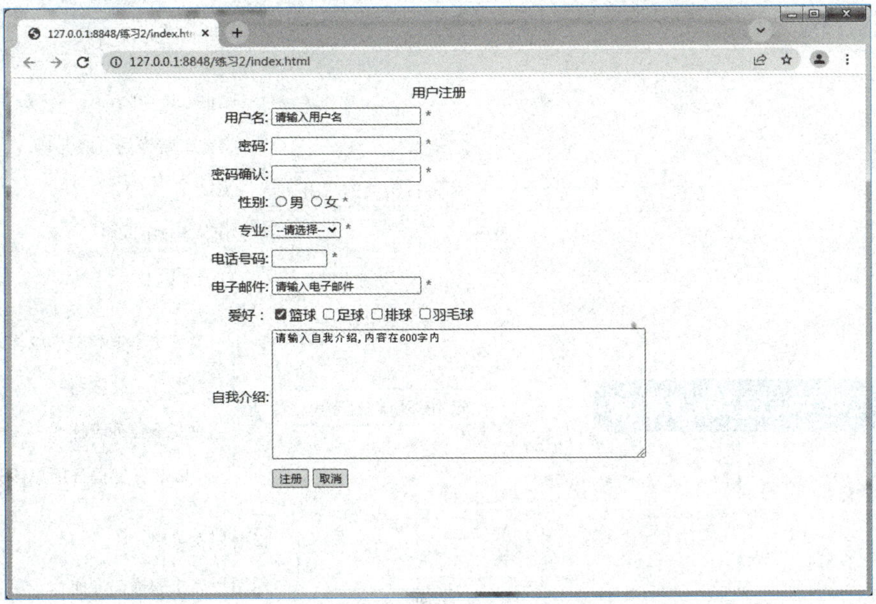

图 4-19　个人信息页面

第5章 应用CSS设置链接和导航菜单

学习目标

- 了解超链接伪类的应用；
- 掌握几种锚点的设置方法；
- 掌握如何使用 CSS 美化表单元素；
- 掌握如何使用 CSS 美化导航菜单。

知识结构

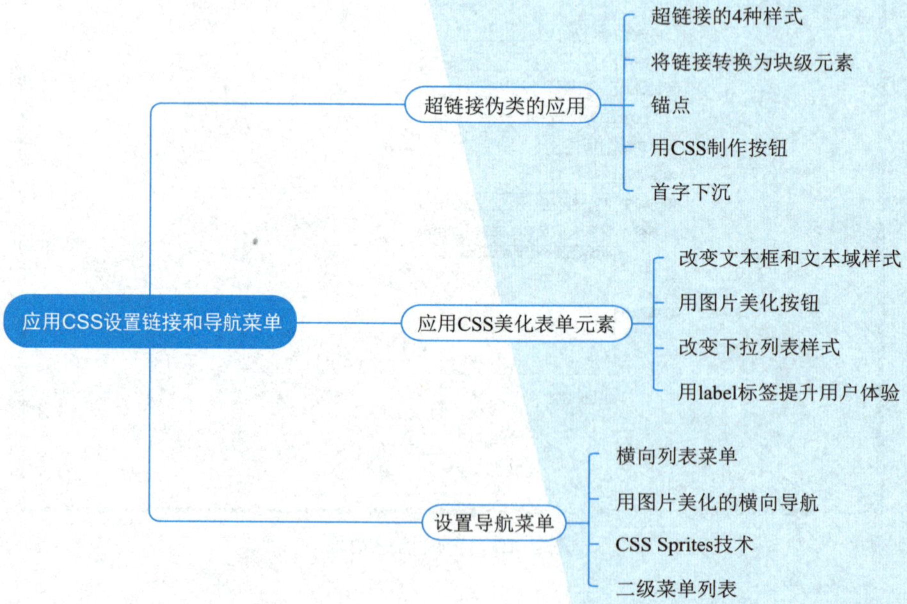

本章主要介绍超链接和导航菜单的美化。包括超链接的 4 种样式、按钮的美化、表单元素的美化、导航菜单的制作与美化等。本章会对以上内容进行全面分析，包括制作方法、样式的美化实现等。

5.1 超链接伪类的应用

5.1.1 超链接的四种样式

视　频

超链接伪类

伪类（Pseudo Class）之所以称之为“伪”，是因为它在 HTML 文档中并不实际存在。伪类主要使用的符号是“：”，符号后面接上一定的特殊效果。为了提高用户体验，在制作超链接时设置了鼠标未单击时，鼠标单击前、后和鼠标指针悬停时不同的样式效果，所以它表示元素的某种状态。

超链接伪类的作用见表 5-1。

表 5-1　超链接伪类的作用

伪 类 名	作　用
:link	设置超链接未被访问时的样式
:active	设置鼠标单击时的样式（鼠标单击下去而未松开时）
:visited	设置超链接访问后的样式
:hover	设置鼠标指针悬停在超链接上时的样式

以上 4 种伪类应用在超链接上，在默认情况下，超链接在未访问状态的样式是，显示有下画线的蓝色默认字体和字号；活动状态样式是，显示有下画线的红色默认字体和字号；鼠标悬停效果与悬停前效果相同；访问后的状态样式是，显示有下画线的紫色默认字体和字号。可以用以上伪类修改超链接不同状态下的默认样式。具体使用方法如下：

```
a:link{ 样式属性：属性值； 样式属性：属性值； …}
a:visited{ 样式属性：属性值； 样式属性：属性值； …}
a:hover{ 样式属性：属性值； 样式属性：属性值； …}
a:active{ 样式属性：属性值； 样式属性：属性值； …}
```

示例 5-1

```
<style type="text/css">
    /* 设置未被访问时的样式 */
    a:link{
        text-decoration: none;
        color: red;
        font-size: 12px;
    }
    /* 设置访问后的样式 */
    a:visited{
        text-decoration: none;
        color: blue;
```

```
            font-size: 12px;
        }
        /* 设置鼠标指针悬停时的样式 */
        a:hover{
            text-decoration: none;
            color: #333;
            font-size: 12px;
        }
        /* 设置鼠标单击（未松开）时的样式 */
        a:active{
            text-decoration: none;
            color: deeppink;
            font-size: 12px;
        }
    </style>
    <body>
        <a href="#">超链接伪类</a>
    </body>
```

在浏览器中的运行效果如图 5-1 至图 5-4 所示。

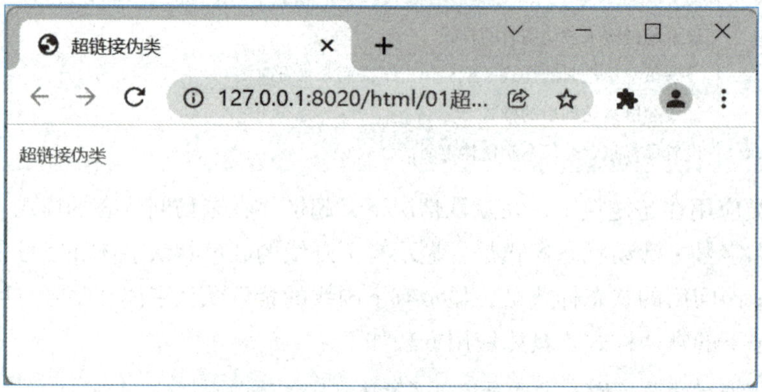

图 5-1　超链接未被访问时效果

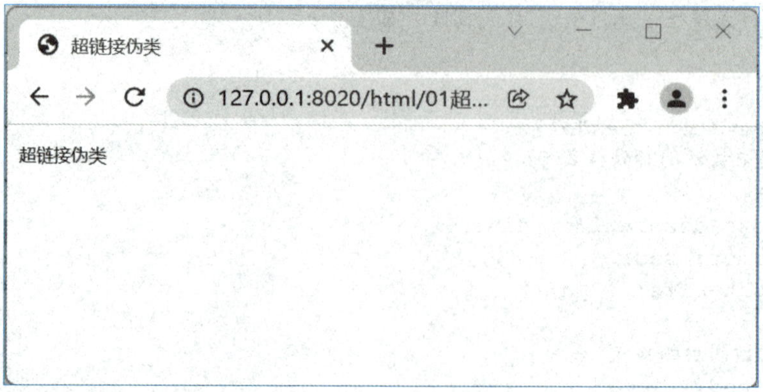

图 5-2　超链接访问后效果

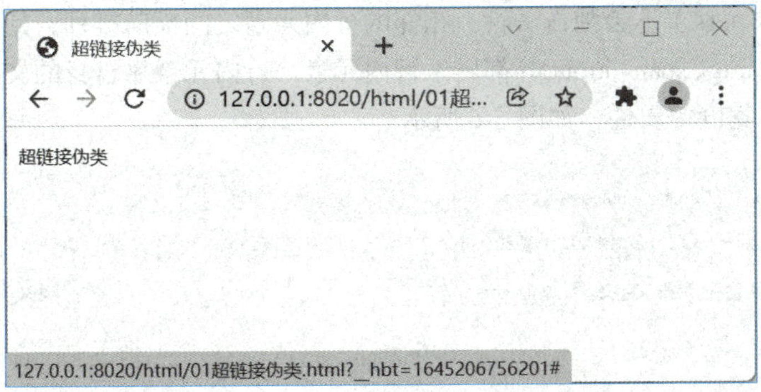

图 5-3　鼠标悬停效果

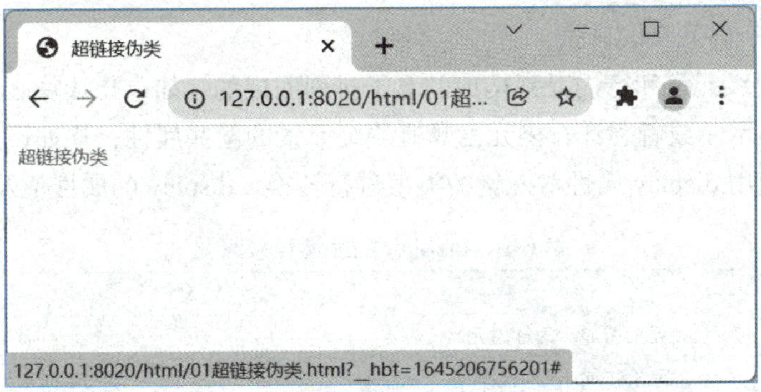

图 5-4　鼠标单击时效果

5.1.2　将链接转换为块级元素

1. 块级元素和行内元素

块级元素在页面中是区域块的形式，它会生成一个矩形框。通常块级元素会独占一行显示，相邻的块级元素从上到下依次垂直排列。例如，p、ul、ol、h1 ~ h6、form、div 等都是块级元素。块级元素可以设置高度、宽度等属性，如图 5-5 所示。

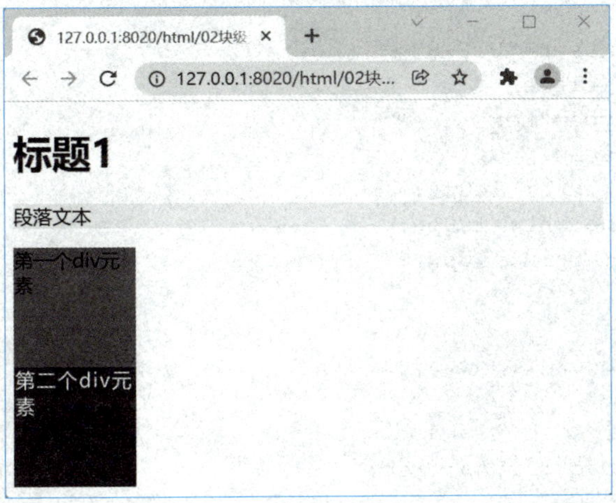

图 5-5　块级元素

行内元素（内联元素）不会独占一行，相邻的行内元素之间横向排列，到最右端后自动换行显示。例如，常用的 a、img、span、input 等都属于行内元素。行内元素靠自身的文本内容来支撑结构，一般不能设置高度、宽度等属性，如图 5-6 所示。

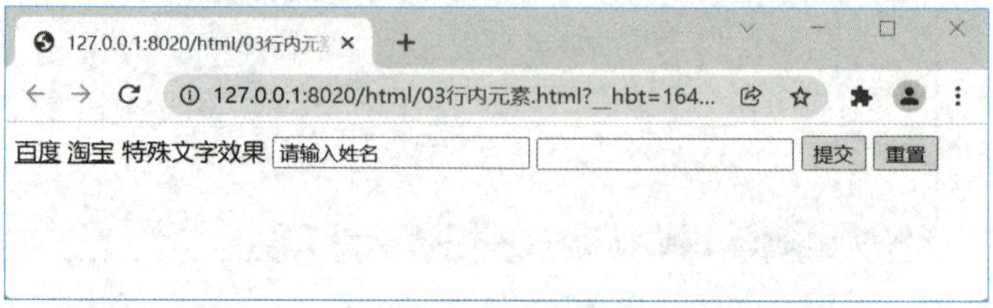

图 5-6　行内元素

2. 块级元素与行内元素的转换

网页是由多个块级元素和行内元素构成的盒子排列而成的。如果想让块级元素具有行内元素的属性，比如在一行显示；或者想让行内元素具有块级元素的某些属性，比如设置高度、宽度等该如何设置？这里可以使用 display 属性对元素的类型进行转换。display 的属性值及含义见表 5-2。

表 5-2　display 的属性值及含义

display 属性值	含　义
inline	此元素将显示为行内元素
block	此元素将显示为块级元素
inline-block	此元素将显示为行内块元素
none	此元素被隐藏，不显示

使用 display 属性可以对元素的类型进行转换，使元素以不同的方式显示。下面通过示例 5-2 演示 display 的用法和效果。

示例 5-2

```
<!DOCTYPE html>
<html>
    <head>
        <meta charset="UTF-8">
        <title></title>
        <style type="text/css">
            div,span{
                width: 100px;
                height: 100px;
                margin: 10px;
            }
            div{
                background: yellow;
            }
            span{
                background: red;
            }
```

```
            #div1,#div2{
                display: inline;            /* 将前两个 div 设置为行内元素 */
            }
            #sp1{
                display: inline-block;      /* 将第 1 个 span 设置为行内块元素 */
            }
            #sp3{
               display: block;              /* 将第 3 个 span 设置为块元素 */
            }
        </style>
    </head>
    <body>
        <div id="div1">第 1 个 div 文本内容 </div>
        <div id="div2">第 2 个 div 文本内容 </div>
        <div id="div3">第 3 个 div 文本内容 </div>
        <span id="sp1">第 1 个 span 文本内容 </span>
        <span id="sp2">第 2 个 span 文本内容 </span>
        <span id="sp3">第 3 个 span 文本内容 </span>
    </body>
</html>
```

在浏览器中的运行效果如图 5-7 所示。

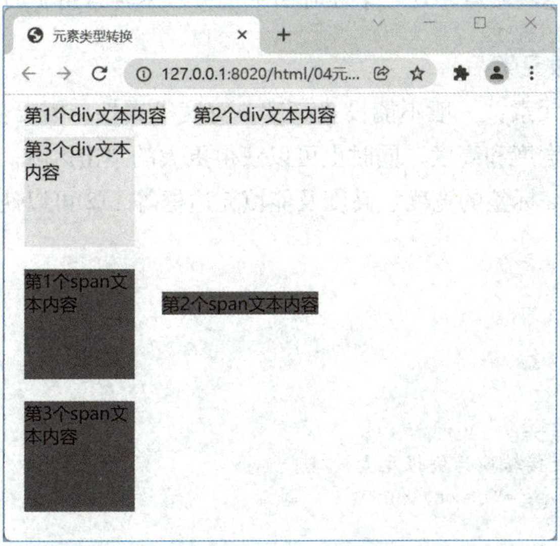

图 5-7　元素类型转换

从图 5-7 中可以看出，前两个 div 排列在一行显示，并且靠自身文字内容支撑其宽度和高度，这是因为它们被转换成了行内元素；第 1 个 span 和第 2 个 span 按固定宽度和高度显示，不同的是第 1 个 span 不会独占一行，第 3 个 span 独占一行显示，这是因为它们分别被转换成了行内块元素和块元素。

在示例 5-2 中，通过 display 属性进行元素类型转换。除此之外，如果希望某个元素不被显示出来，还可以使用“display:none;”进行设置。例如，将上述案例中的第 3 个 div 进行隐藏，可以在 css 代码中增加以下代码：

```
#div3{
    display: none;        /* 将第 3 个 div 设置为隐藏 */
}
```

运行效果如图 5-8 所示。

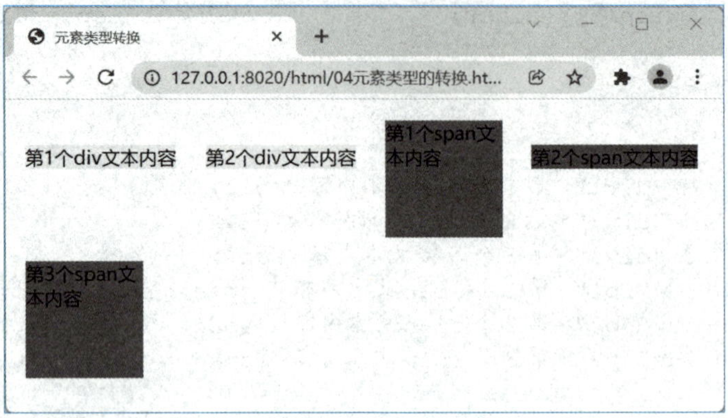

图 5-8　display:none 隐藏元素

注意：将第 3 个 div 隐藏之后，该元素在页面中消失，不再占用页面空间。

3. 将链接转换为块级元素

a 标签是常见的行内元素，一般不能设置高度、宽度等属性，需要使用 display 属性将其转换为块级元素才能为其设置宽度和高度，同时也可以获得更大的单击区域。将 a 标签设置为块级元素有两点好处：①可以控制 a 标签的宽度、高度及能填充边框等；②可以使鼠标指针放在文字之外的地方也能产生悬停效果。

示例 5-3

```
<!DOCTYPE html>
<html>
    <head>
        <meta charset="UTF-8">
        <title> 链接转换为块级元素 </title>
        <style type="text/css">
            a{
                display: block;
                width: 100px;
                height: 30px;
                background: #ccc;
                text-align: center;
                line-height: 30px;
            }
            a:hover{
                color: #FFF;
                text-decoration: none;
                background: #333;
```

```
            }
        </style>
    </head>
    <body>
        <p><a href="#">这是空链接</a></p>
        <p><a href="http://www.baidu.com">百度链接</a></p>
    </body>
</html>
```

在浏览器中的运行效果如图 5-9 所示。

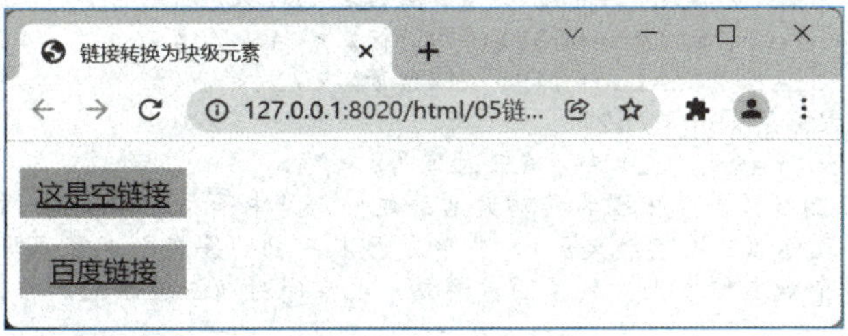

图 5-9　超链接转换为块元素

5.1.3　锚点

锚点是网页制作中超链接的一种，又称命名锚记。使用命名锚记可以在文档中设置标记，这些标记通常放在文档的特定主题处或顶部。然后可以创建到这些命名锚记的链接，这些链接可快速将访问者带到指定位置。

1. 创建锚点

要使用锚点引导浏览者，首先要创建页面中的锚点。创建的锚点将确定链接的目标位置。语法格式如下：

```
<a name="锚点名称">锚点的链接文字</a>
```

通过锚点名称可以标注相应的锚点，该属性是设置锚点所必需的。锚点的链接文字可帮助用户区分不同的锚点，在实际应用中可以不设置链接文字。这是因为设置的锚点仅仅是为链接提供一个位置，浏览页面时并不会在页面中出现锚点的标签。

2. 链接到本页锚点

如果要链接到本页的命名锚点上，只要在 a 元素的 href 属性中指定锚点名称，并在该名称前加“#”字符。锚点名称和上述锚点语法格式中的 name 的属性值保持一致。链接到本页锚点的语法格式如下：

```
<a href="#锚点名称">锚点的链接文字</a>
```

示例 5-4

```
<!DOCTYPE html>
<html>
    <head>
        <meta charset="UTF-8">
        <title>页面中锚点</title>
```

```
            <style type="text/css">
                p{
                    font-size: 12px;
                    text-indent: 2em;
                }
            </style>
        </head>
        <body>
            <h1>四大名著目录</h1>
            <h4><a href="#target01">《三国演义》</a></h4>
            <h4><a href="#target02">《水浒传》</a></h4>
            <h4><a href="#target03">《西游记》</a></h4>
            <h4><a href="#target04">《红楼梦》</a></h4>
            <h2>四大名著简介</h2>
            <a name="target01">1.《三国演义》</a>
            <p>《三国演义》是中国古典四大名著之一，是中国第一部长篇章回体历史演义小说，全名为《三国志通俗演义》(又称《三国志演义》)，作者是元末明初的著名小说家罗贯中。《三国志通俗演义》成书后有嘉靖壬午本等多个版本传于世，到了明末清初，毛宗岗对《三国演义》整顿回目、修正文辞、改换诗文。</p>
            <a name="target02">2.《水浒传》</a>
             <p>《水浒传》，中国四大名著之一，是一部以北宋末年宋江起义为主要故事背景、类型上属于英雄传奇的章回体长篇小说。</p>
            <a name="target03">3.《西游记》</a>
            <p>《西游记》是中国四大名著之一，由吴承恩编著。书中讲述了唐僧在神通广大、会七十二变武艺的孙悟空以及好吃懒做但力气满身的猪八戒和诚厚老实、忠心耿耿的沙悟净的保护下，师徒四人一路降妖伏魔，历经九九八十一难取经的故事。</p>
            <a name="target04">4.《红楼梦》</a>
            <p>红楼梦，又名石头记是我国古时候的一部章回体长篇小说，也是我国的四大名著之一，是清朝作家曹雪芹所写的，小说主要以富贵公子贾宝玉的视角讲述了四大家族贾、史、王、薛的兴衰。</p>
        </body>
    </html>
```

在浏览器中的运行效果如图 5-10 所示。

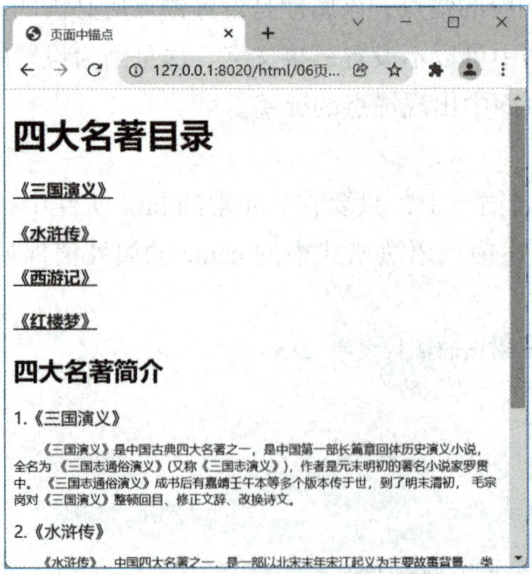

图 5-10　页内锚点链接

3. 链接到其他网页的锚点

通常单击一个超链接时，都会打开一个网页，并且默认显示在该网页的顶端。要想打开一个网页，并且显示该网页的某个区域，就必须创建命名锚点。使用 a 元素的 name 属性可以在网页上设置链接到其他网页的锚点。语法格式如下：

```
<a href=" 页面地址 # 锚点名称 "> 用于链接锚点的文字 </a>
```

设置链接到其他页面的锚点如示例 5-5 所示。这里链接到的页面是 07-1.html。

示例 5-5

```
<!DOCTYPE html>
<html>
    <head>
        <meta charset="UTF-8">
        <title></title>
    </head>
    <body>
        <h1> 四大名著目录 </h1>
        <h4><a href="07-1.html#target01">《三国演义》</a></h4>
        <h4><a href="07-1.html#target02">《水浒传》</a></h4>
        <h4><a href="07-1.html#target03">《西游记》</a></h4>
        <h4><a href="07-1.html#target04">《红楼梦》</a></h4>
    </body>
</html>
```

在浏览器中的运行效果如图 5-11 所示，单击相应链接，链接内容如图 5-12 所示。

在目录页面中单击 4 个超链接时可以跳转到 07-1 页面中对应的简介处。

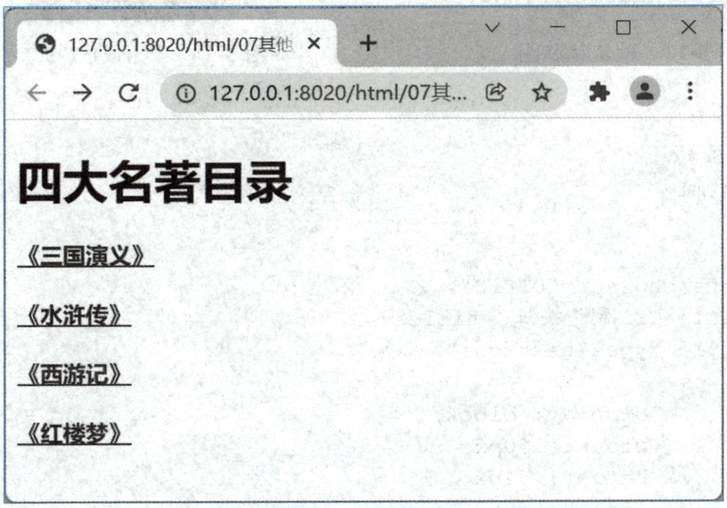

图 5-11　跨页锚点链接

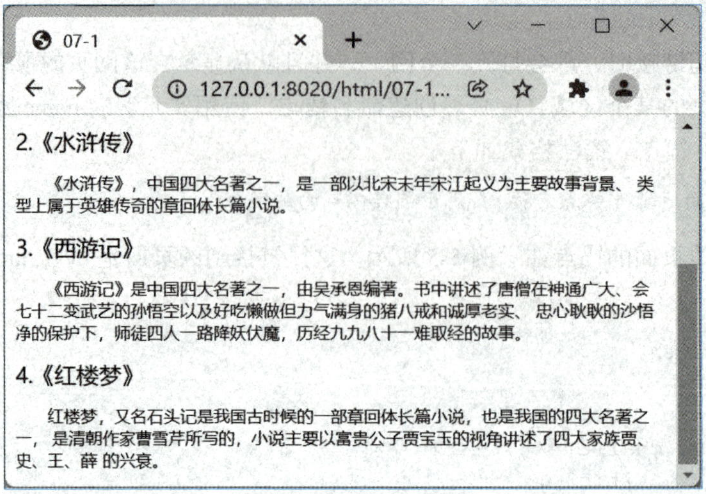

图 5-12　链接内容页面

5.1.4　用 CSS 制作按钮

学会了如何将超链接转换为块元素，制作按钮时只需要在其基础上增加按钮的背景图片即可实现。

1. CSS 制作按钮

下面以制作注册按钮为例，讲解设置最常用的默认样式和鼠标划过时的样式。

首先准备默认状态和鼠标划过状态的图片，如图 5-13 和图 5-14 所示。

图 5-13　默认状态图

图 5-14　鼠标划过状态图

示例 5-6

```
/*CSS 制作按钮 */
<!DOCTYPE html>
<html>
    <head>
        <meta charset="UTF-8">
        <title>CSS 制作按钮 </title>
        <style type="text/css">
            a{
                display: block;
                width: 150px;
                height: 54px;
                line-height: 54px;
                background:url(imgs/1.png);
                text-align: center;
                color: #d84700;
                font-size: 20px;
                font-weight: bold;
```

```
                text-decoration: none;
            }
            a:hover{
                background: url(imgs/2.png);
            }
        </style>
    </head>
    <body>
        <p><a href="#">注册</a></p>
    </body>
</html>
```

在浏览器中的运行效果如图 5-15 所示。

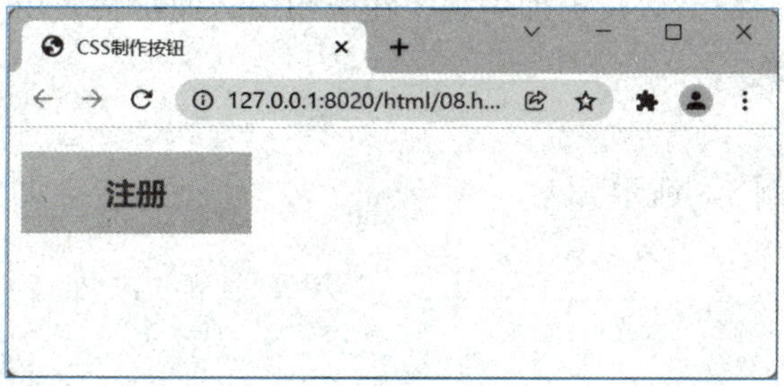

图 5-15　鼠标划过状态按钮

2. button 元素按钮

基本语法格式如下：

```
<button type="button" value="初始值" name="名称">文本 | 图片 |...</button>
```

下面通过示例 5-7 演示按钮的使用和默认效果。

示例 5-7

```
<!DOCTYPE html>
<html>
    <head>
        <meta charset="UTF-8">
        <title>按钮</title>
    </head>
    <body>
        <form action="" method="post">
            姓名：<input type="text"/><br/><br/>
            密码：<input type="password"/><br/><br/>
            <button type="button" value="">确定</button>
            <button type="button" value=""/>取消</button>
        </form>
    </body>
</html>
```

在浏览器中的运行效果如图 5-16 所示。

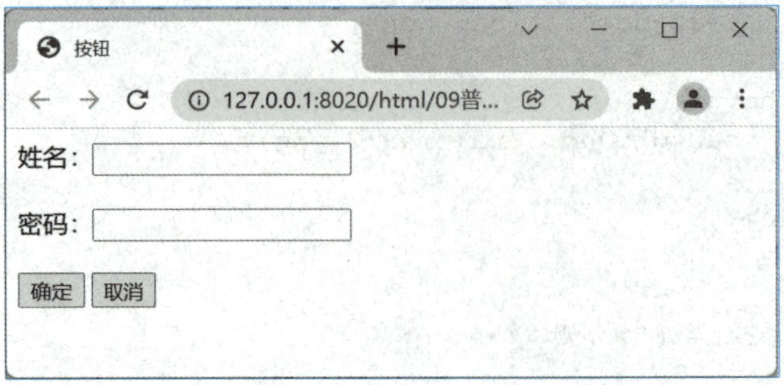

图 5-16　按钮

图 5-16 显示效果为按钮的默认样式，整体来看，这个 button 按钮并不美观，为了确保按钮在各个浏览器下的表现形式一样，以及更加美观，在应用中，通常会使用 CSS 来美化。下面通过几个示例介绍常见的美化设置。

3. 按钮的美化

（1）设置宽高，如示例 5-8 所示。

示例 5-8

```
<!DOCTYPE html>
<html>
    <head>
        <meta charset="UTF-8">
        <title>设置按钮宽高</title>
        <style type="text/css">
            .btn1{
                width: 150px;           /*设置宽度为150px*/
                height: 50px;           /*设置高度为50px*/
            }
            .btn2{
                width: 200px;           /*设置宽度为200px*/
                height: 50px;           /*设置高度为50px*/
            }
            .btn3{
                width: 250px;           /*设置宽度为250px*/
                height: 50px;           /*设置高度为50px*/
            }
        </style>
    </head>
    <body>
        <button class="btn1" type="button">宽150px，高50px</button><br /><br />
        <button class="btn2" type="button">宽200px，高50px</button><br /><br />
        <button class="btn3" type="button">宽250px，高50px</button>
    </body>
</html>
```

在浏览器中的运行效果如图 5-17 所示。

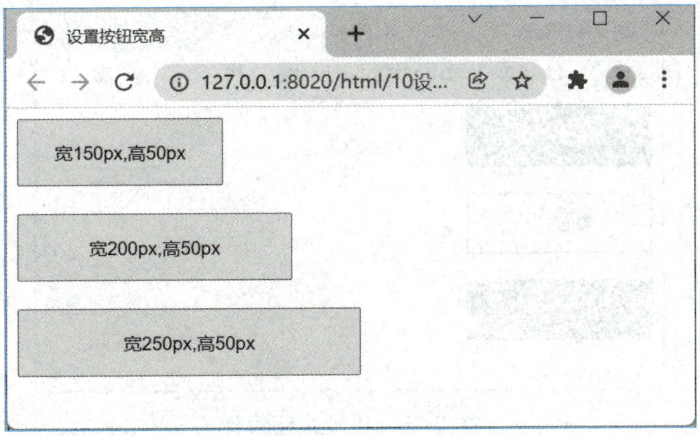

图 5-17　设置按钮宽高

（2）设置按钮颜色，如示例 5-9 所示。

示例 5-9

```
<!DOCTYPE html>
<html>
    <head>
        <meta charset="UTF-8">
        <title>设置按钮颜色</title>
        <style type="text/css">
            .btn1{
                width: 150px;                /*设置宽度为 150px*/
                height: 50px;                /*设置高度为 50px*/
                background: red;             /*设置背景色为红色*/
            }
            .btn2{
                width: 150px;                /*设置宽度为 150px*/
                height: 50px;                /*设置高度为 50px*/
                background: yellow;          /*设置背景色为黄色*/
            }
            .btn3{
                width: 150px;                /*设置宽度为 150px*/
                height: 50px;                /*设置高度为 50px*/
                background: blue;            /*设置背景色为蓝色*/
            }
        </style>
    </head>
    <body>
        <button class="btn1" type="button">红色按钮</button><br/><br/>
        <button class="btn2" type="button">黄色按钮</button><br/><br/>
        <button class="btn3" type="button">蓝色按钮</button>
    </body>
</html>
```

在浏览器中的运行效果如图 5-18 所示。

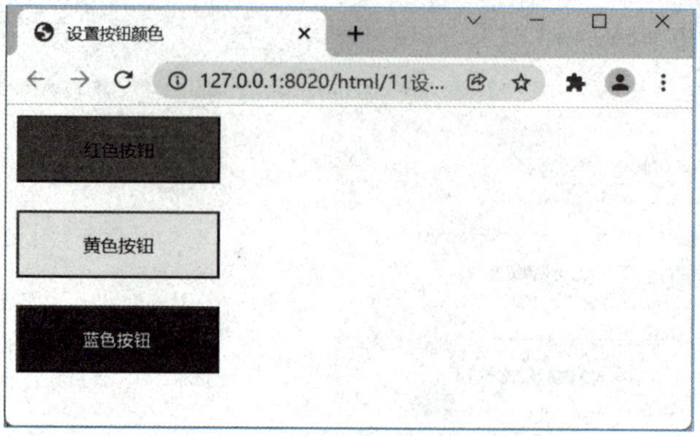

图 5-18　设置按钮颜色

（3）设置按钮文字大小，如示例 5-10 所示。

示例 5-10

```
<!DOCTYPE html>
<html>
    <head>
        <meta charset="UTF-8">
        <title>设置按钮文字大小 </title>
        <style type="text/css">
            .btn1{
                width: 150px;            /*设置宽度为 150px*/
                height: 50px;            /*设置高度为 50px*/
                background: yellow;      /*设置背景色为黄色 */
                font-size: 12px;         /*设置字体大小为 12px*/
            }
            .btn2{
                width: 150px;            /*设置宽度为 150px*/
                height: 50px;            /*设置高度为 50px*/
                background: yellow;      /*设置背景色为黄色 */
                font-size: 16px;         /*设置字体大小为 16px*/
            }
            .btn3{
                width: 150px;            /*设置宽度为 150px*/
                height: 50px;            /*设置高度为 50px*/
                background: yellow;      /*设置背景色为黄色 */
                font-size: 20px;         /*设置字体大小为 20px*/
            }
        </style>
    </head>
    <body>
        <button class="btn1" type="button">12px</button><br/><br/>
        <button class="btn2" type="button">16px</button><br/><br/>
        <button class="btn3" type="button">20px</button>
    </body>
</html>
```

在浏览器中的运行效果如图 5-19 所示。

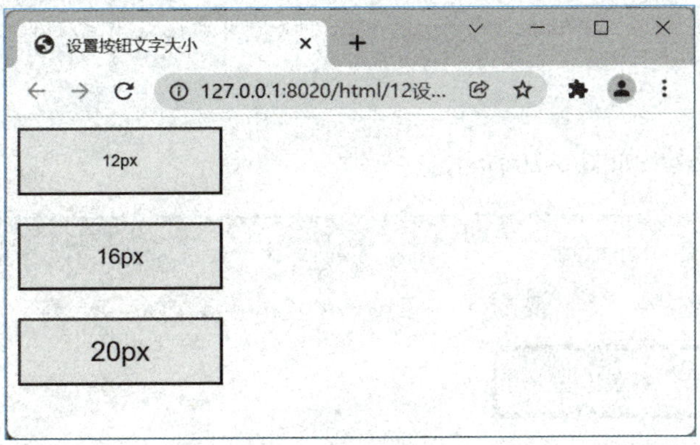

图 5-19　设置按钮文字大小

（4）设置按钮边框，如示例 5-11 所示。

示例 5-11

```
<!DOCTYPE html>
<html>
    <head>
        <meta charset="UTF-8">
        <title>设置按钮边框</title>
        <style type="text/css">
            .btn1{
                width: 150px;                /*设置宽度为150px*/
                height: 50px;                /*设置高度为50px*/
                background: yellow;          /*设置背景色为黄色*/
                font-size: 16px;             /*设置字体大小为16px*/
                border: 4px solid red;       /*设置红色边框*/
            }
            .btn2{
                width: 150px;                /*设置宽度为150px*/
                height: 50px;                /*设置高度为50px*/
                background: yellow;          /*设置背景色为黄色*/
                font-size: 16px;             /*设置字体大小为16px*/
                border: 4px solid green;     /*设置绿色边框*/
            }
            .btn3{
                width: 150px;                /*设置宽度为150px*/
                height: 50px;                /*设置高度为50px*/
                background: yellow;          /*设置背景色为黄色*/
                font-size: 16px;             /*设置字体大小为16px*/
                border: 4px solid blue;      /*设置蓝色边框*/
            }
        </style>
    </head>
    <body>
```

```
            <button class="btn1" type="button">红色边框</button><br /><br />
            <button class="btn2" type="button">绿色边框</button><br /><br />
            <button class="btn3" type="button">蓝色边框</button>
        </body>
</html>
```

在浏览器中的运行效果如图 5-20 所示。

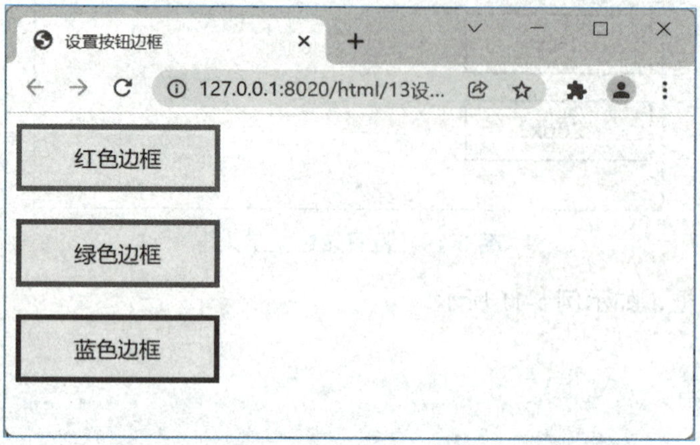

图 5-20　设置按钮边框

（5）设置圆角按钮，如示例 5-12 所示。

示例 5-12

```
<!DOCTYPE html>
<html>
    <head>
        <meta charset="UTF-8">
        <title>设置圆角按钮</title>
        <style type="text/css">
            .btn1{
                width: 150px;               /*设置宽度为 150px*/
                height: 50px;               /*设置高度为 50px*/
                background: yellow;         /*设置背景色为黄色*/
                font-size: 16px;            /*设置字体大小为 16px*/
                border: 4px solid red;      /*设置红色边框*/
                border-radius: 8px;         /*设置圆角半径*/
            }
            .btn2{
                width: 150px;               /*设置宽度为 150px*/
                height: 50px;               /*设置高度为 50px*/
                background: yellow;         /*设置背景色为黄色*/
                font-size: 16px;            /*设置字体大小为 16px*/
                border: 4px solid green;    /*设置绿色边框*/
                border-radius: 12px;        /*设置圆角半径*/
            }
            .btn3{
                width: 150px;               /*设置宽度为 150px*/
```

```
                height: 50px;               /*设置高度为 50px*/
                background: yellow;         /*设置背景色为黄色*/
                font-size: 16px;            /*设置字体大小为 16px*/
                border: 4px solid blue;     /*设置蓝色边框*/
                border-radius: 20px;        /*设置圆角半径*/
            }
        </style>
    </head>
    <body>
        <button class="btn1" type="button">圆角按钮</button><br /><br />
        <button class="btn2" type="button">圆角按钮</button><br /><br />
        <button class="btn3" type="button">圆角按钮</button>
    </body>
</html>
```

在浏览器中的运行效果如图 5-21 所示。

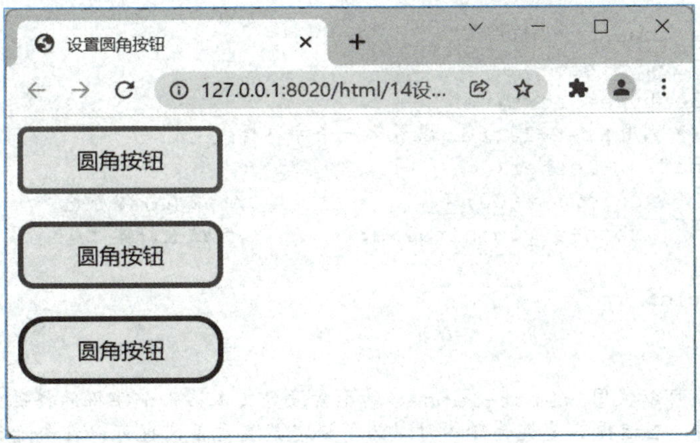

图 5-21　圆角按钮

5.1.5　首字下沉

在杂志排版中，常常能见到首字下沉的效果，Word 中也能够设置首字下沉效果。如何利用 CSS 设置首字下沉效果？在 CSS 中能够通过伪元素 :first-letter 实现下沉效果。

什么是伪元素？

和伪类一样，伪元素也用于向选择器添加特殊效果。伪元素只是在逻辑上存在但在文档树中不存在。

使用伪元素选择器设置样式的语法如下：

```
选择器 : 伪元素 {
    属性 1: 属性值 1;
    属性 2: 属性值 2;
    ...
}
```

说明：选择器可以是任意类型的选择器，伪元素前的“:”是伪元素选择器的标识，不能省略。

伪元素的类型及说明见表 5-3。

表 5-3　伪元素的类型及说明

伪元素类型	说　明
:first-letter	向文本第一个字符添加特殊样式
:first-line	向文本首行添加特殊样式
:before	在选择器选择的元素之前添加内容，并可设置添加内容的样式
:after	在选择器选择的元素之后添加内容，并可设置添加内容的样式

下面通过几个示例演示伪元素的使用及效果显示。

（1）使用伪元素 first-letter 设置文本的第一个字符样式，如示例 5-13 所示。

示例 5-13

```
<!DOCTYPE html>
<html>
    <head>
        <meta charset="UTF-8">
        <title></title>
        <style type="text/css">
            /* 利用 first-letter 设置第一个字符样式 */
            p:first-letter{
                color: #f00;                    /* 设置字体颜色 */
                font-style: italic;             /* 设置斜体 */
            }
        </style>
    </head>
    <body>
        <p> 您可以使用 :first-letter 伪元素设置文本第一个字符的特殊效果。伪元素选择器可
以是任意类型的选择器。当选择器是类选择器时，为了限定某类元素，也可以在类选择器名前加上元素名，
即将选择器名写成：元素名 . 类选择器名。</p>
    </body>
</html>
```

在浏览器中的运行效果如图 5-22 所示。

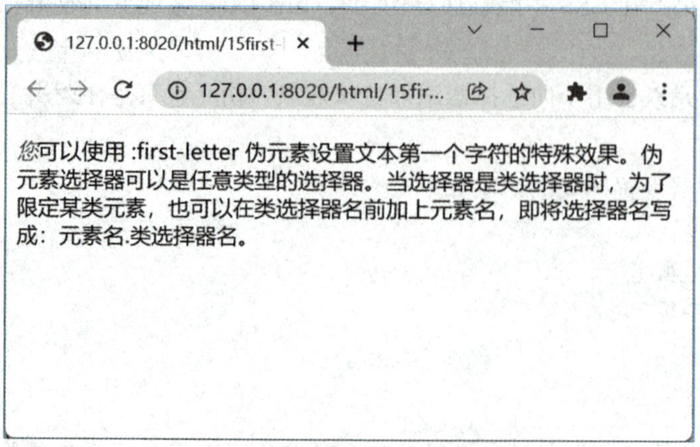

图 5-22　first-letter 伪元素

（2）使用伪元素 first-line 设置文本首行样式，如示例 5-14 所示。

示例 5-14

```
<!DOCTYPE html>
<html>
    <head>
        <meta charset="UTF-8">
        <title></title>
        <style type="text/css">
            /* 利用伪元素 first-line 设置首行样式 */
            p:first-line{
                color: #f00;                        /* 设置字体颜色 */
                font-variant: small-caps;           /* 设置变体 */
            }
        </style>
    </head>
    <body>
        <p> 您可以使用 :first-line 伪元素将特殊效果添加到文本的第一行。伪元素选择器可以是任意类型的选择器。当选择器是类选择器时，为了限定某类元素，也可以在类选择器名前加上元素名，即将选择器名写成：元素名 . 类选择器名。</p>
    </body>
</html>
```

在浏览器中的运行效果如图 5-23 所示。

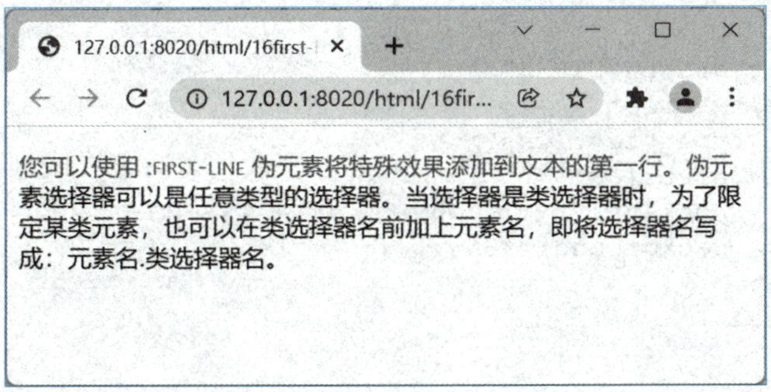

图 5-23　first-line 伪元素

（3）使用伪元素 before 在元素前面添加内容并设置样式，如示例 5-15 所示。

示例 5-15

```
<!DOCTYPE html>
<html>
    <head>
        <meta charset="UTF-8">
        <title></title>
        <style type="text/css">
            div:before{
                content: " 我是使用 before 伪元素添加的内容 ";
                background: #99f;
            }
```

```
        </style>
    </head>
    <body>
        <div>伪元素选择器可以是任意类型的选择器。</div>
    </body>
</html>
```

在浏览器中的运行效果如图 5-24 所示。

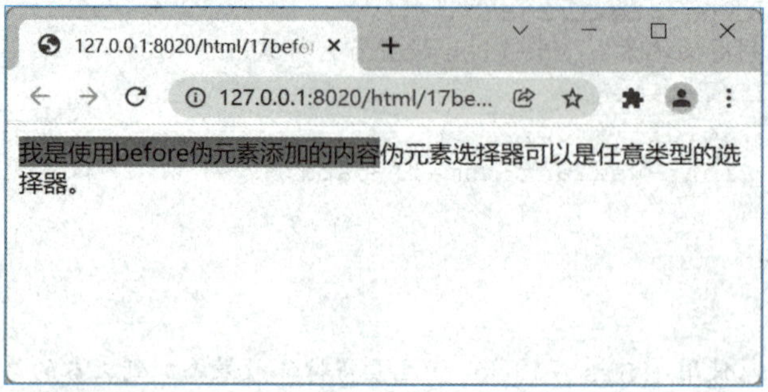

图 5-24　before 伪元素

（4）使用伪元素 after 在元素后面添加内容并设置样式，如示例 5-16 所示。

示例 5-16

```
<!DOCTYPE html>
<html>
    <head>
        <meta charset="UTF-8">
        <title></title>
        <style type="text/css">
            div:after{
                content: "我是使用 after 伪元素添加的内容";
                background: #3ee;
            }
        </style>
    </head>
    <body>
        <div>伪元素选择器可以是任意类型的选择器。</div>
    </body>
</html>
```

在浏览器中的运行效果如图 5-25 所示。

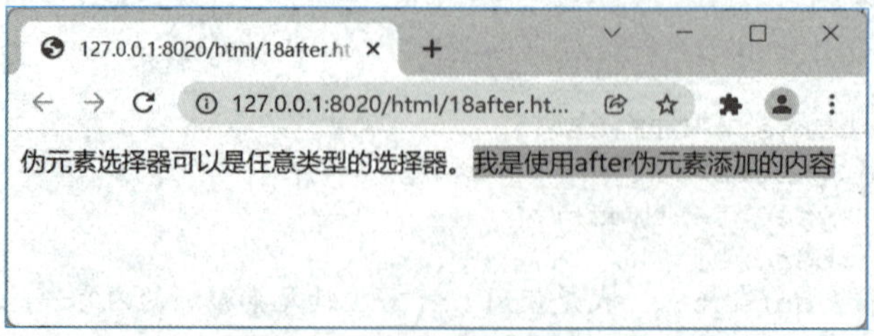

图 5-25　after 伪元素

在 CSS 中能够通过伪元素 :first-letter 实现下沉效果。它的原理非常简单，就是通过把首字的 font-size 属性值设置得较大，配合 float 实现。下面通过示例 5-17 演示使用方法及效果显示。

示例 5-17

```
/*CSS 控制首字下沉 */
<!DOCTYPE html>
<html>
    <head>
        <meta charset="UTF-8">
        <title> 首字下沉 </title>
        <style type="text/css">
            p{
                font-size: 12px;
                font-family: " 微软雅黑 ";
                line-height: 20px;
            }
            /* 设置首字下沉 */
            .first:first-letter {
                font-size: 50px;                /* 设置字体大小为 50 像素 */
                float: left;                    /* 设置左浮动 */
                color: #333;                    /* 设置字体颜色 */
                text-indent: 0;                 /* 设置缩进 */
                padding: 2px;                   /* 设置内边距 */
                line-height: 1em;               /* 设置行高 */
            }
        </style>
    </head>
    <body>
        <p class="first"> 冰墩墩是 2022 年北京冬季奥运会的吉祥物。将熊猫形象与富有超能量的冰晶外壳相结合，头部外壳造型取自冰雪运动头盔，装饰彩色光环，整体形象酷似航天员，充满未来科技感。
        </p>
    </body>
</html>
```

在浏览器中的运行效果如图 5-26 所示。

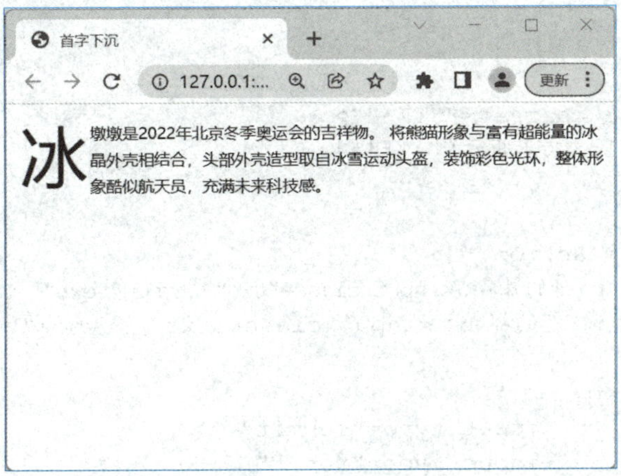

图 5-26　首字下沉

视　频

首字下沉

5.2 应用 CSS 美化表单元素

表单在网页中主要负责数据采集功能，使用 CSS 美化表单能有效地传递页面信息，使页面漂亮、美观、吸引用户，可以很好地突出页面的主题内容，使用户第一眼可以看到页面的主要内容，具有良好的用户体验。

5.2.1 改变文本框和文本域样式

1. 文本框

文本框一般用来输入数字、文本及字母等信息，它可以输入任意字符，文本框的 value 属性值会显示为文本框中的默认文本。在网页设计中，常用文本框收集一些用户信息或制作登录页面，如图 5-27 所示。

视 频

文本框与文本域美化、按钮美化

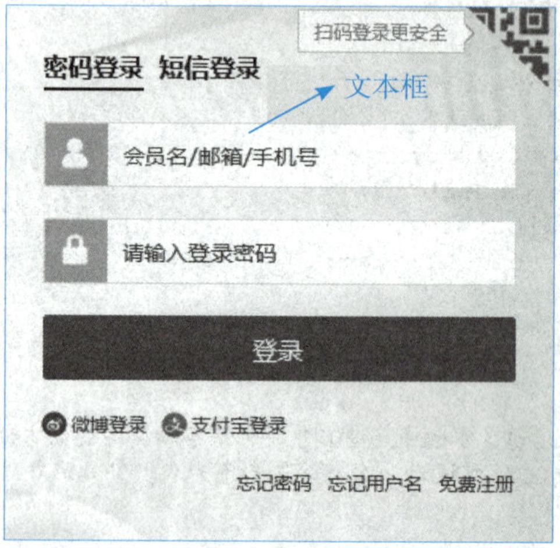

图 5-27 登录页面

示例 5-18

```
<!DOCTYPE html>
    <html>
        <head>
            <meta charset="UTF-8">
            <title> 文本框示例 </title>
        </head>
        <body>
            <form action="">
                <p> 您的姓名：<input class="txt" type="text" value=" 请输入姓名 "/></p>
                <p> 您的邮箱：<input class="txt" type="text" value=" 请输入邮
箱 "/></p>
                <p>
                    <input type="submit" />
                    <input type="reset" />
                </p>
```

```
        </form>
    </body>
</html>
```

在浏览器中的运行效果如图 5-28 所示。

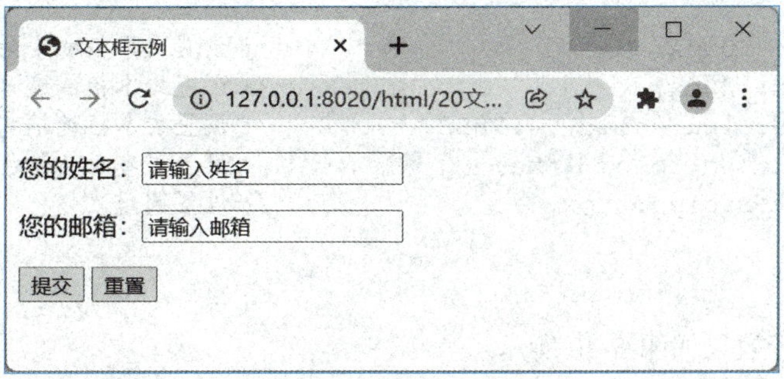

图 5-28　文本框

在示例 5-18 中，用两个文本框分别接收用户的姓名和邮箱，所以设置其 type 值为 text，并且都设定了初始值 value。默认情况下，单行文本框是一个白色背景的矩形框，该矩形框在不同浏览器中具有不同的边框宽度和内边距。通常这样的文本框比较单调，为了使页面更加美观，可以使用 CSS 修改其默认样式。

2. CSS 美化文本框

（1）CSS 控制文本框大小、边框及背景色。

可以为文本框设置宽度、高度、边框及背景色，在示例 5-18 的 <head>…</head> 标签对之间输入如下代码：

```
<style type="text/css">
    /*设置文本框基本样式*/
    .txt{
        width: 200px;                       /*设置文本框宽度为 200 像素*/
        height: 20px;                       /*设置文本框高度为 20 像素*/
        border: 1px solid #4f7883;          /*设置文本框边框宽度、线型和颜色*/
        background-color: #ffa;             /*设置文本框背景色*/
    }
</style>
```

在浏览器中的运行效果如图 5-29 所示。

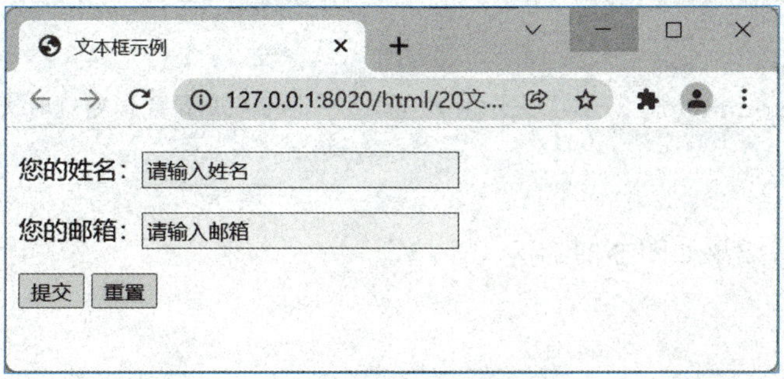

图 5-29　文本框基本样式

（2）CSS 控制圆角文本框。

在（1）的基础上继续输入如下代码：

```
<style type="text/css">
    /* 设置文本框基本样式 */
    .txt{
        width: 200px;                          /* 设置文本框宽度为 200 像素 */
        height: 20px;                          /* 设置文本框高度为 20 像素 */
        border: 1px solid #4f7883;             /* 设置文本框边框宽度，线型和颜色 */
        background-color: #ffa;                /* 设置文本框背景色 */
        border-radius: 8px;                    /* 设置圆角 */
    }
</style>
```

在浏览器中的运行效果如图 5-30 所示。

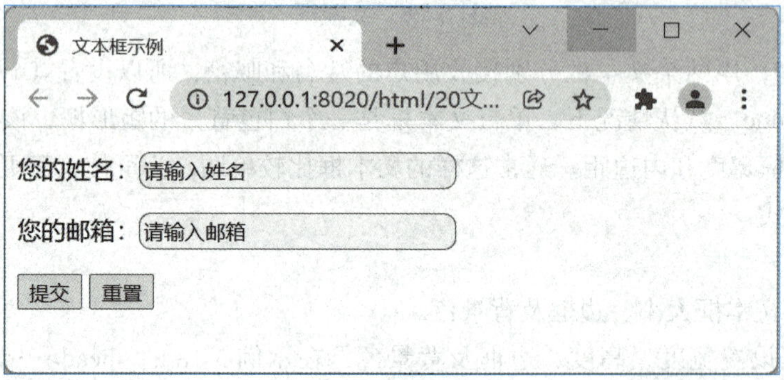

图 5-30　圆角文本框

（3）CSS 控制鼠标划过文本框背景色变色效果。

在（2）的基础上，在 <style>…</style> 标签对之间输入如下代码：

```
<style type="text/css">
    /* 设置文本框基本样式 */
    .txt{
        width: 200px;                          /* 设置文本框宽度为 200 像素 */
        height: 20px;                          /* 设置文本框高度为 20 像素 */
        border: 1px solid #4f7883;             /* 设置文本框边框宽度、线型和颜色 */
        background-color: #ffa;                /* 设置文本框背景色 */
        border-radius: 8px;                    /* 设置圆角 */
    }
    .txt:hover{
        background-color: lightcyan;           /* 设置鼠标划过时文本框背景色 */
    }
</style>
```

在浏览器中的运行效果如图 5-31 所示。

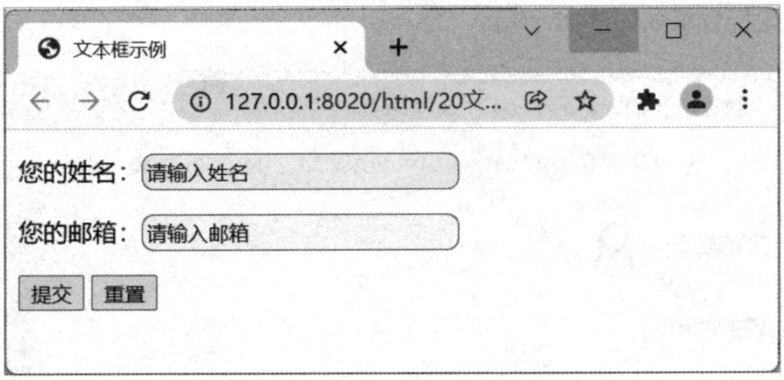

图 5-31　鼠标划过背景色变色

（4）CSS 控制背景图片的文本框，如示例 5-19 所示。

示例 5-19

```
<!DOCTYPE html>
<html>
    <head>
        <meta charset="UTF-8">
        <title>使用 CSS 背景图片的文本框</title>
        <style type="text/css">
            .txt{
                width: 200px;
                height: 35px;
            }
            #inp{
                background-image: url(bg1.png);          /*添加背景图片*/
                background-repeat: no-repeat;            /*设置图片重复方式*/
                background-position: top left;           /*设置图片位置*/
                border: 1px solid gray;
            }
        </style>
    </head>
    <body>
        <form action="">
            <p>
                您的姓名：<input class="txt" id="inp" type="text" value=""/>
            </p>
            <p>
                您的邮箱：<input class="txt" type="text" value=""/>
            </p>
            <p>
                <input type="submit" />
                <input type="reset" />
            </p>
        </form>
    </body>
</html>
```

在浏览器中的运行效果如图 5-32 所示。

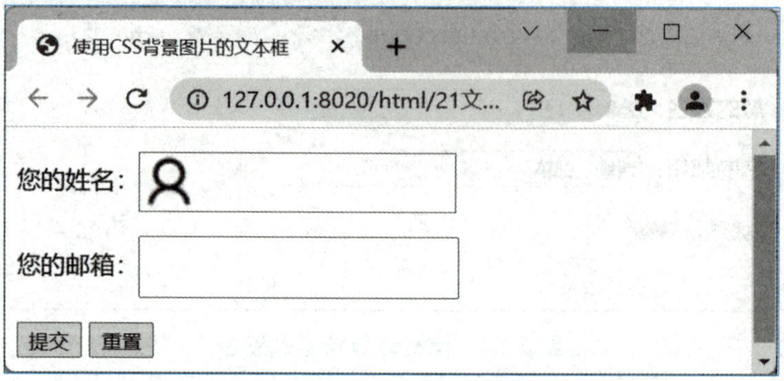

图 5-32　使用 CSS 背景图片的文本框

（5）CSS 控制发光的文本框。

通常当单击文本框时，文本框外围边框会变色且变得模糊有发光效果，该样式可以通过自定义 focus 样式实现。

实现上述效果可以通过如下 4 步完成。

① 取消浏览器默认样式 outline。

② 设置边框样式、宽度、颜色。

③ 设置边框阴影 box-shadow。

④ 渐变过渡效果 transition。

下面先了解一下 box-shadow 和 transition 属性。

box-shadow 属性用于向文本框添加一个或多个阴影。语法：

```
box-shadow : h-shadow v-shadow blur spread color inset;
```

box-shadow 的属性值及含义见表 5-4。

表 5-4　box-shadow 的属性值及含义

box-shadow 属性值	含　义
h-shadow	必需。水平阴影的位置。允许负值
v-shadow	必需。垂直阴影的位置。允许负值
blur	可选。模糊距离
spread	可选。阴影的尺寸
color	可选。阴影的颜色。可参阅 CSS 颜色值
inset	可选。将外部阴影（outset）改为内部阴影

注意：该属性是由逗号分隔的阴影列表，每个阴影由 2 ~ 4 个长度值、可选的颜色值以及可选的 inset 关键词来规定。省略长度时值为 0。

transition 属性设置元素的过渡效果。语法：

```
transition: property duration timing-function delay;
```

transition 的属性值及含义见表 5-5。

表 5-5　transition 的属性值及含义

transition 属性值	含　义
transition-property	规定设置过渡效果的 CSS 属性的名称
transition-duration	transition 效果需要指定多少秒或毫秒才能完成
transition-timing-function	指定 transition 效果的转速曲线
transition-delay	定义 transition 效果开始的时候

下面通过示例 5-20 演示使用方法。

示例 5-20

```
<style type="text/css">
    .txt{
        width: 200px;                          /* 设置文本框宽度 */
        height: 30px;                          /* 设置文本框高度 */
        border: 1px solid #ccc;                /* 设置边框 */
        border-radius: 5px;                    /* 设置圆角 */
    }

/*4 步实现文本框发光效果 */
    .txt:focus{
        outline: 0;                            /* 取消浏览器默认样式 outline*/
        border-color: #66afe9;                 /* 设置边框颜色 */
        box-shadow: inset 0 1px 1px rgba(0,0,0,.075),0 0 8px rgba(102,175,233,.6);
                                               /* 设置边框阴影 */
        transition: border-color ease-in-out .15s,box-shadow ease-in-out .15s;
                                               /* 设置渐变过渡效果 */

    }
    </style>
    <body>
        <form action="">
            <p> 您的姓名：<input class="txt" type="text" value=""/></p>
            <p> 您的邮箱：<input class="txt" type="text" value=""/></p>
            <p>
                <input type="submit" />
                <input type="reset" />
            </p>
        </form>
    </body>
```

在浏览器中的运行效果如图 5-33 所示。

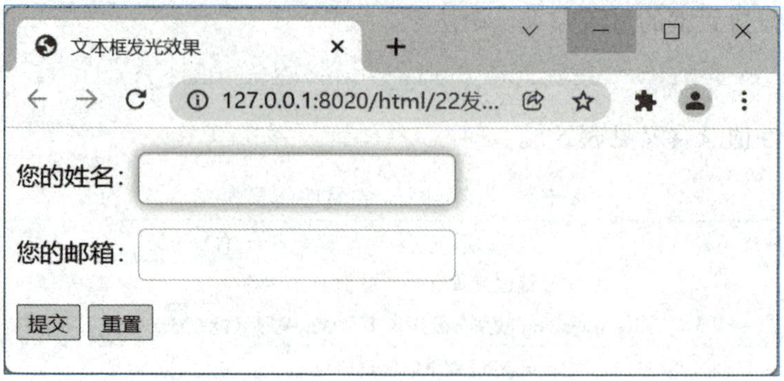

图 5-33　发光文本框

3. 文本域

单行文本框只能输入一行文字，大量文字尤其是分段的多行文字，在单行文本框中是无法输入的。使用 textarea 元素可以在网页中创建文本域。它可以显示和输入多行文字，在很大程度上方便了用户输入和查看文字。

文本域属性值及含义见表 5-6。

表 5-6　文本域属性值及含义

文本域属性值	含　义
cols	指定每行显示的字符数
rows	指定正常情况下显示的文本行数
id	定义文本域的唯一 id 属性

下面通过示例 5-21 演示文本域的使用方法。

示例 5-21

```
<style type="text/css">
    .txt{
        width: 200px;
        height: 30px;
        border: 1px solid #ccc;
        border-radius: 5px;
    }
    .txt:focus{
        outline: 0;
        border-color: #66afe9;
        box-shadow: inset 0 1px 1px rgba(0,0,0,.075),0 0 8px rgba(102,175,233,.6);
        transition: border-color ease-in-out .15s,box-shadow ease-in-out .15s;
        }
    </style>
    <body>
        <form action="">
            <p>您的姓名：<input class="txt" type="text" value=""/></p>
            <p>您的邮箱：<input class="txt" type="text" value=""/></p>
            <p>
```

```
                    个人简介：<textarea class="txtarea" name="txtarea" rows="5" 
cols="26">请在此处输入内容...</textarea>
                </p>
                <p>
                    <input type="submit" />
                    <input type="reset" />
                </p>
            </form>
        </body>
```

在浏览器中的运行效果如图 5-34 所示。

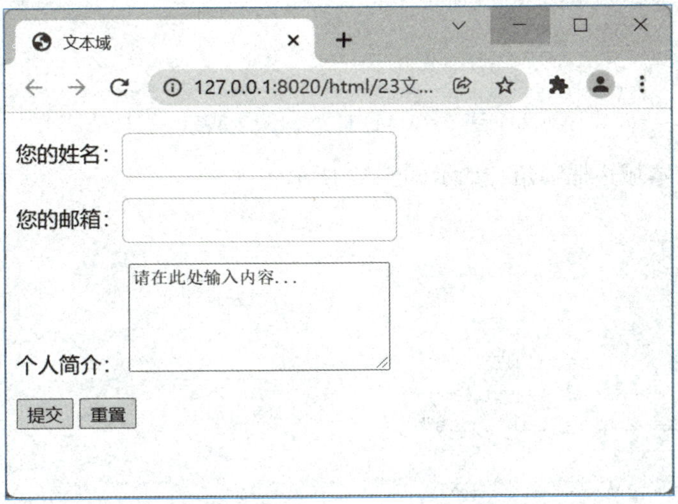

图 5-34　文本域

注意：当在文本域中输入内容时，如果内容超出文本域宽度，会自动换行显示，超出文本域高度时会出现滚动条。

默认的文本域样式比较单调，使用 CSS 美化文本域可以让访客不自觉地加深对网站的视觉印象，从而更好地达到宣传目的。

（1）CSS 控制文本域的宽度和高度。

当对文本域应用 cols 和 rows 属性时，多行文本输入框在不同浏览器中的显示效果可能有差异。在实际工作中，更常用的方法是使用 CSS 的 width 和 height 属性定义多行文本输入框的宽度和高度。

在示例 5-21 的 <style>…</style> 标签对中输入如下代码：

```
.txtarea{
    width: 300px;                    /*设置文本域的宽度为 300px*/
    height: 100px;                   /*设置文本域的高度为 100px*/
}
```

在浏览器中的运行效果如图 5-35 所示。

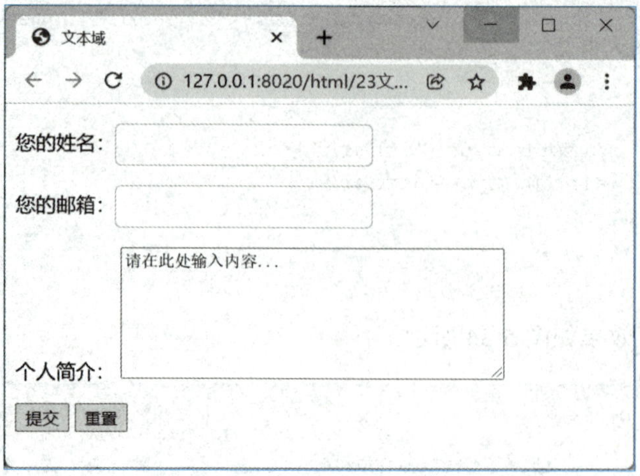

图 5-35　设置文本域的宽高

（2）CSS 控制文本域边框圆角，如示例 5-22 所示。

示例 5-22

```
<!DOCTYPE html>
<html>
    <head>
        <meta charset="UTF-8">
        <title>文本域</title>
        <style type="text/css">
            .txt{
                width: 200px;
                height: 30px;
                border: 1px solid #ccc;
                border-radius: 5px;
            }
            .txt:focus{
                outline: 0;                                  /*取消浏览器样式 outline*/
                border-color: #66afe9;                       /*设置边框颜色*/
                box-shadow: inset 0 1px 1px rgba(0,0,0,.075),0 0 8px rgba(102,
175,233,.6); /*设置边框阴影*/
                transition: border-color ease-in-out .15s,box-shadow ease-in-out .15s;
                      /*设置渐变过渡效果*/
            }
            .txtarea{
                width: 300px;
                height: 100px;
                border-radius: 15px;
            }
        </style>
    </head>
    <body>
        <form action="">
            <p>
                您的姓名：<input class="txt" type="text" value=""/>
```

```
            </p>
            <p>
                您的邮箱：<input class="txt" type="text" value=""/>
            </p>
            <p>
                个人简介：
                      <textarea class="txtarea" name="txtarea" rows="5"
cols="26">请在此处输入内容...</textarea>
            </p>
            <p>
                <input type="submit" />
                <input type="reset" />
            </p>
        </form>
    </body>
</html>
```

在浏览器中的运行效果如图 5-36 所示。

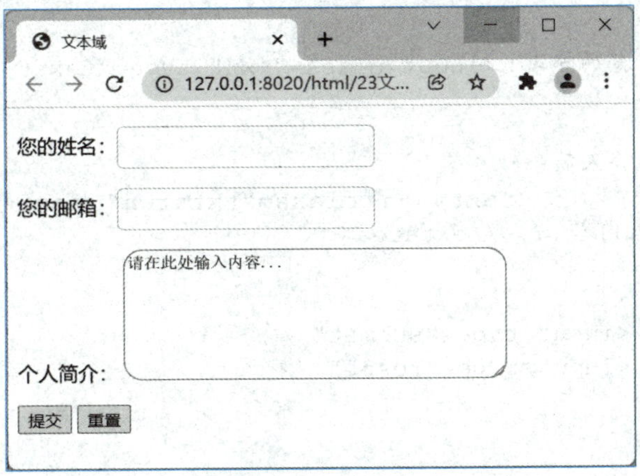

图 5-36　圆角效果

（3）设置文本域边框粗细，如示例 5-23 所示。

示例 5-23

```
<!DOCTYPE html>
<html>
    <head>
        <meta charset="UTF-8">
        <title>文本域</title>
        <style type="text/css">
            .txt{
                width: 200px;
                height: 30px;
                border: 1px solid #ccc;
                border-radius: 5px;
            }
            .txt:focus{
                outline: 0;                        /*取消浏览器样式 outline*/
```

```
                    border-color: #66afe9;              /* 设置边框颜色 */
                    box-shadow: inset 0 1px 1px rgba(0,0,0,.075),0 0 8px rgba(102,
175,233,.6);                                            /* 设置边框阴影 */
                    transition: border-color ease-in-out .15s,box-shadow ease-in-out .15s;
                                                        /* 设置渐变过渡效果 */
                }
                .txtarea{
                    width: 300px;
                    height: 100px;
                    border-radius: 15px;
                    border: 5px solid indianred;       /* 设置文本域边框 */
                }
            </style>
        </head>
        <body>
            <form action="">
                <p>
                    您的姓名：<input class="txt" type="text" value=""/>
                </p>
                <p>
                    您的邮箱：<input class="txt" type="text" value=""/>
                </p>
                <p>
                    个人简介：
                        <textarea class="txtarea" name="txtarea" rows="5"
cols="26">请在此处输入内容...</textarea>
                </p>
                <p>
                    <input type="submit" />
                    <input type="reset" />
                </p>
            </form>
        </body>
    </html>
```

在浏览器中的运行效果如图 5-37 所示。

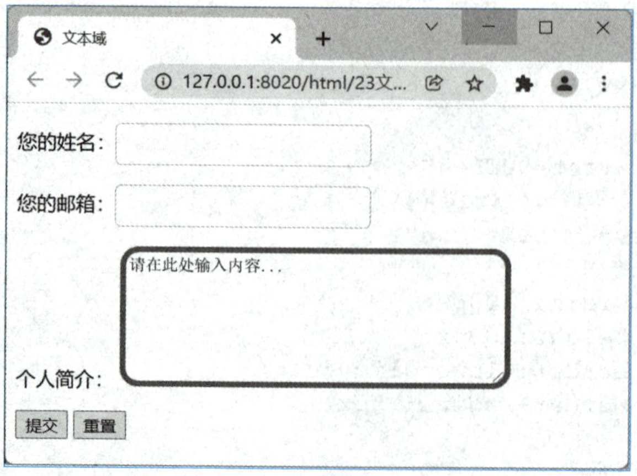

图 5-37　设置文本域边框粗细效果

5.2.2　用图片美化按钮

当 type 属性值为“button”时，input 控件可以创建普通按钮。普通按钮通常用来激发提交表单动作，它一般与 JavaScript 脚本配合对表单执行一些处理操作。下面通过示例 5-24 学习如何使用图片美化按钮。

示例 5-24

```
<!DOCTYPE html>
<html>
    <head>
        <meta charset="UTF-8">
        <title>图片美化按钮</title>
        <style type="text/css">
            .txt{
                width: 200px;
                height: 30px;
                border: 1px solid #ccc;
                border-radius: 5px;
            }
            .txt:focus{
                outline: 0;                          /*取消浏览器样式 outline*/
                border-color: #66afe9;               /*设置边框颜色*/
                 box-shadow: inset 0 1px 1px rgba(0,0,0,.075),0 0 8px rgba(
102,175,233,.6);                                     /*设置边框阴影*/
                 transition: border-color ease-in-out .15s,box-shadow ease-
in-out .15s;                                         /*设置渐变过渡效果*/
            }
            /*图片美化按钮*/
           .btn1{
               width: 80px;                          /*设置宽度为 100 像素*/
               height: 34px;                         /*设置高度为 30 像素*/
               background-image: url(submit.gif);   /*设置背景图片*/
               background-repeat: no-repeat;         /*设置图片重复方式*/
               border: 0;                            /*取消边框*/
               margin-left: 20px;                    /*设置左间距 20 像素*/
           }
           .btn2{
               width: 80px;                          /*设置宽度为 100 像素*/
               height: 34px;                         /*设置高度为 30 像素*/
               background-image: url(reset.gif);    /*设置背景图片*/
               background-repeat: no-repeat;         /*设置图片重复方式*/
               border: 0;                            /*取消边框*/
               margin-left: 20px;                    /*设置左间距 20 像素*/
           }
        </style>
    </head>
    <body>
        <form action="">
            <p>
```

```
                    您的姓名：<input class="txt" type="text" value=""/>
                </p>
                <p>
                    您的邮箱：<input class="txt" type="text" value=""/>
                </p>
                <p>
                    <input class="btn1" type="button"/>
                    <input class="btn2" type="button"/>
                </p>
            </form>
        </body>
</html>
```

在浏览器中的运行效果如图 5-38 所示。

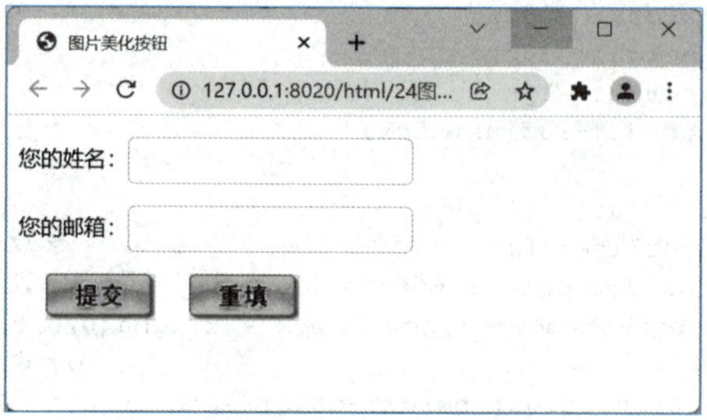

图 5-38　图片美化按钮

5.2.3　改变下拉列表样式

下面介绍 CSS 表单样式的精美制作方法。一个好看的表单样式，对于网站整体效果来说至关重要，不仅便于用户阅览，也适合站长管理网站。

示例 5-25

```
<!DOCTYPE html>
<html>
    <head>
        <meta charset="UTF-8">
        <title> 下拉列表 </title>
    </head>
    <body>
        <h4> 您的专业：</h4>
        <select>
              <option value="JavaScript">JavaScript</option>
            <option value="Java">Java</option>
            <option value="HTML5">HTML5</option>
            <option value="CAD">CAD</option>
        </select>
    </body>
</html>
```

在浏览器中的运行效果如图 5-39 所示。

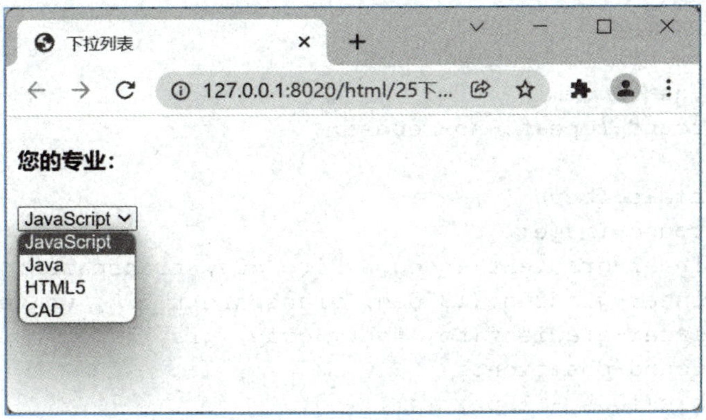

图 5-39　下拉列表

图 5-39 所示为示例 5-25 生成的下拉列表在谷歌浏览器中的默认显示效果，为了让下拉列表更加美观，提高网页页面效果，可以对下拉列表进行美化操作。下面通过示例演示介绍 3 种列表样式。

示例 5-26

```
<style type="text/css">
    select {
        /* 设置下拉列表样式 */
        background-color: white;
        border: thin solid blue;
        border-radius: 4px;
        display: inline-block;
        font: inherit;
        line-height: 1.5em;
        padding: 0.5em 3.5em 0.5em 1em;

        /* reset */
        margin: 0;
        -webkit-box-sizing: border-box;
        -moz-box-sizing: border-box;
        box-sizing: border-box;
        -webkit-appearance: none;
        -moz-appearance: none;
    }
    /*设置箭头样式*/
    /*设置第一种箭头样式*/
    select.classic {
        background-image:
            linear-gradient(45deg, transparent 50%, blue 50%),
             linear-gradient(135deg, blue 50%, transparent 50%),
            linear-gradient(to right, skyblue, skyblue);
        background-position:
            calc(100% - 20px) calc(1em + 2px),
            calc(100% - 15px) calc(1em + 2px),
```

```
            100% 0;
        background-size:
            5px 5px,
            5px 5px,
            2.5em 2.5em;
        background-repeat: no-repeat;
    }
    select.classic:focus {
        background-image:
            linear-gradient(45deg, white 50%, transparent 50%),
            linear-gradient(135deg, transparent 50%, white 50%),
            linear-gradient(to right, gray, gray);
        background-position:
            calc(100% - 15px) 1em,
            calc(100% - 20px) 1em,
            100% 0;
        background-size:
            5px 5px,
            5px 5px,
            2.5em 2.5em;
        background-repeat: no-repeat;
        border-color: grey;
        outline: 0;
    }
    /*设置第二种箭头样式*/
    select.round {
        background-image:
            linear-gradient(45deg, transparent 50%, gray 50%),
            linear-gradient(135deg, gray 50%, transparent 50%),
            radial-gradient(#ddd 70%, transparent 72%);
        background-position:
            calc(100% - 20px) calc(1em + 2px),
            calc(100% - 15px) calc(1em + 2px),
            calc(100% - .5em) .5em;
        background-size:
            5px 5px,
            5px 5px,
            1.5em 1.5em;
        background-repeat: no-repeat;
    }
    select.round:focus {
        background-image:
            linear-gradient(45deg, white 50%, transparent 50%),
            linear-gradient(135deg, transparent 50%, white 50%),
            radial-gradient(gray 70%, transparent 72%);
        background-position:
            calc(100% - 15px) 1em,
            calc(100% - 20px) 1em,
            calc(100% - .5em) .5em;
```

```
            background-size:
                5px 5px,
                5px 5px,
                1.5em 1.5em;
            background-repeat: no-repeat;
            border-color: green;
            outline: 0;
        }
        /* 设置第三种箭头样式 */
        select.minimal {
            background-image:
                linear-gradient(45deg, transparent 50%, gray 50%),
                linear-gradient(135deg, gray 50%, transparent 50%),
                linear-gradient(to right, #ccc, #ccc);
            background-position:
                calc(100% - 20px) calc(1em + 2px),
                calc(100% - 15px) calc(1em + 2px),
                calc(100% - 2.5em) 0.5em;
            background-size:
                5px 5px,
                5px 5px,
                1px 1.5em;
            background-repeat: no-repeat;
        }
        select.minimal:focus {
            background-image:
                linear-gradient(45deg, green 50%, transparent 50%),
                linear-gradient(135deg, transparent 50%, green 50%),
                linear-gradient(to right, #ccc, #ccc);
            background-position:
                calc(100% - 15px) 1em,
                calc(100% - 20px) 1em,
                calc(100% - 2.5em) 0.5em;
            background-size:
                5px 5px,
                5px 5px,
                1px 1.5em;
            background-repeat: no-repeat;
            border-color: green;
            outline: 0;
        }
        select:-moz-focusring {
            color: transparent;
            text-shadow: 0 0 0 #000;
        }
    </style>
    <body>
        <h1>3 种下拉列表样式 </h1>
        <h4> 您的专业：</h4>
```

```
        <select class="classic">
            <option value="JavaScript">JavaScript</option>
            <option value="Java">Java</option>
            <option value="HTML5">HTML5</option>
            <option value="CAD">CAD</option>
        </select>
        <br><br>
        <select class="round">
            <option value="JavaScript">JavaScript</option>
            <option value="Java">Java</option>
            <option value="HTML5">HTML5</option>
            <option value="CAD">CAD</option>
        </select>
        <br><br>
        <select class="minimal">
            <option value="JavaScript">JavaScript</option>
            <option value="Java">Java</option>
            <option value="HTML5">HTML5</option>
            <option value="CAD">CAD</option>
        </select>
    </body>
```

在浏览器中的运行效果如图 5-40 所示。

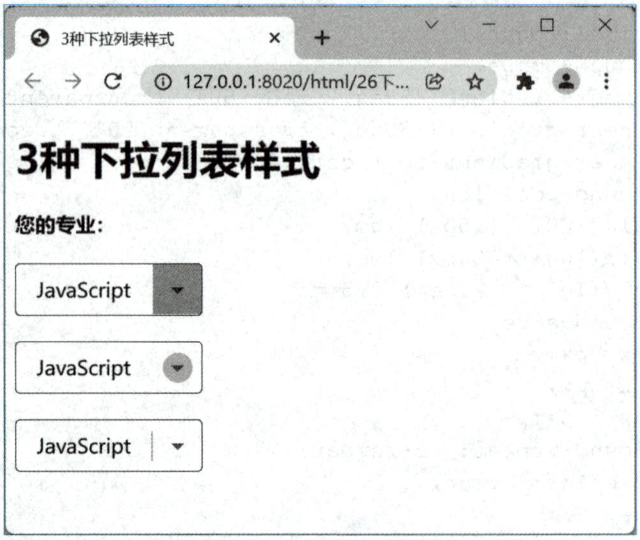

图 5-40　3 种下拉列表样式

5.2.4　用 label 标签提升用户体验

通常情况下，鼠标单击表单元素（如文本框、单选按钮、复选框等）后，光标才会聚焦在表单元素上；而单击文字时，光标不会聚焦在表单元素上。在实际运用中，通常将表单控件与 <label> 标签联合使用，以扩大控件的选择范围，从而提供更好的用户体验。比如，当选择性别时，希望单击提示文字“男”或“女”，也可以选中相应的单选按钮。下面通过示例 5-27 演示使用方法。

示例 5-27

```
<style type="text/css">
    h4{
        color: #333;
        font-weight: bolder;
        font-size: 20px;
    }
    div li{
        list-style: none;
        height: 30px;
    }
    div .txt{
        width: 150px;
        height: 20px;
        border: 1px solid #ccc;
    }
</style>
<body>
    <div>
        <ul>
            <h4>未使用 label 标签</h4>
            <form action="">
                <li>
                    用户姓名：<input class="txt" type="text" />
                </li>
                <li>
                    登录密码：<input class="txt" type="password" />
                </li>
                <li>
                    用户性别：
                    <input type="radio" name="sex"/>男
                    <input type="radio" name="sex"/>女
                </li>
                <li>
                    所学专业：
                    <input type="checkbox" name="cbx" />HTML5
                    <input type="checkbox" name="cbx" />JavaScript
                    <input type="checkbox" name="cbx" />CAD
                </li>
                <li>
                    <input type="submit" />
                    <input type="reset" />
                </li>
            </form>
        </ul>
    </div>
    <hr />
    <div>
        <ul>
```

```
            <h4>使用 label 标签</h4>
            <form action="">
                <li>
                    <label>用户姓名：<input class="txt" type="text" /></label>
                </li>
                <li>
                    <label>登录密码：<input class="txt" type="password" /></label>
                </li>
                <li>
                    用户性别：
                    <label><input type="radio" name="sex"/>男</label>
                    <label><input type="radio" name="sex"/>女</label>
                </li>
                <li>
                    所学专业：
                    <label><input type="checkbox" name="cbx" />HTML5</label>
                    <label><input type="checkbox" name="cbx" />JavaScript </label>
                    <label><input type="checkbox" name="cbx" />CAD</label>
                </li>
                <li>
                    <input type="submit" />
                    <input type="reset" />
                </li>
            </form>
        </ul>
    </div>
</body>
```

在浏览器中的运行效果如图 5-41 所示。

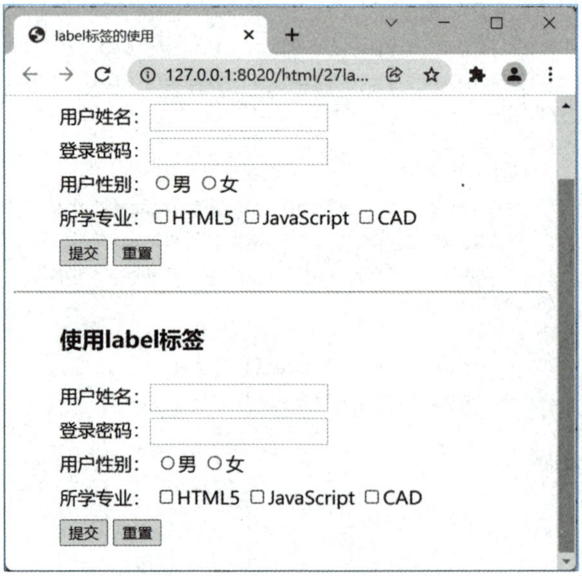

图 5-41　label 标签的使用

在上述示例中，将 input 标签嵌套在 label 标签中，当鼠标单击用户姓名等时可以使光标聚集在输入框中。除此之外，还可以使用另外一种写法：将 input 标签放在 label 标签的外部，利用 label 标签的 for 属性实现。

例如可将“用户姓名”对应的代码修改如下：

```
<li>
    <label for="user">用户姓名：</label>
    <input id="user" class="txt" type="text" />
</li>
```

5.3 设置导航菜单

导航条在网站上具有导航作用，是指引和方便浏览者访问另一页面的快速通道。网站导航是网站的指路灯，也是网站内容的总体概述，同时也是搜索引擎收录网站的重要权衡因素。创建一套良好的网站导航系统将会使网站更易访问，如图 5-42 所示。

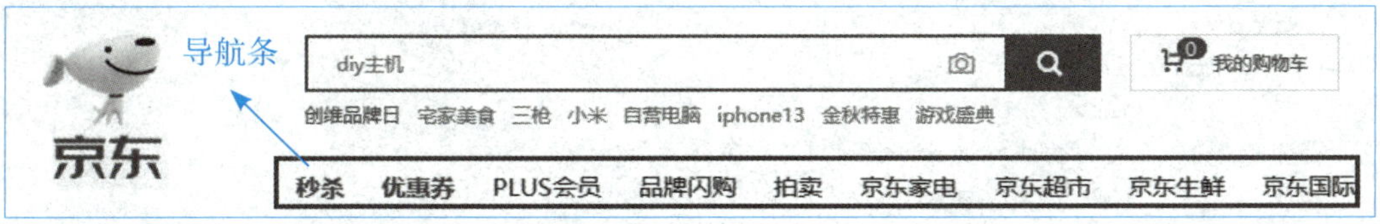

图 5-42　导航条

5.3.1　横向列表菜单

横向列表菜单的制作可以使用无序列表实现，只需要将 li 横向排列即可，如示例 5-28 所示。

示例 5-28

```
<!DOCTYPE html>
<html>
    <head>
        <meta charset="UTF-8">
        <title>横向列表菜单</title>
        <style type="text/css">
            body{
                font-family: verdana;
                font-size: 12px;
                line-height: 1.5;
            }
            a{
                color: #000;
                text-decoration: none;
            }
            a:hover{
                color: #f00;
            }
```

视　频

横向列表及美化

```
            #menu{
                border: 1px solid #ccc;
                height: 26px;
                width: 370px;
                background: #eee;
                margin: 0 auto;
            }
            #menu ul{
                list-style: none;
                margin: 0;
                padding: 0;
            }
            #menu ul li{
                float: left;
                padding: 0 8px;
                height: 26px;
                line-height: 26px;
            }
        </style>
    </head>
    <body>
        <div id="menu">
            <ul>
                <li><a href="#"> 首页 </a></li>
                <li><a href="#"> 学院概况 </a></li>
                <li><a href="#"> 机构设置 </a></li>
                <li><a href="#"> 党建思政 </a></li>
                <li><a href="#"> 师资队伍 </a></li>
                <li><a href="#"> 招生就业 </a></li>
            </ul>
        </div>
    </body>
</html>
```

横向列表菜单最主要的就是利用 float 属性让 li 向右浮动实现横向排列，效果如图 5-43 所示。

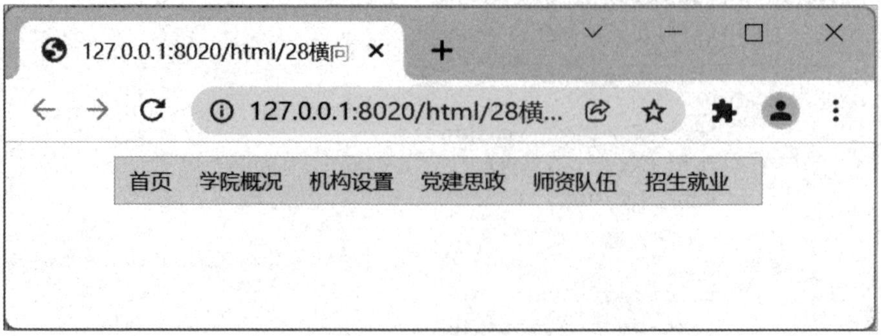

图 5-43　横向列表菜单

为了让用户体验更加友好，可以把 a 转换成块级元素，也可以给 a 设置背景色或者背景图片使它更加美观，然后还可以设置鼠标放上时的样式。

```
#menu{
        border: 1px solid #ccc;
        height: 26px;
        width: 370px;
        background: #eee;
        margin: 0 auto;
    }
    #menu ul{
        list-style: none;
        margin: 0;
        padding: 0;
    }
    #menu ul li{
        float: left;
    }
    #menu ul li a{
        display: block;
        padding: 0 8px;
        height: 26px;
        line-height: 26px;
        float: left;
    }
    #menu ul li a:hover{
        background: lightseagreen;
        color: #fff;
    }
```

在浏览器中的运行效果如图 5-44 所示。

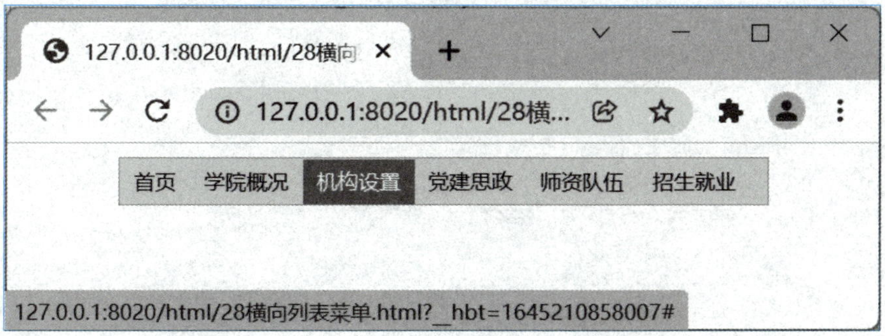

图 5-44　背景色美化的菜单

5.3.2　用图片美化的横向导航

背景图片也是网页制作当中最重要的样式之一。运用背景图片可以使用户的页面更加出色、更加人性化。准备好要使用的图片，分别为默认样式、鼠标放上去的样式和当前状态，如图 5-45 至图 5-47 所示。

图 5-45　默认样式图片

图 5-46　鼠标放上去样式图片

图 5-47　当前状态图片

修改示例 5-28 的 CSS 样式，添加上背景图片，如示例 5-29 所示。

示例 5-29

```
<!DOCTYPE html>
<html>
    <head>
        <meta charset="UTF-8">
        <title>图片美化的横向列表菜单</title>
        <style type="text/css">
            body{
                font-family: verdana;
                font-size: 12px;
                line-height: 1.5;
            }
            a{
                color: #FFFF00;
                text-decoration: none;
            }
            a:hover{
                color: #f00;
            }
            #menu{
                width: 550px;
                height: 28px;
                margin: 0 auto;
                border-bottom: 3px solid #e10001;
            }
            #menu ul{
                list-style: none;
                margin: 0;
                padding: 0;
            }
            #menu ul li{
                float: left;
                margin-left: 2px;
            }
            #menu ul li a{
                display: block;
                width: 87px;
                height: 28px;
                line-height: 28px;
                text-align: center;
                background: url(imgs/bg_1. gif) 0 0 no-repeat;
                font-size: 14px;
            }
            #menu ul li a:hover{
```

```
                background: url(imgs/bg_2. gif) 0 0 no-repeat;
                color: #fff;
            }
            #menu ul li a#current{
                background: url(imgs/bg_3.gif) 0 0 no-repeat;
                font-weight: bold;
                color: #fff;
            }
        </style>
    </head>
    <body>
        <div id="menu">
            <ul>
                <li><a href="#" id="current">首页</a></li>
                <li><a href="#">学院概况</a></li>
                <li><a href="#">机构设置</a></li>
                <li><a href="#">党建思政</a></li>
                <li><a href="#">师资队伍</a></li>
                <li><a href="#">招生就业</a></li>
            </ul>
        </div>
    </body>
</html>
```

在浏览器中的运行效果如图 5-48 所示。

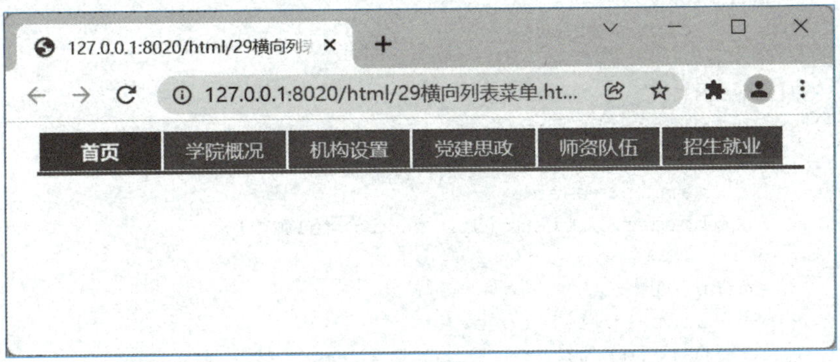

图 5-48　图片美化的横向列表菜单

5.3.3　CSS Sprites 技术

在国内，很多设计人员将 CSS Sprites 称为 CSS 精灵或 CSS 雪碧。它把网页中的一些背景图片整合到一张图片文件中，再利用 CSS 背景图片定位到要显示的位置。这样做可以减少文件体积、减少服务器的请求次数、提高效率。

视　频

CSS精灵、二级菜单

在学习 CSS Sprites 之前，先来了解一下背景图片设置格式：

```
.test a{background:#ccc url(bg.jpg) 0 0 no-repeat;}
```

其中，#ccc 表示背景色；url() 用于指定背景图片的路径；接下来的两个数值参数分别代表左右和上下，第一个参数表示距左边多少像素，第二个参数表示距上边多少像素，当 CSS 中值为 0 时可以省略单位，其他数值不可省略单位；no-repeat 代表背景图片重复方式，no-repeat 代表不重复。

图 5-49　整合图片

还需要说明的一点是，定位图片位置的参数是以图片左上角为原点的。CSS Sprites 就是靠背景图片定位实现的。把背景图片整合成一张图片，如图 5-49 所示。

示例 5-30

```
<!DOCTYPE html>
<html>
    <head>
        <meta charset="UTF-8">
        <title> Sprites 图片整合效果 </title>
        <style type="text/css">
            body{
                font-family: verdana;
                font-size: 12px;
                line-height: 1.5;
            }
            a{
                color: #000;
                text-decoration: none;
            }
            a:hover{
                color: #f00;
            }
            #menu{
                width: 550px;
                height: 28px;
                margin: 0 auto;
                border-bottom: 3px solid #e10001;
            }
            #menu ul{
                list-style: none;
                margin: 0;
                padding: 0;
            }
            #menu ul li{
                float: left;
                margin-left: 2px;
            }
            #menu ul li a{
                display: block;
                width: 87px;
                height: 28px;
                line-height: 28px;
                text-align: center;
```

```
                background: url(imgs/image.gif) 0 0 no-repeat;
                font-size: 14px;
            }
            #menu ul li a:hover{
                background: url(imgs/image.gif) 0-28px no-repeat;
                color: #fff;
            }
            #menu ul li a#current{
                background: url(imgs/image.gif) 0-56px no-repeat;
                font-weight: bold;
                color: #fff;
            }
        </style>
    </head>
    <body>
        <div id="menu">
            <ul>
                <li><a href="#" id="current"> 首页 </a></li>
                <li><a href="#"> 学院概况 </a></li>
                <li><a href="#"> 机构设置 </a></li>
                <li><a href="#"> 党建思政 </a></li>
                <li><a href="#"> 师资队伍 </a></li>
                <li><a href="#"> 招生就业 </a></li>
            </ul>
        </div>
    </body>
</html>
```

在浏览器中的运行效果如图 5-50 所示。

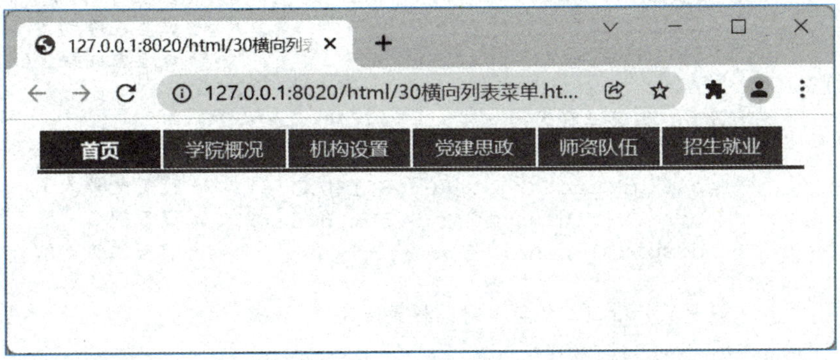

图 5-50　Sprites 图片整合效果

5.3.4　二级菜单列表

制作二级菜单时只需在一级列表的列表项中嵌套无序列表即可，下面通过示例 5-31 演示使用方法。

示例 5-31

```
<!DOCTYPE html>
```

```
<html>
    <head>
        <meta charset="UTF-8">
        <title></title>
        <style type="text/css">
            /*设置整体页面通用属性*/
            *{
                margin: 0;
                padding: 0;
            }
            .ul1{
                margin: 50px;                          /*设置一级菜单间距*/
            }

            ul{
                list-style: none;                      /*取消列表符号*/
            }
            a{
                text-decoration: none;                 /*取消下画线*/
                color:white;
            }
            /*设置一级菜单样式*/
            .ul1>li{
                width: 150px;                          /*设置宽度150px*/
                height: 2em;                           /*设置高度2em*/
                text-align: center;                    /*设置文本居中*/
                background: rgba(30,80,200,0.8);       /*设置背景色*/
                border-radius: 0.5em 0.5em 0 0;        /*设置圆角*/
                font-size: 20px;                       /*设置字体大小*/
                line-height: 2em;                      /*设置行高*/
                float: left;                           /*设置左浮动*/
                margin-left: 1px;                      /*设置左间距*/
            }
            /*设置二级菜单样式*/
            .ul1 ul{
                background: rgba(80,80,160,0.6);       /*设置背景色*/
                border-radius: 0 0 0.5em 0.5em;        /*设置圆角*/
                display: none;                         /*隐藏二级菜单*/
            }
            /*设置鼠标滑过二级菜单时的样式*/
            .ul1 ul a:hover{
                background: rgba(40,180,40,0.8);       /*设置背景色*/
                width: 85%;                            /*设置宽度*/
                height: 1.5em;                         /*设置高度*/
                display: inline-block;                 /*将行内元素转为行内块元素*/
                line-height: 1.5em;                    /*设置行高*/
                border-radius: 0.5em;                  /*设置圆角*/
                font-weight: bold;                     /*设置字体加粗*/
                padding: 3px 3px;                      /*设置内边距*/
            }
```

```
            /* 鼠标滑过一级菜单时显示二级菜单 */
            .ul1>li:hover>ul{
                display: block;                              /* 显示二级菜单 */
            }
        </style>
    </head>
    <body>
        <div class="menu">
            <ul class="ul1">
                <li><a href="#">学院概况</a>
                    <ul>
                        <li><a href="#">学院简介</a></li>
                        <li><a href="#">学院章程</a></li>
                        <li><a href="#">董事会</a></li>
                        <li><a href="#">现任领导</a></li>
                        <li><a href="#">校徽校训</a></li>
                    </ul>
                </li>
                <li><a href="#">机构设置</a>
                    <ul>
                        <li><a href="#">党群部门</a></li>
                        <li><a href="#">行政部门</a></li>
                        <li><a href="#">部系设置</a></li>
                        <li><a href="#">直属单位</a></li>
                    </ul>
                </li>
                <li><a href="#">党建思政</a>
                    <ul>
                        <li><a href="#">党群在线</a></li>
                        <li><a href="#">共青团</a></li>
                    </ul>
                </li>
                <li><a href="#">师资队伍</a>
                    <ul>
                        <li><a href="#">名师风采</a></li>
                        <li><a href="#">诚聘英才</a></li>
                    </ul>
                </li>
                <li><a href="#">招生就业</a>
                    <ul>
                        <li><a href="#">招生网</a></li>
                        <li><a href="#">就业网</a></li>
                    </ul>
                </li>
            </ul>
        </div>
    </body>
</html>
```

在浏览器中的运行效果如图 5-51 所示。

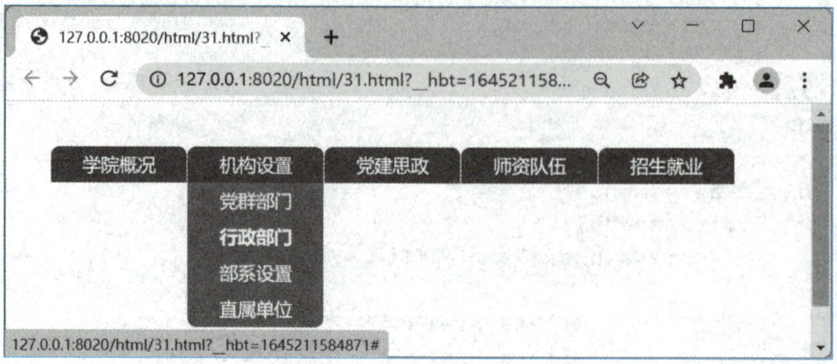

图 5-51　二级菜单

本章小结

1．超链接伪类有：:link :active :visited :hover。
2．块级元素和行内元素利用 display 属性进行转换。
3．锚点：锚点的创建、页内锚点、链接到页外的锚点。
4．CSS 制作按钮，可以设置宽高、背景色、按钮字体大小、添加边框、设置圆角等。
5．可以利用 :first-letter 伪元素实现首字下沉效果。
6．可以使用 CSS 美化表单元素，比如文本框的大小、边框、背景色、图片文本框等。
7．label 标签的使用可以扩大控件的选择范围，提供更好的用户体验。
8．导航条是指引和方便浏览者访问另一页面的快速通道。
9．导航菜单的制作，包括横向菜单和纵向菜单及二级菜单。
10．CSS Sprites 技术的使用可以将背景图片整合到一张图片文件中，减少文件体积，减少服务器请求次数，提高效率。

课后自测

1．超链接在网页中的主要作用是（　　）。

A．增加网页的美观性　　B．连接不同的网页或网站
C．提高网页的加载速度　　D．用于显示图像

2．在 HTML 中，超链接的标签是（　　）。

A．<img>　　B．<a>　　C．<link>　　D．<script>

3．将超链接的目标网页在新窗口中打开的方式是（　　）。

A．_parent　　B．_blank　　C．_top　　D．_self

4. 超链接标签 a 有很多属性，其中用来指明超链接所指向的 URL 的属性是（　　）。

A. href　　B. herf　　C. target　　D. link

5. 用于同一个网页内容之间相互跳转的超链接是（　　）。

A. 图像链接　　B. 空链接　　C. 电子邮件链接　　D. 锚点链接

6. 为超链接添加描述性文字的属性是（　　）。

A. href　　B. target　　C. title　　D. alt

7. 下列（　　）属性可以用于设置超链接的访问状态。

A. href　　B. target　　C. visited　　D. class

8. HTML 使用超链接元素 a 来创建一个连接到其他文件的链接，链接的资源（　　）。

A. 只能是 HTML 页面和图像　　B. 不可以是声音

C. 不可以是图片　　D. 可以是网络上的任何资源

9. 在 HTML 中，下面定义已被访问过的链接呈红色文字样式的代码是（　　）。

A. a:link{color:red;}　　B. a:hover{color:red;}

C. a:visited{color:red;}　　D. a:active{color:red;}

10. 在 HTML 中，实现鼠标悬停在超链接上时，为无下画线的效果（　　）。

A. a{text-decoration:underline;}　　B. a{text-decoration:none;}

C. a:hover{text-decoration:none;}　　D. a:link{text-decoration:underline;}

11. 在 CSS 中，要实现链接字体颜色为红色，无下画线，当鼠标移过时显示下画线的效果，以下选项正确的是（　　）。

A. a:link{color:#ff0000;} a:hover{text-decoration:underline;}

B. a{color:#ff0000;text-decoration:none;} a:hover{text-decoration:overline;}

C. a{text-decoration:underline;} a:hover{color:#ff0000;text-decoration:none;}

D. a:link{color:#ff0000;text-decoration:none;} a:hover{text-decoration:underline;}

12. （多选题）实现无序列表横向显示的样式代码是（　　）。

A. li{display:inline-block;}　　B. li{display:block;}

C. li{float:left;}　　D. ul{display:block;}

13. （多选题）定义超链接 a 按块级元素显示的代码是（　　）。

A. display:block;　　B. display:none;　　C. display:inline-block;　D. display:hidden;

14. 设置当鼠标悬停在无序列表项的超链接图片上时，图片加上边框的正确 CSS 代码是(　　)。

A. a:hover img{ border:2px solid #0091D8;}

B. img:hover{border:2px solid #0091D8;}

C. li:hover{ border:2px solid #0091D8;}

D. li a:hover img{ border:2px solid #0091D8;}

15. 在 HTML 网页中添加如下 CSS 样式代码，当鼠标指针悬停在超链接上面时，网页中的超链接呈现的颜色为（　　）。

```
body { color:red; }
```

```
a{ color:black; }
a:link, a:visited { color:blue; }
a:hover, a:active { color:green; }
```

A. 红色　　　　B. 绿色　　　　C. 蓝色　　　　D. 黑色

16.（代码填空）如图 5-52 所示的网页导航菜单，当鼠标悬停时，链接样式如图 5-53 所示，链接加橙色背景，文本为红色。

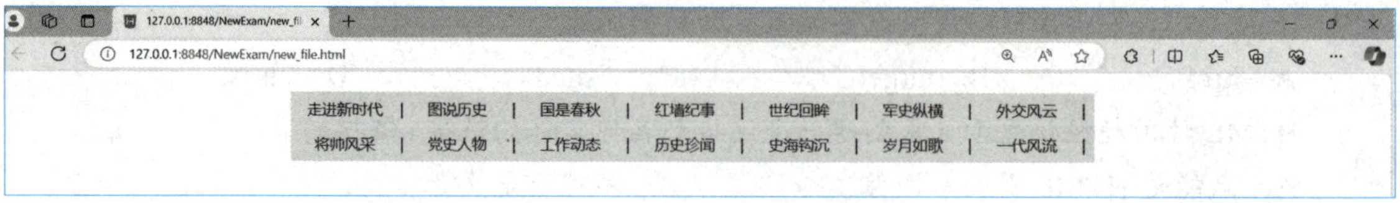

图 5-52　练习题效果图 1

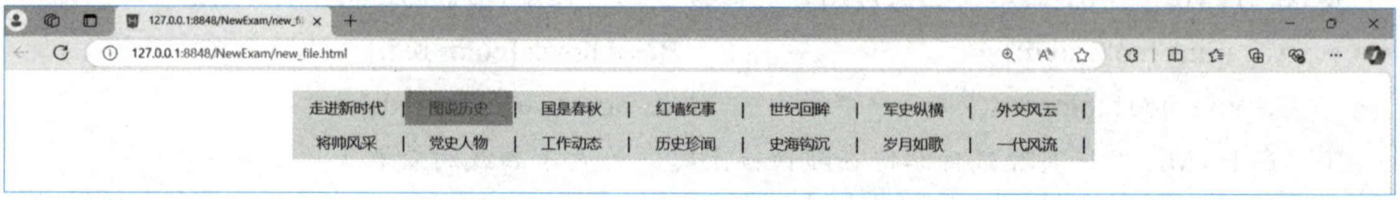

图 5-53　练习题效果图 2

部分代码如下：

```
<style>
    *{padding: 0;margin: 0}
    nav{width: 800px;
        height: auto;
        background-color: #eee;
        margin: 20px auto;
    }
    ul{list-style: none;font-size: 15px;}
    li{display: inline;}
    a{display: inline-block;
        width: 109px;
        height: 35px;
        text-align: center;
        line-height: 35px;
        text-decoration: none;
        color: #222;
    }
    /*设置鼠标悬停样式*/
    __________{
        ________________
        ________________
    }
</style>
<body>
    <nav>
```

```
            <ul>
                <li><a href="#"> 走进新时代 </a>|</li><li><a href="#"> 图说历史 </a>
|</li><li><a href="#"> 国是春秋 </a>|</li><li><a href="#"> 红墙纪事 </a>|</li><li><a
href="#"> 世纪回眸 </a>|</li><li><a href="#"> 军史纵横 </a>|</li><li><a href="#"> 外
交风云 </a>|</li>
                <li><a href="#"> 将帅风采 </a>|</li><li><a href="#"> 党史人物 </a>|
</li><li><a href="#"> 工作动态 </a>|</li><li><a href="#"> 历史珍闻 </a>|</li><li><a
href="#"> 史海钩沉 </a>|</li><li><a href="#"> 岁月如歌 </a>|</li><li><a href="#"> 一
代风流 </a>|</li>
            </ul>
        </nav>
    </body>
```

上机实战

练习 1：制作简单纵向导航栏

【问题描述】

本案例中，在第 2 章企业动态页面基础上，利用本章 HTML 标签和 CSS 属性样式，在左侧添加纵向导航菜单，制作图 5-54 所示的企业动态页面。

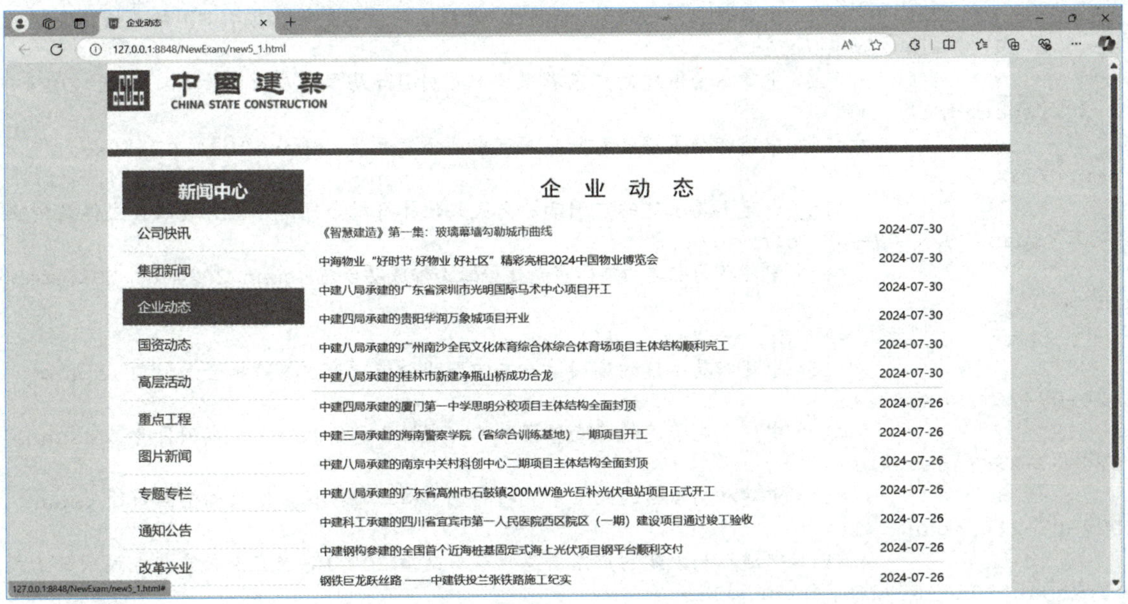

图 5-54　企业动态页面

【参考步骤】

（1）启动 HBuilderX，在指定项目中新建网页，并将图片素材放到对应目录下。

（2）在 <body> 标签对中构建新闻页面的 HTML 框架，代码如下：

```
    <body>
        <div class="box">
            <img src="img/2/logo.png" class="logo1"/>
            <hr size="10px" color="#018dd7" />
            <div class="menu">
                <h3> 新闻中心 </h3>
                <ul>
                    <li><a href="#"> 公司快讯 </a></li>
                    <li><a href="#"> 集团新闻 </a></li>
                    <li><a href="#"> 企业动态 </a></li>
                    <li><a href="#"> 国资动态 </a></li>
                    <li><a href="#"> 高层活动 </a></li>
                    <li><a href="#"> 重点工程 </a></li>
                    <li><a href="#"> 图片新闻 </a></li>
                    <li><a href="#"> 专题专栏 </a></li>
                    <li><a href="#"> 通知公告 </a></li>
                    <li><a href="#"> 改革兴业 </a></li>
                </ul>
            </div>
            <div class="box2">
                <h2> 企业动态 </h2>
                <ul class="ul2">
                    <li><a href="new2_2.html" target="_blank">《智慧建造》第一集：
玻璃幕墙勾勒城市曲线 </a><span>2024-07-30</span></li>
                    <li> 中海物业“好时节 好物业 好社区”精彩亮相 2024 中国物业博览会
<span>2024-07-30</span></li>
                    <li> 中建八局承建的广东省深圳市光明国际马术中心项目开工 <span>2024-
07-30</span></li>
                    <li> 中建四局承建的贵阳华润万象城项目开业 <span>2024-07-30</
span></li>
                    <li> 中建八局承建的广州南沙全民文化体育综合体综合体育场项目主体结构顺
利完工 <span>2024-07-30</span></li>
                    <li> 中建八局承建的桂林市新建净瓶山桥成功合龙 <span>2024-07-30</span>
</li>
                    <hr color="#f2f2f2" />
                    <li> 中建四局承建的厦门第一中学思明分校项目主体结构全面封顶 <span>
2024-07-26</span></li>
                    <li> 中建三局承建的海南警察学院（省综合训练基地）一期项目开工 <span>
2024-07-26</span></li>
                    <li> 中建八局承建的南京中关村科创中心二期项目主体结构全面封顶 <span>
2024-07-26</span></li>
                    <li> 中建八局承建的广东省高州市石鼓镇 200 MW 渔光互补光伏电站项目正式
开工 <span>2024-07-26</span></li>
                    <li> 中建科工承建的四川省宜宾市第一人民医院西区院区（一期）建设项目通
过竣工验收 <span>2024-07-26</span></li>
                    <li> 中建钢构参建的全国首个近海桩基固定式海上光伏项目钢平台顺利交付 <span>
2024-07-26</span></li>
                    <hr color="#f2f2f2" />
                    <li> 钢铁巨龙跃丝路——中建铁投兰张铁路施工纪实 <span>2024-07-26
</span></li>
```

```
                    <li>中建八局承建的湖北艺术职业学院新校区建设项目全面封顶<span>2024-
07-24</span></li>
                    <li>中建科工承建的广东平远深圳小镇安居工程（一期）项目开工<span>
2024-07-24</span></li>
                    <li>中建四局承建的广东名创优品肇庆高新区“一带一路”产业园项目竣工<span>
2024-07-24</span></li>
                    <li>中建四局承建的广州黄埔智荟产业基地项目主体结构全面封顶<span>
2024-07-24</span></li>
                    <li>【贯彻大商务管理 提升价值创造力】中国建筑首届青年商务人才大赛金奖
展示<span>2024-07-24</span></li>
                </ul>
            </div>
            <div class="clear"></div>
        </div>
    </body>
```

（3）为了页面更加美观，使用内嵌样式表（也可以使用外部样式表）为上面搭建好的 HTML 结构的网页应用简单的 CSS 样式，代码如下：

```
    <style>
        *{                                  /*通用设置，清除所有元素默认内外边距*/
            margin: 0;
            padding: 0;
        }
        .box{                               /*设置box内容在浏览器居中*/
            width: 84%;
            margin: 0 auto;
            background-color: #fff;         /*设置背景颜色*/
        }
        body {
            background-color: #f2f2f2;      /*背景颜色为灰色*/
            font-size: 15px;                /*设置文字大小为15 px*/
            margin: 0px 20px;       /*设置整个页面的上下边距为0 px，左右边距为20 px */
        }
        .logo1{
            margin-top: 10px;               /*设置顶部边距10 px*/
            margin-bottom: 50px;            /*设置底部边距50 px*/
        }
        .box2{                              /*设置box2在box内部居中*/
            width: 70%;
            float: left;
        }
        h2{
            text-align: center;             /*设置文字居中对齐*/
            color: #333;                    /*设置文字颜色*/
            font-weight: normal;            /*设置文字常规*/
            font-family: "黑体";            /*设置文字字体为黑体*/
            font-size: 30px;                /*设置文字大小为30 px*/
            line-height: 56px;              /*设置行高*/
            padding: 20px 0 10px;
```

```
        letter-spacing: 1em;              /* 设置文字间距 */
    }
    /* 第二个列表样式 */
    .ul2{
        list-style: none;                 /* 清除列表的项目符号 */
    }
    .ul2 li{
        line-height: 40px;                /* 设置列表每一项行高 */
        font-size: 16px;                  /* 设置文字大小为 16 px*/
        color: #333;                      /* 设置文字颜色 */
        padding-left: 10px;               /* 设置列表项内容左边距 */
    }
    .ul2 li span{
        float: right;                     /* 设置列表每一项日期靠右 */
        padding-left: 0px;
    }
    a:link{                               /* 伪类选择器，设置超链接样式 */
        color: #018dd7;
        text-decoration: none;
    }
    a:visited{                            /* 超链接被访问后的文字颜色 */
        color: #626675;
    }
    a:hover{                              /* 鼠标移到超链接上的样式 */
        text-decoration: underline;
        color: #ff0000;
    }
    /* 纵向列表菜单导航样式设置 */
    .clear{
        clear: both;
    }
    h3{
        text-align: center;
        font-size: 24px;
        border-bottom: 5px solid #018dd7;
        height: 56px;
        line-height: 56px;
        background-color: #018dd7;
        color: #fff;
    }
    .menu{                                /* 纵向导航模块设置 */
        float: left;                      /* 向左浮动 */
        width: 20%;
        margin-left: 20px;
        margin-top: 20px;
        margin-right: 10px;
        /* border: 1px solid #f2f2f2; */
    }
    .menu ul{
        list-style: none;
        text-align: left;
    }
```

```
    .menu ul li{
        height: 50px;
        line-height: 50px;
        font-size: 18px;
        border-bottom: 2px dashed #f2f2f2;
    }
    .menu ul li a{
        display: block;
        padding-left: 20px;
    }
    .menu ul li a:hover{
        background-color: #018dd7;
        text-decoration: none;
        color: #fff;
    }
</style>
```

（4）保存并预览网页。

练习 2：制作简单横向导航栏

【问题描述】

本案例中，在第 2 章企业新闻页面基础上，利用本章 HTML 标签和 CSS 属性样式，在顶部添加横向导航菜单，制作图 5-55 所示的企业新闻页面。

图 5-55　企业新闻页面

【参考步骤】

（1）启动 HBuilderX，在指定项目中新建网页，并将图片素材放到对应目录下。

（2）在 <body> 标签对中构建新闻页面的 HTML 框架，代码如下：

```
<body>
    <div class="box">
        <img src="img/2/logo.png" class="logo1"/>
        <div class="menu">
            <ul>
                <li><a href="#">关于中建</a></li>
                <li><a href="#">新闻中心</a></li>
                <li><a href="#">党的建设</a></li>
                <li><a href="#">业务领域</a></li>
                <li><a href="#">科技创新</a></li>
                <li><a href="#">文化品牌</a></li>
                <li><a href="#">人力资源</a></li>
                <li><a href="#">专题专栏</a></li>
                <li><a href="#">信息公开</a></li>
            </ul>
        </div>
        <hr size="10px" color="#f2f2f2" />
        <div class="box2">
            <h2>《智慧建造》第一集：玻璃幕墙勾勒城市曲线</h2>
            <h5>发布日期：2024-07-30</h5>
            <video src="img/2/video1.mp4" controls class="video1"></video>
            <p>中国建筑与 CGTN 联合制作系列纪录片《智慧建造》(Architecture
Intelligence)，聚焦“科技、创新、可持续”以全新的国际传播视角，讲述“中国建造”为全球生产生
活带来的变革和机遇。</p>
            <p>本期《智慧建造》第一集《玻璃幕墙勾勒城市曲线》(Unbelievable Curved
Facades)，探访香港美利道 2 号项目，揭秘“玻璃幕墙”如何赋予现代建筑新生命。</p>
            <p id="cap">“建筑的历史就是与光线斗争的历史。”建筑大师勒·柯布西耶（Le
Corbusier）在 1935 年的一篇文章中写下这句话，表达了对玻璃这种材料的痴迷。</p>
            <p>今天，玻璃包裹着我们的建筑，并且不断见证城市演变。</p>
            <p>勒·柯布西耶曾说过，在建筑的不同功能之间存在着一种对立，墙用来支撑建筑，
而窗户用来照明，但窗户的存在会影响墙的支撑强度。</p>
            <p>直到钢筋混凝土的出现，这种对立才有所缓和。通过钢筋混凝土制作建筑的柱子
和核心筒，让楼层像扑克牌一样横向展开，外墙变成了一个巨大的开口，当它们被玻璃和框架填满，便成为
一道幕墙。</p>
        </div>
    </div>
</body>
```

（3）添加 CSS 样式，主要是横向菜单列表样式，代码如下：

```
<style>
    *{                                  /* 通用设置，清除所有元素默认内外边距 */
        margin: 0;
        padding: 0;
    }
    .box{                               /* 设置 box 内容在浏览器居中 */
        width: 84%;
        margin: 0 auto;
        background-color: #fff;         /* 设置背景颜色 */
    }
```

```
body {
    background-color: #f2f2f2;  /* 设置背景颜色为灰色 */
    font-size: 15px;            /* 设置文字大小为 15 px*/
    margin: 0px 20px;     /* 设置整个页面的上下边距为 0 px，左右边距为 20 px */
}
.logo1{
    margin-top: 10px;           /* 设置顶部边距 10 px*/
    margin-bottom: 30px;        /* 设置底部边距 30 px*/
}
.box2{                          /* 设置 box2 在 box 内部居中 */
    width: 80%;
    margin: 0 auto;
}
h2{
    text-align: center;         /* 设置文字居中对齐 */
    color: #222;                /* 设置文字颜色 */
    font-weight: normal;        /* 设置文字常规 */
    font-family: "黑体";        /* 设置文字字体为黑体 */
    font-size: 28px;            /* 设置文字大小为 28 px */
    line-height: 56px;          /* 设置行高 */
    padding: 20px 0 10px;
}
h5{
    color: #666666;
    margin-bottom: 20px;        /* 设置底部边距 20 px*/
}
.video1{
    width: 100%;                /* 设置视频宽度 */
}
p{
    text-indent: 2em;           /* 设置段落首行缩进 2 个字 */
    line-height: 30px;          /* 设置行高为 30 px */
    font-size: 16px;
    font-family: 宋体;
    margin-bottom: 15px;
    color: #333;
}
#cap{
    text-transform:capitalize;  /* 将每个英文单词的首字母转换为大写 */
    color: #996600;             /* 设置文字颜色为浅棕色 */
}
/* 横向导航菜单列表样式 */
.menu ul{
    width: 100%;
    text-align: center;
    background-color: #018dd7;
}
.menu li{
    display: inline-block;      /* 设置列表项为行内块元素，使列表项在同行显示 */
    text-align: center;
    font-size: 18px;
}
```

```
        .menu li a{                        /* 设置超链接样式 */
            text-decoration: none;
            display: inline-block;         /* 设置 a 标签为行内块元素 */
            width: 120px;
            height: 50px;
            line-height: 50px;
        color: #fff;
        }
        .menu li a:hover{                  /* 鼠标悬停样式设置 */
            color: #ffffaa;
        v}
    </style>
```

（4）保存并预览网页。

练习 3：制作二级横向导航栏

【问题描述】

本案例中，在第 3 章业务领域页面基础上，利用本章 HTML 标签和 CSS 属性样式，在顶部添加二级横向导航菜单，制作图 5-56 所示的页面效果。

图 5-56　二级导航菜单页面效果

【案例步骤】

（1）启动 HBuilderX，在指定项目中新建网页，并将图片素材放到对应目录下。

（2）在 <body> 标签对中构建新闻页面的 HTML 框架，代码如下：

```
    <body>
        <div class="box">
```

```
<img src="img/2/logo.png" class="logo1"/>
<div class="menu">
    <ul class="ul1">
        <li><a href="#">关于中建</a>
            <ul>
                <li><a href="#">公司简介</a></li>
                <li><a href="#">管理团队</a></li>
                <li><a href="#">组织架构</a></li>
                <li><a href="#">发展历程</a></li>
            </ul>
        </li>
        <li><a href="#">新闻中心</a>
            <ul>
                <li><a href="#">中建要闻</a></li>
                <li><a href="#">企业动态</a></li>
                <li><a href="#">国资动态</a></li>
                <li><a href="#">媒体聚焦</a></li>
                <li><a href="#">内部媒体</a></li>
            </ul>
        </li>
        <li><a href="#">党的建设</a></li>
        <li><a href="#">业务领域</a>
            <ul>
                <li><a href="#">房屋建筑工程</a></li>
                <li><a href="#">基础设施建设</a></li>
                <li><a href="#">房地产投资</a></li>
                <li><a href="#">勘察设计</a></li>
                <li><a href="#">海外业务</a></li>
                <li><a href="#">新业务</a></li>
            </ul>
        </li>
        <li><a href="#">科技创新</a>
            <ul>
                <li><a href="#">概况</a></li>
                <li><a href="#">平台</a></li>
                <li><a href="#">领域</a></li>
                <li><a href="#">奖项</a></li>
                <li><a href="#">公示</a></li>
            </ul>
        </li>
        <li><a href="#">文化品牌</a>
            <ul>
                <li><a href="#">中建信条</a></li>
                <li><a href="#">十典九章</a></li>
                <li><a href="#">社会责任</a></li>
                <li><a href="#">大国顶梁柱</a></li>
                <li><a href="#">品牌故事</a></li>
                <li><a href="#">文化案例</a></li>
            </ul>
        </li>
        <li><a href="#">人力资源</a>
```

```
                    <ul>
                        <li><a href="#">人才战略</a></li>
                        <li><a href="#">职业发展</a></li>
                        <li><a href="#">教育培训</a></li>
                        <li><a href="#">校园招聘</a></li>
                        <li><a href="#">社会招聘</a></li>
                    </ul>
                </li>
                <li><a href="#">专题专栏</a></li>
                <li><a href="#">信息公开</a>
                    <ul>
                        <li><a href="#">股票价格</a></li>
                        <li><a href="#">公司公告</a></li>
                        <li><a href="#">定期报告</a></li>
                        <li><a href="#">经营简报</a></li>
                        <li><a href="#">重大项目</a></li>
                        <li><a href="#">上市子公司</a></li>
                        <li><a href="#">路演推荐</a></li>
                        <li><a href="#">投资者服务</a></li>
                    </ul>
                </li>
            </ul>
        </div>
        <hr size="10px" color="#f2f2f2" />
        <div class="box2">
            <h2>业务领域</h2>
            <table>
                <tr>
                    <td><img src="img/3/t1.jpg" alt="" /></td>
                    <td class="t2">
                        <span>中建绿色建筑技术的发展，自 20 世纪 80 年代末参加中国政
府与英国建设署合作的建筑节能项目开始，在建筑工程绿色设计、施工及建材开发等方面，开展了卓有成效
的工作。</span>
                        <p>2013 年，中国建筑制定并印发了《关于推进中建绿色建筑技术加
速发展的指导意见》，开始全面推进绿色建造工作；自 2010 年起，先后主编了《建筑工程绿色施工评价标
准》、《建筑工程绿色施工规范》、《钢与混凝土组合结构技术规程》、城市污水处理厂工程施工规范等国家标
准，参编了《绿色建筑评价标准》、《公共建筑节能设计标准》（GB 50189—2015）、《绿色旅馆建筑评价标
准》、《绿色博览建筑评价标准》等 10 余项国家标准；取得了《建筑与市政工程施工质量控制技术规范》和
《施工安全卫生与职业健康技术规范》两项国家强制性标准的牵头编制权以及国标《绿色施工评价标准》修
编权；承担了“十二五国家科技支撑项目”中《建筑工程绿色建造关键技术研究与示范》</p>
                        <a href="#" target="_blank">更多</a>
                    </td>
                </tr>
                <tr>
                    <td><img src="img/3/t2.jpg" alt="" /></td>
                    <td class="t2">
                        <span>根据《关于推进中建 BIM 技术加速发展的若干意见》的指导
思想，中建在 BIM 应用组织机构建设、集成能力建设、示范工程建设、标准体系建设、人才队伍建设等方
面开展了系统推进。</span>
```

```
                    <p>中国建筑主编了我国首部施工 BIM 国标《建筑信息模型施工应用标准》(GB/T 51235—2017)，参编了《建筑信息模型应用统一标准》(GB/T 51212—2016)等 4 本国家标准，协助住建部起草了《关于推进 BIM 应用的指导意见》(建质函〔2015〕159 号)、《中建行业信息化发展报告》(2014、2015、2016)等行业技术政策和行业报告，编制了具有中国建筑特色的企业 BIM 标准《建筑工程设计 BIM 应用指南》和《建筑工程施工 BIM 应用指南》(2014 年第一版，2016 年第二版)，研究建立了具有中国建筑特色的 BIM 应用流程和集成应用方案。并自 2013 年开始率先在业内开展了 BIM 示范工程建设，并结合工程实践创新 BIM 人才培养模式 </p>
                    <a href="#" target="_blank">更多 </a>
                </td>
            </tr>
            <tr>
                <td><img src="img/3/t3.jpg" alt="" /></td>
                <td class="t2">
                    <span>以中建科技集团为龙头，依托中国建筑品牌、资金、技术以及人才等丰富资源，建立了具有中建自主知识产权的技术应用体系和建筑产业化平台。</span>
                    <p>成立了国内第一个装配式建筑院士专家工作站，牵头组建了中国建筑学会建筑产业现代化发展委员会，成为住建部新型建筑工业化集成建造工程技术研究中心主要成员单位，参加国家装配式建筑产业技术创新联盟、建筑工业化产业技术创新战略联盟等，进一步强化与高校、科研院所、行业知名企业的交流合作；参与编制了国家标准《装配式混凝土结构技术规范》、《装配式钢结构技术规范》、《装配式建筑评价标准》和《近零能耗建筑技术标准》等，主编《北京市装配式建筑评价标准》，成功发布中国建筑《装配式建筑技术标准》、《中建科技装配式建筑全产业链技术体系》1.0 版，形成了《装配式混凝土剪力墙结构建筑技术体系》、《装配式混凝土框架结构建筑技术体系》。</p>
                    <a href="#" target="_blank">更多 </a>
                </td>
            </tr>
        </table>
    </div>
  </div>
</body>
```

（3）为二级导航列表添加样式，代码如下：

```
<style>
    *{                                  /* 通用设置，清除所有元素默认内外边距 */
        margin: 0;
        padding: 0;
    }
    .box{                               /* 设置 box 内容在浏览器居中 */
        width: 84%;
        margin: 0 auto;
        background-color: #fff;         /* 设置背景颜色 */
    }
    body {
        background-color: #f2f2f2;      /* 设置背景颜色为灰色 */
        font-size: 15px;                /* 设置文字大小为 15 px*/
        margin: 0px 20px;           /* 设置整个页面的上下边距为 0 px，左右边距为 20 px */
    }
    .logo1{
        margin-top: 10px;               /* 设置顶部边距 10 px*/
        margin-bottom: 30px;            /* 设置底部边距 30 px*/
    }
```

```
.box2{                              /* 设置 box2 在 box 内部居中 */
    width: 95%;
    margin: 0 auto;
    z-index: -100;
}
h2{
    text-align: center;             /* 设置文字居中对齐 */
    color: #333;                    /* 设置文字颜色 */
    font-weight: normal;            /* 设置文字常规 */
    font-family: "黑体";            /* 设置文字字体为黑体 */
    font-size: 38px;                /* 设置文字大小为 30 px */
    line-height: 56px;              /* 设置行高 */
    padding: 20px 0 10px;
    letter-spacing: 1em;            /* 设置文字间距 */
}
table{
    width: 100%;                    /* 设置表格宽度 */
}
tr{                                 /* 给每一行设置底部外边距 */
    display: block;                 /* 将 tr 设置为块元素 */
    margin-bottom: 20px;            /* 设置底部边距 20 px*/
}
td.t2{
    padding-left: 20px;             /* 设置第二列左侧内边距 20 px*/
}
span{                               /* 设置 span 文字样式 */
    font-size: 16px;                /* 设置字体大小为 16 px*/
    line-height: 26px;              /* 设置行高 */
    color: #0080cc;
    display: block;                 /* 将 span 设置为块元素 */
    margin-top: -15px;              /* 设置顶部边距为负值，可自行调整 */
}
p{                                  /* 设置 p 文字样式 */
    font-size: 14px;
    line-height: 26px;
    margin-top: 10px;
    color: #333;
}
table a{
    display: block;                 /* 将 a 设置为块元素 */
    width: 78px;
    height: 26px;
    line-height: 26px;              /* 设置行高与块高相等，使文字垂直居中 */
    border: 1px solid #1d85c2;      /* 设置边框样式 */
    color: #1d85c2;
    text-align: center;
    margin-top: 5px;
    font-size: 12px;
}
/* 下拉横向导航菜单列表样式 */
ul{
```

```
        list-style: none;
    }
    hr{
        clear: both;
    }
    .menu{
        width: 100%;
        height: 50px;
        background-color: #018dd7;
    }
    /*设置一级菜单样式*/
    .ul1{
        text-align: center;
        margin-left: 10px;
    }
    .ul1 li{
        float: left;                    /*向左浮动*/
        font-size: 18px;
        width: 135px;
        height: 50px;
        line-height: 50px;
        background-color: #018dd7;
    }
    .ul1 li a{                          /*设置超链接样式*/
        text-decoration: none;
        display: inline-block;          /*设置 a 标签为行内块元素*/
        color: #fff;
    }
    .ul1 li a:hover{                    /*鼠标悬停样式设置*/
        color: #ffffaa;
    }
    /*设置二级菜单样式*/
    .ul1 ul{
        display: none;                  /*隐藏二级列表*/
    }
    .ul1 li:hover ul{
        display: block;
        position: relative;             /*相对定位，使二级菜单在 table 上方*/
        opacity: 0.8;                   /*设置透明度*/
    }
</style>
```

（4）保存并预览网页。

拓展练习

1．制作一个纵向导航栏。当鼠标悬停到此菜单的某一项时，该项的超链接文字会产生下画线，如图 5-57 所示。

图 5-57　纵向列表菜单效果

2. 制作横向导航栏。当鼠标移动到菜单的某一项上时，该项的背景颜色以及文字颜色会改变（也可用背景图片替换），如图 5-58 所示。

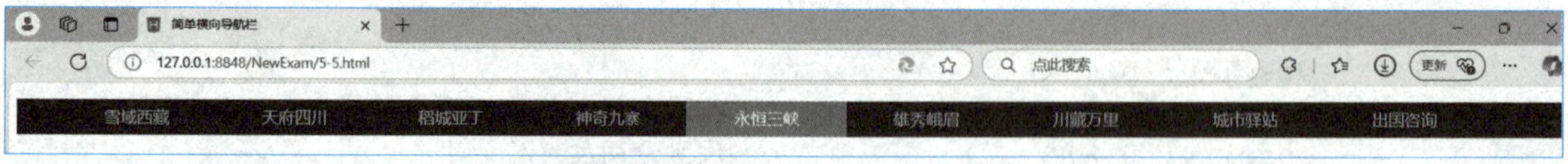

图 5-58　横向列表菜单效果

3. 制作带有下拉菜单的横向导航，如图 5-59 所示。

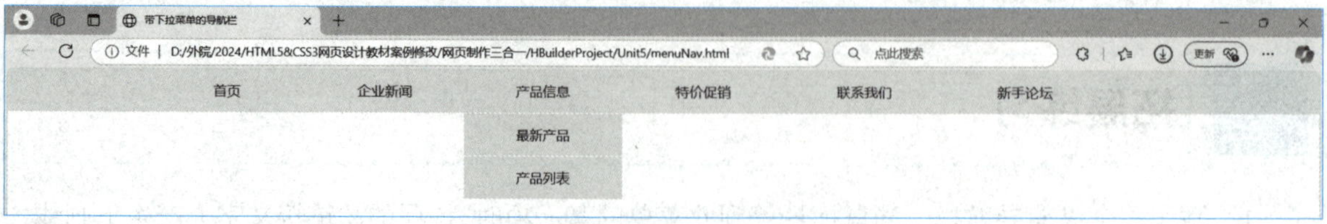

图 5-59　下拉菜单横向导航效果

第6章

应用 CSS3 样式美化网页

学习目标

- 使用 CSS 美化网页；
- 熟练掌握 CSS 美化网页案例；
- 掌握 CSS 设置字体样式和文本样式；
- 掌握 CSS 设置图片样式、背景样式；
- 掌握 CSS 设置网页边框样式、表格样式、表单样式；
- 掌握 CSS 设置网页导航和网页菜单样式。

知识结构

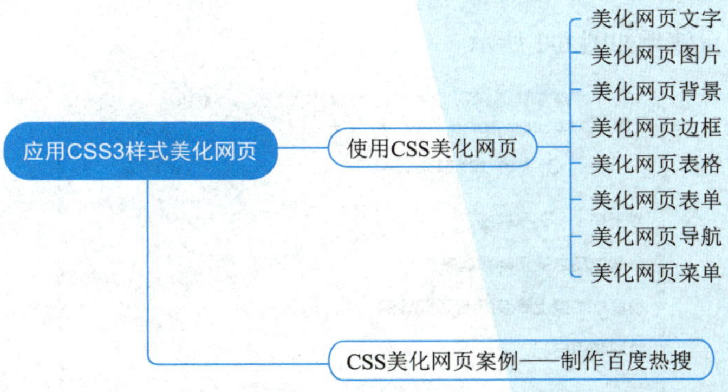

在前面已经学习了 CSS 基本语法、CSS 选择器、超链接伪类的应用、应用 CSS 美化表单元素以及设置导航菜单等应用。从本章开始学习基于 CSS 美化网页，在网页设计中，各元素如果没有通过 CSS 进行美化，整个网页看起来会显得比较单调、凌乱。通过使用 CSS 美化网页，可以对页面的各标签元素进行合适的排列，使整个网页的排版变得更加丰富和美观。

本章主要讲解 CSS 美化页面的相关知识。

6.1 使用 CSS 美化网页

网页主要由 HTML、CSS、JavaScript 三部分构成，而 CSS 的主要作用就是美化网页。网页上显示的一些漂亮的样式，是由 CSS 实现的，比如 CSS 技术可以控制网页中字体的大小、页面的宽度、页面内容的位置、字体的样式、背景图片、背景颜色、图片及文字的呈现等，CSS 的出现，使页面呈现出更加唯美的形态。

6.1.1 美化网页文字

一般情况下，网页中的信息以文本为主。文本一直是人类最重要的信息载体与交流工具，它能准确地表达信息的内容和含义，所以文本是网页中运用最广泛的元素之一。

为了丰富文本的表现力，网页设计与制作者可以通过设置文本的字体、字号、颜色、底纹和边框等属性来改变文本的视觉效果。建议用于网页正文的文字一般不要太大，也不要使用过多的字体，中文文字一般使用宋体。

1. 使用 <span> 标签

行内元素，能让某几个文字或者某个词语凸显出来，内容显示在同一行。

示例 6-1

```
<body>
    <p>春天来了，天气转暖，</p>
    <p>心情也随之变得明媚起来。</p>
    <p>很早就想换上春装，用春天明媚的</p>
    <p>色彩装点自己。</p>
</body>
```

在浏览器中的运行效果如图 6-1 所示。

视 频

span标签应用CSS样式

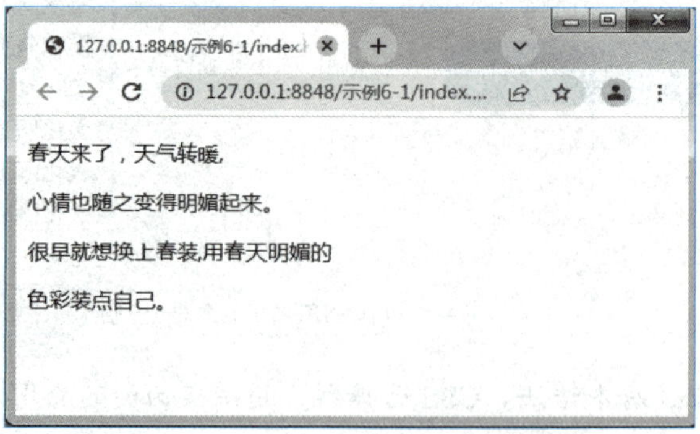

图 6-1 示例 6-1 运行效果

图 6-1 中的文本信息完整展示了出来，但重点文字不突出，如何实现这段文字中的重点信息加强，这就需要使用 <span> 标签进行样式美化。

使用 <span> 标签将需要凸显的词汇标记，通过 CSS 样式美化 <span> 标签标记的内容。

示例 6-2

```
<html>
    <head lang="en">
        <meta charset="UTF-8">
        <title>span 标签的应用 </title>
        <style type="text/css">
            p {
                font-size: 14px;
            }
            p .weather, .own span {
                font-size: 36px;
                font-weight: bold;
                color: blue;
            }
            p #mood {
                font-size: 24px;
                font-weight: bold;
                color: red;
            }
            p .spring{
                font-style: italic;
                color: green;
                font-size: 28px;
                font-weight: bold;
            }
        </style>
    </head>
    <body>
        <p> 春天来了，天气 <span class="weather"> 转暖 </span>, </p>
        <p> 心情也随之变得 <span id="mood"> 明媚 </span> 起来。</p>
        <p> 很早就想 <span class="spring" > 换上 </span> 春装，用春天明媚的 </p>
        <p class="own"> 色彩 <span> 装点 </span> 自己。</p>
    </body>
</html>
```

在浏览器中的运行效果如图 6-2 所示。

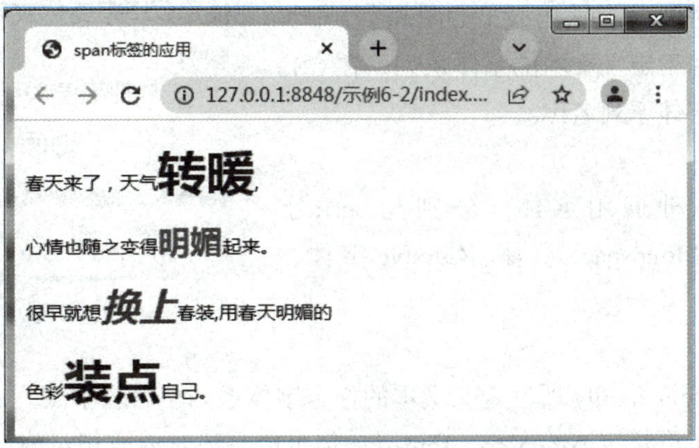

图 6-2　span 标签应用 CSS 样式

很明显，加了 <span> 标签，通过应用 CSS 样式后，各段落中凸显文字的效果得到了体现。从图中可以看出，文字的美化包含字体的选择、字体大小、字体颜色、字体修饰等方面，大家可以从 CSS 文档中学习了解这些属性的功能和用法。

2. 字体样式

网页字体样式包括字体类型、大小、颜色等基本效果，另外还包括一些特殊的样式，如字体粗细、下画线、斜体、大小等。

示例 6-3

```
<html>
    <head>
        <meta charset="UTF-8">
        <title> 使用 CSS 美化文字 </title>
        <style type="text/css">
            span {text-decoration:underline;}
            p.word1 {font-family." 微软雅黑 ";text-indent:5em;}
            p.word2 {font-size:200%;text-align:center;}
            p.word3 {font-variant:small-caps;background-color:burlywood;}
            p.word4 {font-weight:bolder;color:orangered;}
        </style>
    </head>
    <body>
        <h1> 使用 CSS 来美化文字 </h1>
        <span> 修饰文本 </span>
        <p class="word1"> 冬季奥林匹克运动会 </p>
        <p class="word2"> 时间：2022 年 </p>
        <p class="word3"> 地点：中国北京、中国张家口 </p>
        <p class="word4"> 吉祥物：冰墩墩、雪容融 </p>
    </body>
</html>
```

IE 浏览器对有些属性难以支持，为了展示出良好的效果，本章中统一使用谷歌浏览器进行浏览。通过浏览器查看该 HTML 页面时，其输出效果如图 6-3 所示。

图 6-3 使用 CSS 美化文字

font-family 属性用于定义文本的字体系列，在 CSS 中有两种不同类型的字体系列名称。

1）通用字体系列

CSS 共定义了 5 种通用字体，分别是 Serif 字体、Sans-serif 字体、Monospace 字体、Cursive 字体、Fantasy 字体。

2）特定字体系列

本示例中，使用 font-family 属性定义文本的指定字体系列：微软雅黑。

font-size 属性用于设置字体的大小，font-size 值可以是绝对值或相对值，当值为绝对值时，需要将文本设置为指定的大小，不允许用户在浏览器中改变字体大小；当为相对值时，需要相对周围的元素设置字体大小，可以在浏览器中改变字体大小，如果没有设置字体大小，普通文本默认大小是 16px。

- font-variant 属性用于设置小写字母转化为大写字母的小形字体显示，也就是所有的小写字母都会转换为大写，但是所有转换的字体，与其他文本相比尺寸会更小。
- font-weight 属性用来设置文本的粗细。
- text-indent 属性用于设置文本块中首行文本的缩进，从图 6-3 中可以看到，与其他文本相比，“冬季奥林匹克运动会”缩进了 5 em。
- Text-align 属性用于设置文本的对齐方式，值有 left、right、center 等，分别是左对齐、右对齐、居中对齐，其中默认值为左对齐。
- background-color 属性用于定义背景颜色，color 属性用于定义字体颜色。
- text-decoration 属性用于向文本添加修饰，值分别是 none、underline、overline、line-through、blink 等，分别是无修饰、文本下有一条横线、文本上有一条横线、穿过文本一条横线、文本闪烁。其中默认值为 none。

6.1.2　美化网页图片

视　频

使用CSS美化图片

图像是美化网页必不可少的元素，适用于网页的图像格式主要有 JPEG、GIF 和 PNG。图像能比文本更直观地表达信息，在网页中通常起到画龙点睛的作用，它能表达网页的形象和风格，恰到好处地使用图像能使网页更加生动和美观。网页中的图像主要有用于点缀标题的小图像、背景图像、介绍性图像、代表企业形象或栏目内容的标志性图像、用于宣传广告的图像等多种形式。

示例 6-4

```
<html>
    <head>
    <meta charset="UTF-8"><title>CSS 美化图片 </title>
        <style type="text/css">
            img{width:100px;border:3px solid red;}
            .fillet{border-radius:20px;}
            .oval{border-radius:50%;}
            .thumb{border:1px solid #ddd;border-radius:4px;padding:5px;}
            .filter{filter:brightness(50%);}
        </style>
    </head>
    <body>
        <h3> 美化图片 </h3>
        <img src="img/flh.jpg" alt=" 火梨花 " />
        <img class="fillet" src="img/flh.jpg" alt=" 火梨花 " />
        <img class="oval" src="img/flh.jpg" alt=" 火梨花 " />
        <img class="thumb" src="img/flh.jpg" alt=" 火梨花 " />
        <img class="filter" src="img/flh.jpg" alt=" 火梨花 "/>
    </body>
</html>
```

IE 浏览器暂不支持滤镜功能，在谷歌浏览器中查看该 HTML 页面，其输出效果如图 6-4 所示。

一排第一个图片是未加修饰的图片；第二个图片使用 border-radius 属性进行修饰，可以看到图片呈圆角显示；第三张图片呈椭圆显示；第四张图片是缩略图显示；第五张图片使用 filter 属性为元素添加了可视效果。需要注意 IE 浏览器不支持该属性，这是图片过滤后的效果。每张图片展示的形状或状态都不一样，通过这些展示，页面的交互效果更加美观。

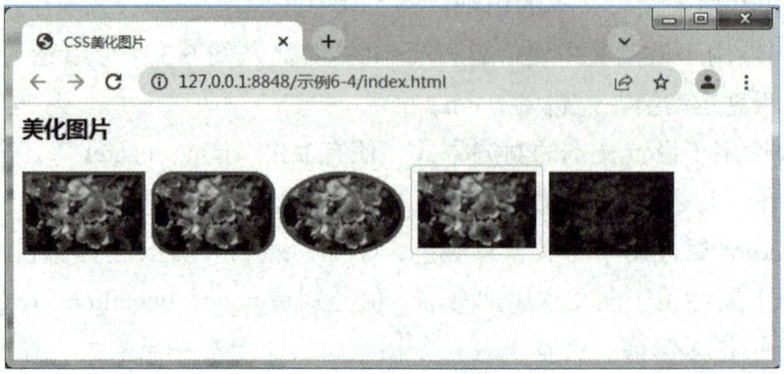

图 6-4　使用 CSS 美化图片

6.1.3　美化网页背景

有时为了区别网页上的一些元素或者为了使某些元素更加醒目，会添加一些背景来更好地呈现页面想要展示的内容。

示例 6-5

```
    <html>
        <head>
            <meta charset="UTF-8">
            <title>CSS 美化背景 </title>
            <style type="text/css">
                h3{background-color:cornflowerblue;}
                .imgs{background-image:url(img/fq.jpg);width:100px;padding:20px;
background-repeat:repeat;}
            </style>
        </head>
        <body>
            <h3> 国家富强，民族振兴，人民幸福 .</h3>
            <p class="imgs"> 富强、民主、文明、和谐，自由、平等、公正、法治，爱国、敬业、
诚信、友善 </p>
        </body>
    </html>
```

在浏览器中查看该 HTML 页面时，其输出效果如图 6-5 所示。

background-color 属性用于给文本设置背景颜色，为了页面的美观、合理，可以选用不同的颜色。

background-image 属性用于为元素设置背景图像。url("URL") 指向图像的路径，background-repeat 属性用于定义背景图像是否以及如何重复，值有 repeat、repeat-x、repeat-y、no-repeat，分别是背景图片将在垂直和水平方向重复、背景图像在水平方向重复、背景图像在垂直方向重复、背景图像仅显示一次，其中默认值为 repeat。

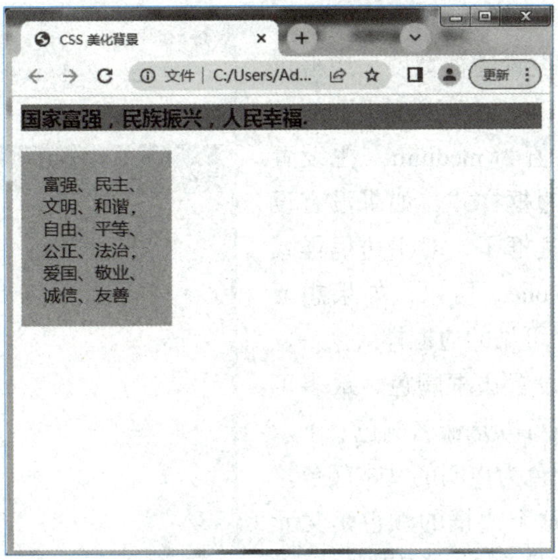

图 6-5　使用 CSS 美化背景

视　频

使用CSS美化背景

6.1.4　美化网页边框

以前，大家都通过使用表格来创建文本周围的边框，如今可以使用 CSS 边框属性创建出同样甚至更加好看的边框，并且可以应用到任何元素上。元素边框就是围绕元素和内边距的一条或多条线段，用户可以对边框的样式、宽度、颜色进行美化。

示例 6-6

视　频

使用CSS美化边框

```
<html>
    <html>
    <head>
        <meta charset="UTF-8">
        <title>CSS 美化边框 </title>
        <style type="text/css">
            .first{border-style: dashed double solid dotted;border-width:5px;
            border-color:blue red gold cyan;
            background-image:url(img/fq.jpg);}
        </style>
    </head>
    <body>
        <h3>CSS 美化边框 </h3>
        <p class="first">富强、民主、文明、和谐，自由、平等、公正、法治，爱国、敬业、诚
信、友善</p>
    </body>
</html>
```

在浏览器中查看该 HTML 页面时，其输出效果如图 6-6 所示。

border-style 属性用于定义边框的样式，可以定义一到多种样式。当定义多种样式时，中间用空格隔开，这里的值默认采用 top-right-bottom-left 顺序，也就是上、右、下、左的顺序；当定义单边样式时，可以使用单边边框样式属性 border-top-style、border-right-style、border-bottom-style、 border-left-style 进行设置。

border-width 属性用于设置边框宽度，边框可以直接赋值，如 5 px 或 2 em，也可以使用 thin、medium、thick，其中默认值为 medium。在设置边框宽度时，一定要设置边框样式，如果没有设置边框样式，也就看不到边框了。对于边框样式 border-style，其默认值为 none。所以，如果想要看到边框，就必须设置一个可见的边框样式。

border-color 属性用于设置边框颜色，最多可以一次接受 4 个颜色值，值可以是命名颜色、十六进制、RGB 值，边框默认颜色为声明的文本颜色。如果边框没有文本，那么这个边框的颜色是父元素的文本颜色，父元素可能是 body 或者其他。

图 6-6　使用 CSS 美化边框

6.1.5　美化网页表格

在网页上，会呈现各种不同的表格，在丰富网页内容的同时也使整个结构更加合理，更符合人们的认知。如果仅为几行几列的简单表格，已经不符合现代人的审美要求。用户可以使用 CSS 对表格进行美化。

示例 6-7

视　频

使用CSS美化表格

```
<html>
    <head>
        <meta charset="UTF-8">
        <title>CSS 美化表格 </title>
        <style type="text/css">
            table{border-collapse:collapse;width:100%;}
            table,th,td {border:1px solid blue;}
            th{height:30px;background-color:powderblue;color:brown;}
            td{text-align:center;padding:20px;}
        </style>
    </head>
    <body>
        <table>
            <tr><th> 姓名 </th><th> 性别 </th></tr>
            <tr><td> 雷军 </td><td> 男 </td></tr>
            <tr><td> 董明珠 </td><td> 女 </td></tr>
        </table>
    </body>
</html>
```

在浏览器中查看该 HTML 页面时，其输出效果如图 6-7 所示，和普通的表格进行对比，显得更加美观漂亮。

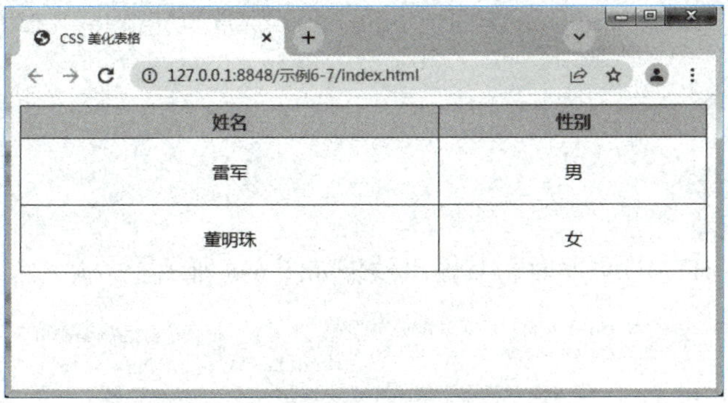

图 6-7　使用 CSS 美化表格

border-collapse 属性用于设置是否把表格边框合并成单一边框，值为 separate、collapse，分别是边框被分开、边框合并为一个单一边框，其中默认值为 separate，用户可根据需求进行相应设置。

视　频

使用CSS美化表单

6.1.6　美化网页表单

表单在页面的运用上非常广泛，通常在进入网站时，大家会发现，可以进行一些浏览阅读操作。如果想要下载某些内容，就必须有账号，这就需要用户先进行网站注册、网站登录等操作。这些页面大多以表单的形式呈现，因此表单做得是否美观、漂亮，是用户喜欢上一个网站的第一步，所以，对于表单的美化显得尤为重要。

示例 6-8

```
<html>
    <head>
        <meta charset="utf-8"/>
        <style type="text/css">
            .myinput{
            border:2px solid;
            border-color:#D4BFFF;
            color:#2A00FF;
            }
        </style>
    </head>
    <body>
        <form action="http:/www.hubei.com" method="post">
            <p>
                用户名<input name="textfield" type=t"text" class="myinput">
            </p>
            <p>
                密   码<input name="textfield" type="password"
class="myinput">
            </p>
            <p>
            <input name="submit" type="submit" value="提交" style="font-
size:20px;">
```

```
                <input type="submit" name="submit" value=" 重填 " style="font-
size:20px;">
                </p>
            </form>
        </body>
    </html>
```

在浏览器中查看该HTML页面时，其输出效果如图6-8所示。

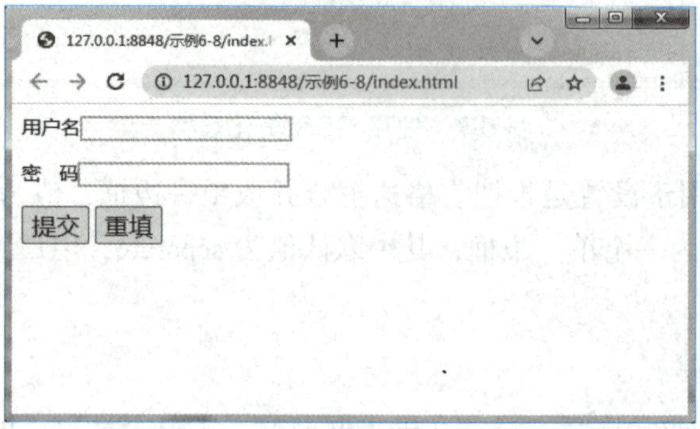

图6-8 使用CSS美化表单

通过CSS美化后的表单，无论是文本字体还是表格及按钮，看起来都显得更加有型，更加立体化。

使用CSS美化导航

6.1.7 美化网页导航

导航栏是现行主流网站必须具备的，通过导航栏，用户可以非常直观地了解到该网站所要表达的主要内容，对于网站的每个部分可以一目了然。能够有一个美观的导航条对于一个网站来说非常重要。

示例6-9

```
    <html>
        <head>
        <meta charset="UTF-8">
        <title>CSS 美化导航条 </title>
            <style type="text/css">
                ul{list-style-type:none;margin:0;padding:0;}
                li{float:left;}
                a:link,a:visited{display:block;width:100px;background-color:#FF7B00;
color:white;
                text-decoration:none;font-weight:bold;}
                a:hover,a:active{background-color:cornflowerblue;}
            </style>
        </head>
        <body>
            <ul>
                <li><a href="CSS 美化图片 .html">CSS 美化图片 </a></li>
                <li><a href="CSS 美化背景 .html">CSS 美化背景 </a></li>
                <li><a href="CSS 美化表单 .html">CSS 美化表单 </a></li>
                <li><a href="CSS 美化表格 .html">CSS 美化表格 </a></li>
```

```
            <li><a href="CSS 美化文字 .html">CSS 美化文字 </a></li>
        </ul>
    </body>
</html>
```

在浏览器中查看该 HTML 页面时，其输出效果如图 6-9 所示。

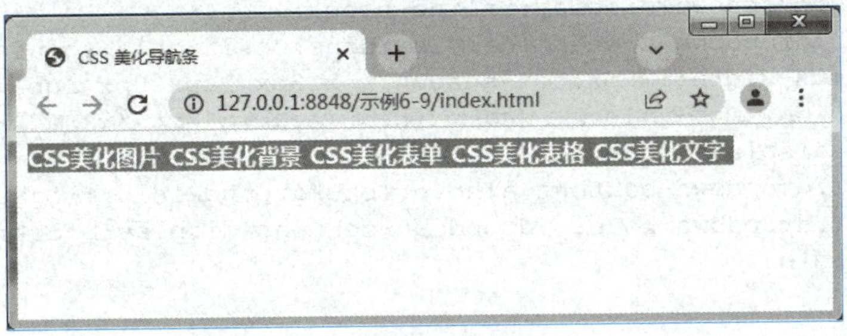

图 6-9　使用 CSS 美化导航

当把鼠标悬停在导航栏上时，其输出效果如图 6-10 所示。

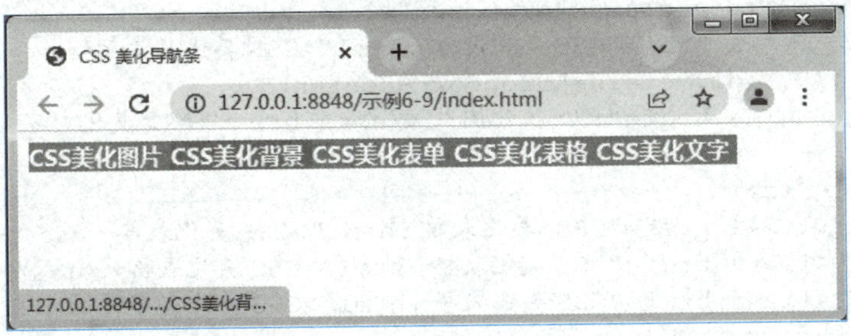

图 6-10　鼠标悬停导航显示

- list-style-type 属性用于设置列表项标记的类型，none 是无标记；disc 是实心圆标记，是默认值；circle 是空心圆标记；square 是实心方块标记。
- display 属性用于设置以及如何显示元素，值为 none 则不会显示元素；值为 block 则元素显示为块级元素，元素前后会带有换行符；默认值为 inline，元素显示为内联元素，元素前后无换行符。

当鼠标悬停在导航栏中某一项上时，可以看到其背景颜色发生了改变，这样展示的导航栏就会非常醒目。

6.1.8　美化网页菜单

有网页的地方都会出现导航栏，有导航栏的地方通常都会有下拉菜单，下拉菜单是对导航的一种补充，丰富和增添了导航的内容。

视　频

使用CSS美化网页菜单

示例 6-10

```
<html>
    <head>
        <meta charset="UTF-8">
        <title>CSS 美化菜单 </title>
        <style type="text/css">
```

```
            ul{list-style-type:none;margin:0;padding:0;overflow:hidden;back
ground-color:gray;}
            li{float:left;}
            li a,.dropbtn{display:inline-block;color:white;text-align:center;
            padding:14px 16px;text-decoration:none;}
            li a:hover,.dropdown:hover .dropbtn{background-color:green;}
            .dropdown{display:inline-block;}
            .dropdown-content{display:none;position:absolute;background-
color:darkgray;min-width:125px;box-shadow:0px 8px 16px 0px rgba(0,0,0,0.2);}
            .dropdown-content a {color:white;padding:12px 16px;text-decoration:none;
            display:block;}
            .dropdown-content a:hover{background-color:lightpink;}
            .dropdown:hover .dropdown-content{display:block;}
        </style>
    </head>
    <body>
        <ul>
            <li><a href="CSS 美化图片 .html">CSS 美化图片 </a></li>
            <li>
                <div class="dropdown">
                <a href="CSS 美化背景 .html">CSS 美化背景 </a>
                <div class="dropdown-content">
                <a href="#"> 美化图片 </a><a href="#"> 美化文字 </a>
                <a href="#"> 美化多彩色 </a></div></div>
            </li>
            <li><a href="CSS 美化表单 .html">CSS 美化表单 </a></li>
            <li><a href="CSS 美化表格 .html">CSS 美化表格 </a></li>
            <li><a href="CSS 美化文字 .html">CSS 美化文字 </a><li>
        </ul>
    </body>
</html>
```

在浏览器中查看该 HTML 页面时，其输出效果如图 6-11 所示。overflow 属性用于设置当内容溢出元素框时发生的情况，在本案例中使用 hidden 会出现如果内容溢出时，内容被修剪并且其余内容不可见；值为 visible 时，内容不会被修剪，会呈现在元素框外，是默认值；值为 auto 时，如果内容被修剪，则浏览器会显示滚动条以便查看其余内容；值为 scroll 时，内容会被修剪，但浏览器会显示滚动条以便查看其余内容。

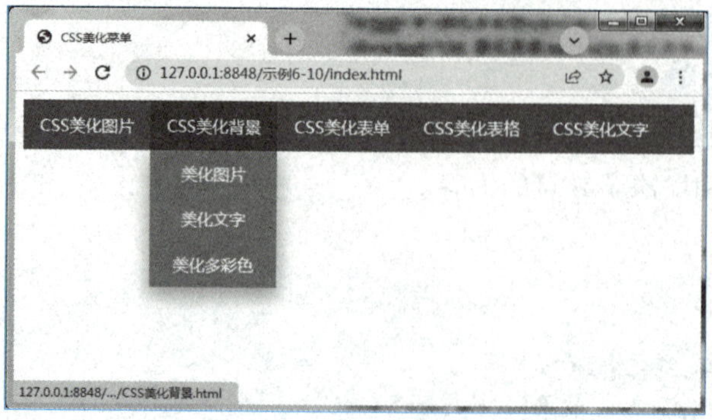

图 6-11　使用 CSS 美化网页菜单

position 属性用于定位元素，该内容在后续内容中进行讲解。

box-shadow 属性用于向边框添加一个或多个阴影，语法格式为：

```
box-shadow:h-shadow v-shadow blur spread color insert;
```

其中，h-shadow 和 v-shadow 是必选项，其余是可选项，h-shadow 和 v-shadow 分别是水平和垂直阴影的位置，可以是负值；bur 是模糊距离；spread 是阴影的尺寸；color 是阴影的颜色；insert 可以将外部阴影改为内部阴影。

6.2 CSS 美化网页案例——制作百度热搜

通过前面内容的学习，掌握了 CSS 美化页面的设计，本节通过 CSS 知识完成一个案例制作，加深 CSS 美化网页设计的实际应用。

百度热搜是百度搜索首页中常见的页面内容，如图 6-12 所示。

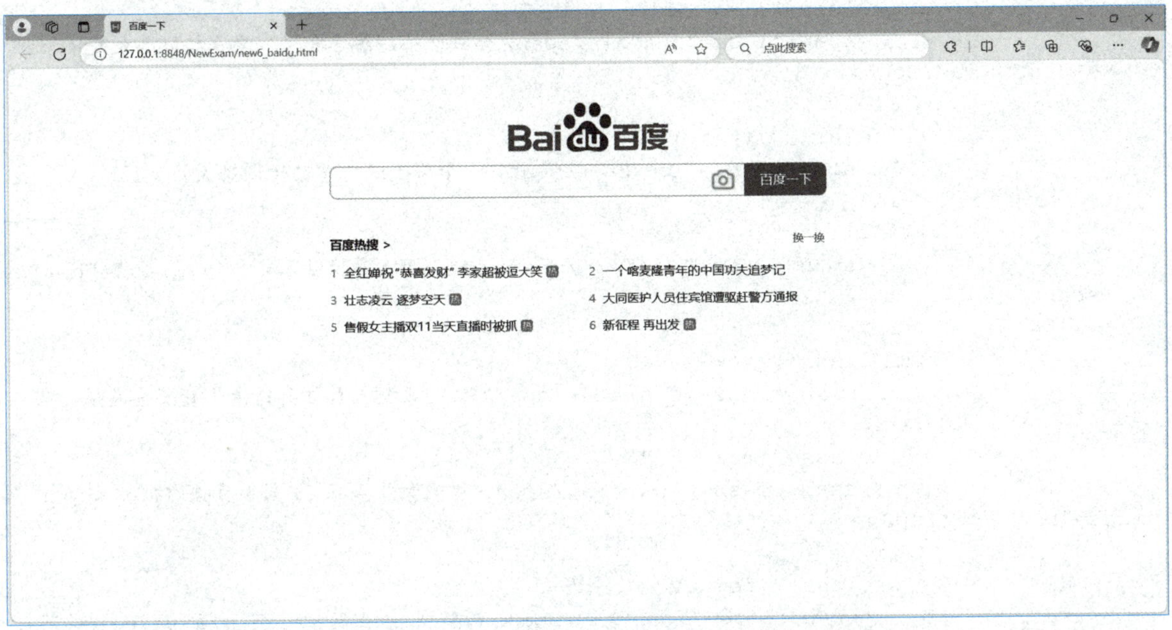

图 6-12 百度热搜效果图

通过 CSS 完成该案例，首先要对页面进行分析。根据效果图，分析页面，该页面由哪几部分组成，用到了哪些元素，每个元素的样式有什么区别，对页面了解清楚后，接下来完成该案例就显得比较容易。

1. 完成简易的页面内容

首先完成页面的元素布局和文字内容等，通过分析，页面由四部分组成：①上方 Logo 图片，可采用 div 标签和 img 标签完成；②第二行搜索框和“百度一下”按钮，可采用 div 标签和 input 标签；③第三行“百度热搜”与“换一换”可采用 div 标签、span 标签和 a 标签完成；④热搜列表内容部分采用无序列表 ul 标签、li 标签、span 标签完成。

在 <body> 标签对中构建页面的 HTML 框架，代码如下：

```
<body>
    <div class="search-content">
        <div class="logo">
            <img src="img/6/logo.png" >
        </div>
        <div class="searchForm">
            <span class="sotu"></span>
            <input type="text" class="txt" />
            <input type="button" class="btn" value="百度一下" />
        </div>
        <div class="title-txt">
            <span class="f"><a href="#">百度热搜 &gt;</a></span>
            <span class="refresh">换一换</span>
        </div>
        <ul class="list">
            <li class="item odd">
                <span class="one">1</span>全红婵祝“恭喜发财” 李家超被逗大笑<span
class="hot">热</span>
            </li>
            <li class="item even">
                <span class="one">2</span>一个喀麦隆青年的中国功夫追梦记
            </li>
            <li class="item odd">
                <span class="one">3</span>壮志凌云 逐梦空天<span class="hot">
热</span>
            </li>
            <li class="item even">
                <span class="four">4</span>大同医护人员住宾馆遭驱赶警方通报
            </li>
            <li class="item odd">
                <span class="four">5</span>售假女主播双 11 当天直播时被抓<span
class="hot">热</span>
            </li>
            <li class="item even">
                <span class="four">6</span>新征程 再出发<span class="hot">热
</span>
            </li>
        </ul>
    </div>
</body>
```

以上是案例 HTML 代码主体内容，没有应用任何样式，预览网页，如图 6-13 所示，需要添加 CSS 样式完成修饰，让页面达到美化的效果。

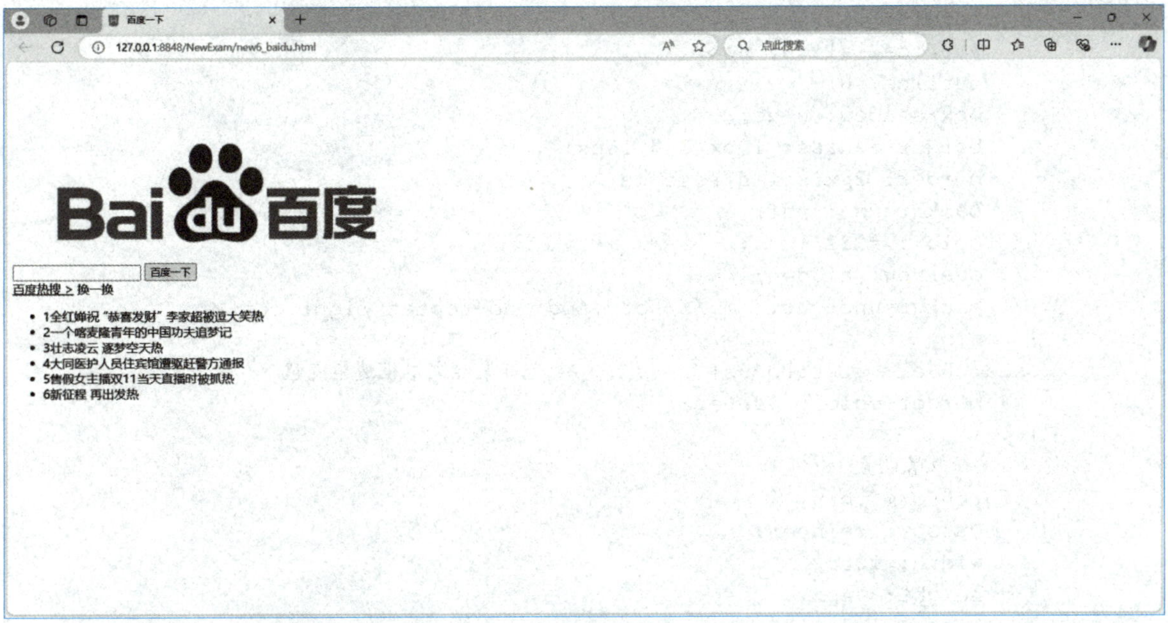

图 6-13 没有美化的百度热搜

2. 页面的美化

整个页面需要分步骤进行 CSS 代码编写，美化图片、搜索框、按钮、搜索列表等栏目。CSS 代码如下：

```
<style type="text/css">
    *{
        padding: 0px;
        margin: 0px;
    }
    .search-content{
        width: 680px;
        margin: 0 auto;
    }
    /* 图片样式设置 */
    .logo{

        text-align: center;
    }
    .logo img{
        width: 270px;
        height: 130px;
    }
    /* 搜索框样式设置 */
    .searchForm .txt{
        width: 512px;
        height: 17px;
        padding: 12px 16px;
        font-size: 16px;
```

```
        margin: 0;
        vertical-align: top;
        outline: 0;
        box-shadow: none;
        border-radius: 10px 0 0 10px;
        border: 2px solid #c4c7ce;
        background: #fff;
        color: #222;
        overflow: hidden;
        background: url(img/6/sotu.jpg) no-repeat right center;
    }
    .searchForm .txt:focus{          /* 光标聚焦文本框边框变色 */
        border-color: #4e6ef2;
    }
    /* 按钮效果设置 */
    .searchForm .btn{
        cursor: pointer;
        width: 108px;
        height: 44px;
        line-height: 45px;
        padding: 0;
        background: 0 0;
        background-color: #4e6ef2;
        border-radius: 0 10px 10px 0;
        font-size: 17px;
        color: #fff;
        box-shadow: none;
        font-weight: 400;
        border: none;
        outline: 0;
        margin-left: -6px;
    }
    /* 百度热搜文字样式设置 */
    .title-txt{
        margin-top: 50px;
        margin-bottom: 10px;
    }
    .f>a{
        color: #222;
        font-weight: bold;
        text-decoration: none;
    }
    .refresh{
        float: right;
        margin-right: 30px;
        font-size: 14px;
        line-height: 14px;
        color: #626675;
        margin-left: 2px;
```

```
    }
    /* 列表样式设置 */
    .list{
        list-style: none;
    }
    .item{
        float: left;
        height: 36px;
        line-height: 36px;
        width: 300px;
    }
    .odd{
        margin-right: 20px;
        clear: both;
    }
    .even{
        margin-left: 20px;
    }
    .hot{
        display: inline-block;
        padding: 0 2px;
        margin-left: 5px;
        margin-bottom: 2px;
        text-align: center;
        vertical-align: middle;
        font-style: normal;
        color: #fff;
        overflow: hidden;
        line-height: 16px;
        height: 16px;
        font-size: 12px;
        border-radius: 4px;
        font-weight: 200;
        background-color: #f60;
    }
    .one{
        display: inline-block;
        background: 0 0;
        /* color: #9195a3; */
        width: 18px;
        font-size: 15px;
        letter-spacing: -1px;
        color: #f60;
    }
    .four{
        display: inline-block;
        color: #9195a3;
        width: 18px;
        font-size: 15px;
```

```
        letter-spacing: -1px;
    }
</style>
```

添加 CSS 之后，保存并预览网页，效果如图 6-12 所示。

本章小结

1．字体样式包括：color、text-align、text-indent、line-height、text-decoration、font-size、font-weight、font-variant、background-color 等属性。

2．网页背景样式包括：background-color、background-image、background-position、background-repeat、background-size 等属性。

3．网页边框样式包括：border-style、border-top-style、border-right-style、border-bottom-style、border-left-style、border-width、border-color、box-shadow 等属性。

课后自测

1．在样式表中，（　　）属性用于设置文本框的边框粗细。

A．border　　B．border-style　　C．border-size　　D．border-width

2．下列是 box-shadow 属性必备元素的是（　　）。

A．color　　B．insert　　C．v-shadow　　D．blur

3．以下用于设置背景图像 URL 样式的属性是（　　）。

A．background-image　　B．background-repeat

C．background-position　　D．background-url

4．创建一个样式，设置当前页面中 ID 为 compact 元素的内容的字体为斜体。下列能实现该功能的代码是（　　）。

A．<STYLE TYPE="text/css">　compact{font-style:italic;}</STYLE>

B．<STYLE TYPE="text/css">　@compact{font-style:italic;}</STYLE>

C．<STYLE TYPE="text/css">　.compact{font-style:italic;}</STYLE>

D．<STYLE TYPE="text/css">　#compact{font-style:italic;}</STYLE>

5．给页面添加背景色，需要设置（　　）标签。

A．<html>　　B．<head>　　C．<title>　　D．<body>

6．要将页面的背景色设置为红色，下面语句正确的是（　　）。

A．<BODY BGCOLOR=RED></BODY>

B．<BODY BGCOLOR=FFOOOO></BODY>

C．<BODY BGCOLOR=#FFOOOO></BODY>

D.　<BODY BGCOLOR="FFOOOO"></BODY>

7. 在样式表中，用于设置网页背景颜色的属性是（　　）。

A. bgcolor　　B. background　　C. background-color　　D. becolor

上机实战

练习：制作企业人力资源页面

【问题描述】

本案例中，在第 5 章企业页面基础上，利用 CSS 属性样式制作和美化页面，效果如图 6-14 所示。

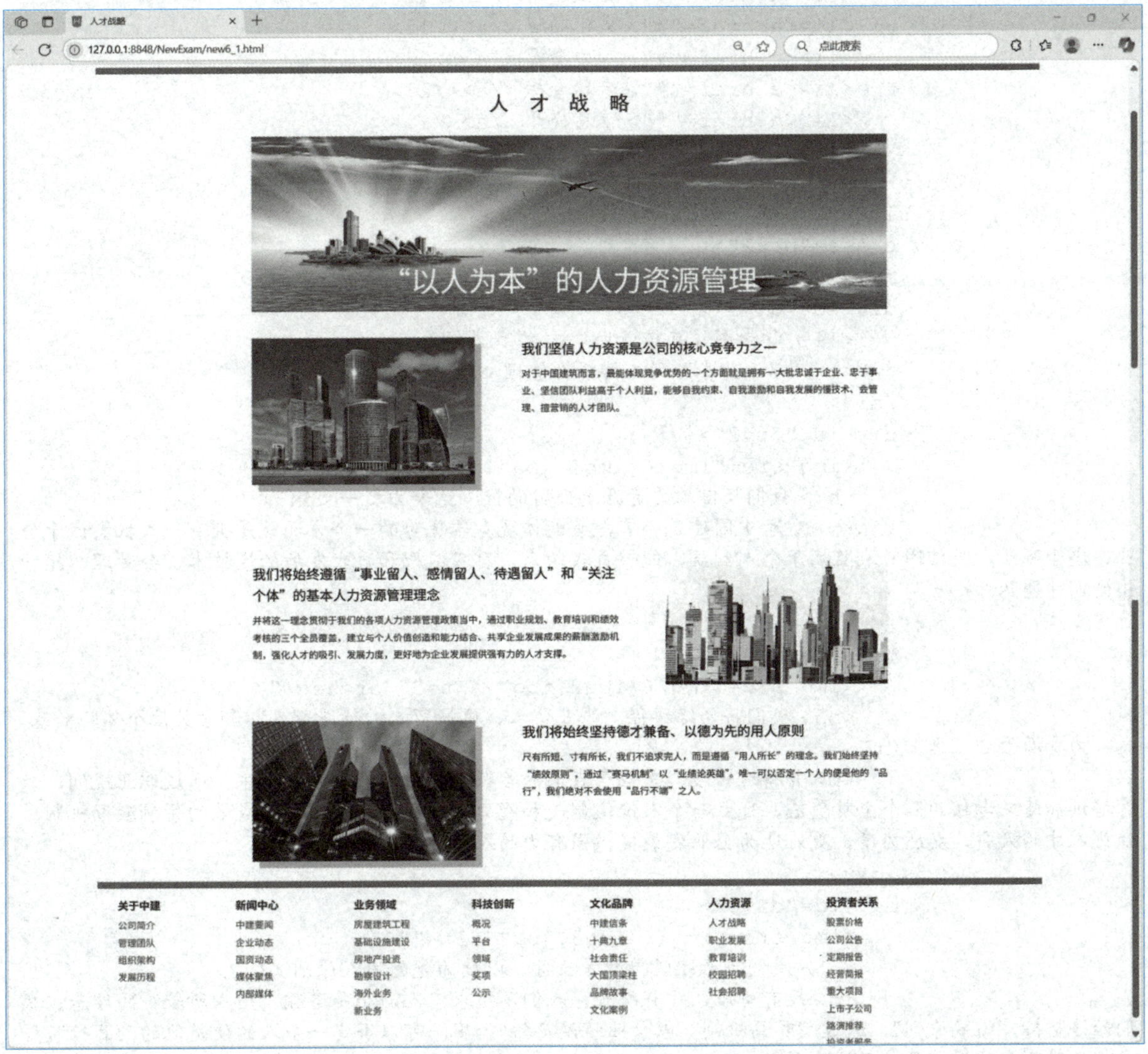

图 6-14　企业人力资源页面效果

【参考步骤】

（1）启动 HBuilderX，在指定项目中新建网页，并将图片素材放到对应目录下。

（2）在 <body> 标签对中构建新闻页面的 HTML 框架，代码如下：

```
<body>
    <div class="box">
        <img src="img/2/logo.png" class="logo1"/>
        <div class="menu">
            <ul>
                <li><a href="#">关于中建</a></li>
                <li><a href="#">新闻中心</a></li>
                <li><a href="#">党的建设</a></li>
                <li><a href="#">业务领域</a></li>
                <li><a href="#">科技创新</a></li>
                <li><a href="#">文化品牌</a></li>
                <li><a href="#">人力资源</a></li>
                <li><a href="#">专题专栏</a></li>
                <li><a href="#">信息公开</a></li>
            </ul>
        </div>
        <hr size="10px" color="#018dd7" />
        <div class="box2">
            <h2>人才战略</h2>
            <div id="div1">
                <!-- 背景图片直接使用 CSS 样式表插入 -->
                <p>“以人为本”的人力资源管理</p>
            </div>
            <div id="div2">
                <img src="img/6/img1.jpg" alt="" srcset="" />
                <h3>我们坚信人力资源是公司的核心竞争力之一</h3>
                <p>对于中国建筑而言，最能体现竞争优势的一个方面就是拥有一大批忠诚于企
业、忠于事业、坚信团队利益高于个人利益，能够自我约束、自我激励和自我发展的懂技术、会管理、擅营
销的人才团队。</p>
            </div>
            <div id="div3">
                <img src="img/6/img2.jpg" alt="" srcset="" />
                <h3>我们将始终遵循“事业留人、感情留人、待遇留人”和“关注个体”的基
本人力资源管理理念</h3>
                <p>并将这一理念贯彻于我们的各项人力资源管理政策当中，通过职业规划、教
育培训和绩效考核的三个全员覆盖，建立与个人价值创造和能力结合、共享企业发展成果的薪酬激励机制，
强化人才的吸引、发展力度，更好地为企业发展提供强有力的人才支撑。</p>
            </div>
            <div id="div4">
                <img src="img/6/img3.jpg" alt="" />
                <h3>我们将始终坚持德才兼备、以德为先的用人原则</h3>
                <p>尺有所短、寸有所长，我们不追求完人，而是遵循“用人所长”的理念。我
们始终坚持“绩效原则”，通过“赛马机制”以“业绩论英雄”。唯一可以否定一个人的便是他的“品行”，
我们绝对不会使用“品行不端”之人。</p>
            </div>
```

```
        <div class="clear"></div>
    </div>
    <hr size="10px" color="#018dd7" />
    <div class="footer">
        <ul>
            <li>
                <a href="#"><h1> 关于中建 </h1></a>
                <a href="#"> 公司简介 </a>
                <a href="#"> 管理团队 </a>
                <a href="#"> 组织架构 </a>
                <a href="#"> 发展历程 </a>
            </li>
            <li>
                <a href="#"><h1> 新闻中心 </h1></a>
                <a href="#"> 中建要闻 </a>
                <a href="#"> 企业动态 </a>
                <a href="#"> 国资动态 </a>
                <a href="#"> 媒体聚焦 </a>
                <a href="#"> 内部媒体 </a>
            </li>
            <li>
                <a href="#"><h1> 业务领域 </h1></a>
                <a href="#"> 房屋建筑工程 </a>
                <a href="#"> 基础设施建设 </a>
                <a href="#"> 房地产投资 </a>
                <a href="#"> 勘察设计 </a>
                <a href="#"> 海外业务 </a>
                <a href="#"> 新业务 </a>
            </li>
            <li>
                <a href="#"><h1> 科技创新 </h1></a>
                <a href="#"> 概况 </a>
                <a href="#"> 平台 </a>
                <a href="#"> 领域 </a>
                <a href="#"> 奖项 </a>
                <a href="#"> 公示 </a>
            </li>
            <li>
                <a href="#"><h1> 文化品牌 </h1></a>
                <a href="#"> 中建信条 </a>
                <a href="#"> 十典九章 </a>
                <a href="#"> 社会责任 </a>
                <a href="#"> 大国顶梁柱 </a>
                <a href="#"> 品牌故事 </a>
                <a href="#"> 文化案例 </a>
            </li>
            <li>
                <a href="#"><h1> 人力资源 </h1></a>
                <a href="#"> 人才战略 </a>
```

```
                    <a href="#">职业发展</a>
                    <a href="#">教育培训</a>
                    <a href="#">校园招聘</a>
                    <a href="#">社会招聘</a>
                </li>
                <li>
                    <a href="#"><h1>投资者关系</h1></a>
                    <a href="#">股票价格</a>
                    <a href="#">公司公告</a>
                    <a href="#">定期报告</a>
                    <a href="#">经营简报</a>
                    <a href="#">重大项目</a>
                    <a href="#">上市子公司</a>
                    <a href="#">路演推荐</a>
                    <a href="#">投资者服务</a>
                </li>
            </ul>
        </div>
    </div>
</body>
```

（3）为了页面更加美观，使用内嵌样式表（也可以使用外部样式表）为上面搭建好的 HTML 结构的网页应用简单的 CSS 样式，代码如下：

```
<style>
    *{                                      /*通用设置，清除所有元素默认内外边距*/
        margin: 0;
        padding: 0;
    }
    .box{                                   /*设置box内容在浏览器居中*/
        width: 84%;
        margin: 0 auto;
        background-color: #fff;             /*设置背景颜色*/
    }
    body {
        /* background-color: #f2f2f2; */    /*背景颜色为灰色*/
        font-size: 15px;                    /*设置文字大小为15 px*/
    }
    .logo1{
        margin-top: 10px;                   /*设置顶部边距10 px*/
        margin-bottom: 50px;                /*设置底部边距50 px*/
        float: left;                        /*向左浮动，使导航栏和图片在同一行*/
    }
    .box2{                                  /*设置box2在box内部居中*/
        width: 80%;
        margin: 0 auto;
    }
    h2{
        text-align: center;                 /*设置文字居中对齐*/
        color: #333;                        /*设置文字颜色*/
```

```
    font-weight: normal;              /* 设置文字常规 */
    font-family: "黑体";              /* 设置文字字体为黑体 */
    font-size: 30px;                  /* 设置文字大小为 30 px */
    line-height: 56px;                /* 设置行高 */
    padding: 20px 0 10px;
    letter-spacing: 1em;              /* 设置文字间距 */
}

/* 横向导航菜单列表样式 */
ul{
    list-style: none;                 /* 清除列表的项目符号 */
}
.menu ul{
    float: left;                      /* 向左浮动，使导航栏和图片在同一行 */
    margin-left: 30px;
}
.menu li{
    display: inline-block;            /* 设置列表项为行内块元素，使列表项在同行显示 */
    width: 90px;
    height: 45px;
    line-height: 45px;
    text-align: center;
    font-size: 18px;
    margin-top: 50px;
}
.menu li a{                           /* 设置超链接样式 */
    text-decoration: none;
    display: inline-block;
    width: 90px;
    height: 45px;
    line-height: 45px;
    color: #222;
}
.menu li a:hover{                     /* 鼠标悬停样式设置 */
    background-color: #018dd7;
    color: #fff;
}
hr{
    clear: both;          /* 清除 Logo 图片和菜单列表的浮动，使后面元素正常布局 */
}

/* 第一个 div 样式设置 */
#div1{
    width: 948px;
    margin: 0 auto;
    background: url(img/6/bg1.jpg) no-repeat;
    height: 265px;
}
#div1 p{
```

```
        text-align: center;
        font-size: 43px;
        font-weight: normal;
        line-height: 56px;
        color: #fff;
        padding-top: 190px;
    }
    /* 第二个 div 样式设置 */
    #div2{
        width: 948px;
        margin: 40px auto;
        height: 300px;
    }
    #div2 img{
        float: left;
        margin-right: 70px;
        box-shadow: 10px 10px #d4d4d4;
        margin-bottom: 30px;
    }
    /* 通用标题样式设置 */
    h3{
        font-size: 20px;
        line-height: 32px;
        color: #000;
        font-weight: normal;
    }
    /* 通用段落样式设置 */
    p{
        font-size: 14px;
        line-height: 26px;
        margin-top: 10px;
        color: #333;
    }
    /* 第三个 div 样式设置 */
    #div3{
        width: 948px;
        height: 200px;
        margin: 40px auto;
    }
    #div3 img{
        float: right;
        width: 332px;
        margin-bottom: 30px;
        margin-left: 70px;
    }
    /* 第四个 div 样式设置 */
    #div4{
        width: 948px;
        margin: 40px auto;
```

```
    }
    #div4 img{
        float: left;
        width: 332px;
        box-shadow: 10px 10px #d4d4d4;
        margin-bottom: 30px;
        margin-right: 70px;
    }
    /* 清除浮动的 div*/
    .clear{
        clear: both;
    }
    /* 底部 footer 列表样式 */
    .footer ul{
        /* width: 1240px; */
        margin-left: 30px;
        margin-top: 12px;
        padding-bottom: 12px;
        overflow: hidden;
    }
    .footer ul li{
        float: left;
        display: inline;
        width: 176px;
        font-size: 14px;
        color: #6b6b6b;
        /* text-align: center; */
    }
    .footer ul li a{
        text-decoration: none;
        display: block;
        font-size: 14px;
        color: #6b6b6b;
        line-height: 26px;
    }
    .footer ul li a:hover{
        color: #018dd7;
    }
    .footer ul li a h1{
        font-size: 16px;
        margin-bottom: 5px;
        color: #333333;
    }

</style>
```

（4）保存并预览网页。

拓展练习

1. 制作图 6-15 所示的童话故事页面。

图 6-15　童话故事页面效果

2. 制作图 6-16 所示的企业用户登录页面。

图 6-16　企业用户登录页面效果

3．制作图 6-17 所示的旅游景点介绍页面。

图 6-17 旅游景点介绍页面效果

第7章

基于DIV+CSS的网页

学习目标

- 理解表现和结构分离；
- 认识DIV；
- 理解盒模型；
- 使用CSS完善盒模型；
- 认识浮动与定位；
- 掌握标签的浮动属性与定位属性的应用，能够使用浮动与定位布局网页；
- 掌握DIV+CSS布局技巧，熟练使用DIV+CSS布局网页。

知识结构

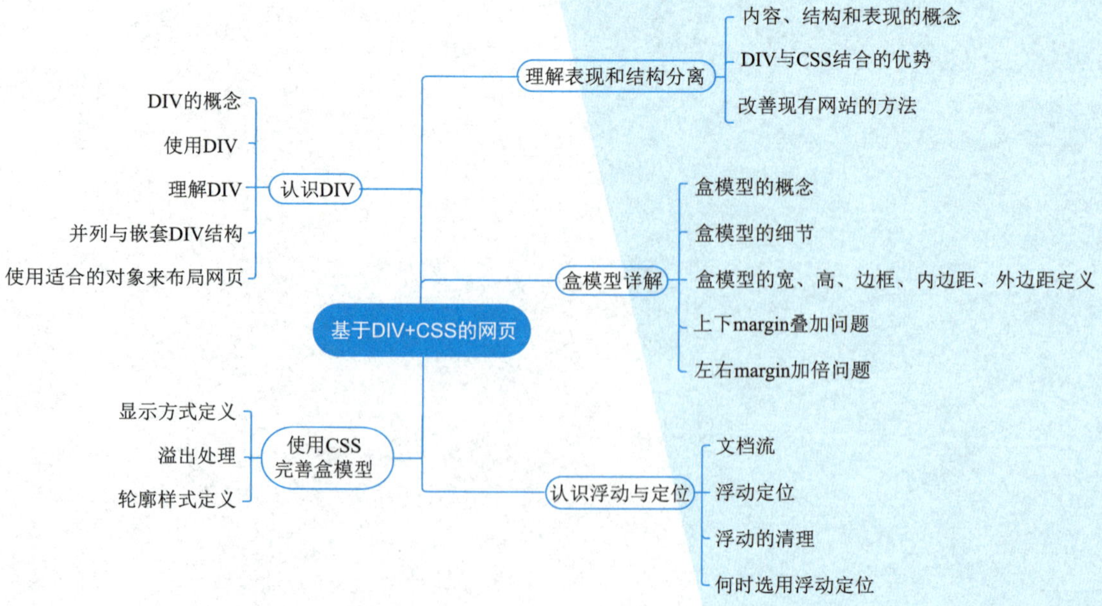

前面已经学习了构成网页的基本元素 HTML 标签以及使用 CSS 属性美化网页。从本章开始学习基于 DIV+CSS 来布局网页，在网页设计中，如果按照从上到下的默认方式进行布局，整个网页看起来显得比较单调。通过使用 DIV+CSS 布局网页，可以对页面的各模块进行排列，使整个网页的排版变得更加丰富和美观。

本章主要讲解 DIV+CSS 的布局技巧、盒模型、标签的浮动与定位属性的相关知识。

7.1 理解表现和结构分离

Web 标准是用于 Web 表现的一系列技术标准的集合，以便于通过不同浏览器或终端设备向用户展示信息。随着 Web 标准化设计理念的普及，使用 DIV+CSS 进行网页设计和布局已经是必然趋势。

Web 标准的好处之一是“表现和结构相分离”，那这到底是什么意思呢？首先学习一些基本概念：内容、结构、表现。

7.1.1 内容、结构和表现的概念

1. 内容

内容就是页面的制作者放在页面内真正想要让访问者浏览的信息，包含数据、文档和图片等。图 7-1 所示为页面所表现的一段文本信息。

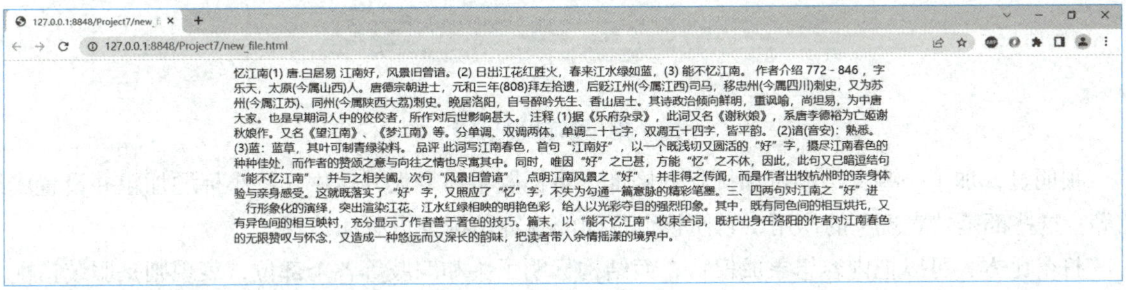

图 7-1　页面文本内容

可以看到页面中的文本信息已经完整展示，但是非常混乱，访问者难以进行阅读和理解，这就需要对其进行格式化。

2. 结构（structure）

结构是使用结构化、语义化的 HTML 等标签来描述内容，使内容更加具有逻辑性和易用性等。可以把上文的内容分成标题、作者、章、节、段落和列表等。图 7-2 所示为格式化后的页面。

类似图 7-2 中的标题、作者、章、节、段落和列表，称为结构。

3. 表现（presentation）

虽然定义了结构，但是内容还是原来的样式，没有背景，没有修饰。表现是使用 CSS 属性修饰页面内容的外观、排版，以 CSS 取代 HTML 表格式布局、帧和其他表现的语言，通过 CSS 样式可以使页面的结构标签更具美感、网页外观更加美观。图 7-3 所示为对上文中内容用表现处理过后的效果。

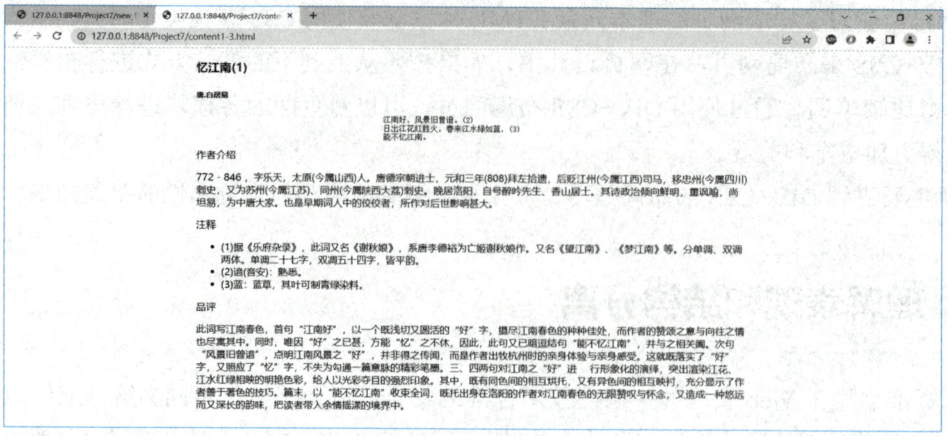

图 7-2　格式化后的页面

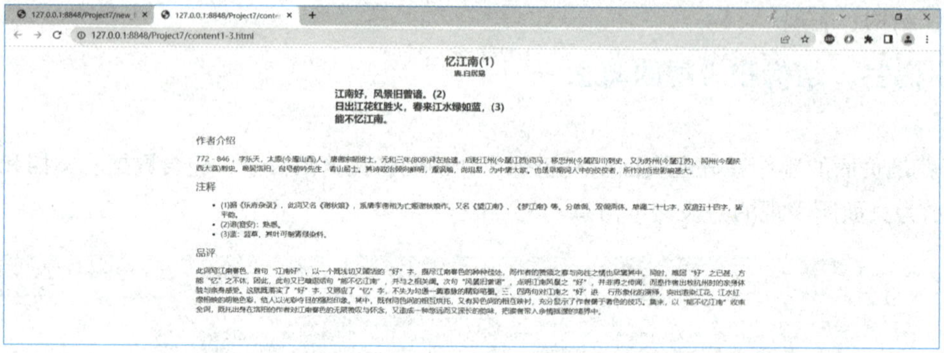

图 7-3　修饰后的效果

很明显，加了一些文字颜色和排版的修饰，将标题字体变大并居中，将小标题加粗并设置成红色等。这些都是“表现”的作用，它使整个页面的内容结构变得更加美观。

打个比方，可以把内容想象成模特，而结构标明了头和四肢等各个部位，表现则是服装搭配。通过三者的配合，可以使“模特”更具美感。

7.1.2　DIV 与 CSS 结合的优势

了解了 Web 内容、结构和表现之后，下面学习什么是 DIV + CSS，以及 DIV+CSS 的优势。

1. DIV+CSS 的概念

DIV+CSS 是 Web 标准中常用的术语之一，主要是为了说明与 HTML 网页设计语言中的表格（table）布局方式的区别，用 DIV 盒模型结构将各部分内容划分到不同的区块，然后用 CSS 定义盒模型的位置、大小、边框、内外边距、排列方式等。

简单地说，DIV 用于搭建网站的结构（框架）、CSS 用于创建网站表现（样式 / 美化），实质上就是使用 HTML 标记对网站进行标准化重构，使用 CSS 将表现与内容分离，便于网站维护，简化 html 页面代码，从而获得一个较优秀的网站结构，便于日后维护、协同工作等。

2. DIV+CSS 的优势

（1）结构和表现相分离。将样式设计部分（CSS）剥离出来放在一个独立样式文件中，HTML

文件中只存放文本信息。符合 W3C 标准（Web 标准），这一点最重要，这可以保证制作的网站不会因为将来网络应用的升级而被淘汰。

（2）代码简洁，使页面载入得更快，提高页面浏览速度。对于同一个页面视觉效果，采用 DIV+CSS 布局的页面容量要比 table 标签布局的页面文件容量小得多，由于将大部分页面代码写在了 CSS 中，使得页面体积容量变得更小，代码更加简洁，前者一般只有后者的 1/2 大小。对于一个大型网站来说，可以节省大量带宽。

（3）对网页浏览者和浏览器更具亲和力。CSS 丰富的样式属性，使页面更具灵活性，它可以根据不同的浏览器，而达到显示效果的统一。这样可以达到浏览器的向后兼容。

（4）易于维护和改版。由于使用了 DIV+CSS 的制作方法，使结构和表现分离，在修改页面时，根据区域内容标记，到 CSS 中找到相应的 ID，使得修改页面时更加方便，也不会破坏页面其他部分的布局样式。

（5）提高搜索引擎对网页的索引效率。采用 DIV+CSS 技术的网页，用只包含结构化内容的 HTML 代替 table 嵌套的标签，搜索引擎将更有效地搜索到自己的网页内容。

7.1.3　改善现有网站的方法

了解了 DIV+CSS 布局的优势之后，下面通过上面举例的页面讲解如何改善现有网站页面布局。

1. 传统的 HTML 方法

我们知道，传统的 HTML 标签中既有控制结构的标签，如 <title>、<p>，又有控制表现的标签，如 <font>、<b>，还有本意用于结构后来被滥用于控制表现的标签，如 <h1>、<table> 等。总的来说，就是结构标签与表现标签混杂在一起。

例如，图 7-3 所示页面，可使用 2 ～ 5 个表格控制边框、背景和文本居中；用 <h3><h6> 来定义标题和小节标题等；使用 <font> 和 <b> 标签控制字体大小、颜色和粗体，很容易制作好页面。甚至还可以采用 CSS 样式表统一控制一些字体的表现。例如：

```
<table border="0" width="100%">
    <tr>
        <td align="center"><h1><font color="red">忆江南</font></h1></td>
    </tr>
</table>
```

传统方法创建的页面看上去并没有什么问题，但是页面中 HTML 标签和 CSS 属性糅合在一起，也就是结构层和表现层混杂在一起。当页面比较简单时，不会造成影响，而当需要发布大量页面，会出现如下问题：

（1）如何改版。假如由于某些原因需要把标题替换成蓝色，边框变成 1 px 黄色，文字变成红色，所有文字居中。此时，就要一页一页修改，而如果使用 CSS，可直接修改样式表，即可轻松实现改版。

（2）数据的利用。本质上讲所有页面信息（内容）都是数据，是数据就存在数据查询、处理和交换的问题。例如，通过页面发布多首唐诗，假如所有页面上都不需要显示“品评”小节；又或者将页面数据转换成 Excel 格式等。传统解决方法是一页一页地删除“品评”小节，一页一页地复制粘贴到 Excel，这样做显然不是有效率的办法。

实际上，第一个问题的实质就是批量改变“表现”。由于传统 HTML 方法的结构并不明显，甚至可以视作只有表现，网页设计师就像设计时尚杂志那样精心画出每一页。严谨的设计师可以控制到每 1 px 的细节。内容与表现紧密嵌套、混杂在一起，结构只是用 CSS 表现出来，而不是用标签。在这种设计方法下，任何内容、结构的变化，都会影响整个页面的表现，都需要一点一点修改。

CSS 的出现，一开始似乎就是用来解决“批量改变表现”的问题。大部分网页设计师已经能够熟练使用 CSS 控制字体的大小、颜色，超链接的效果，表格的边框等，已经体会到 CSS 批量改变表现的效率。

第二个问题则无法避免。由于结构和表现混杂在一起（内容被 *n* 层的表格拆分），用户无法判断哪个 td 至哪个 td 中是自己需要的数据，无法剥离其中夹杂的 <font>、<b> 标签。

上例中，从哪里开始是正文？从哪里开始是“品评”小节？哪些是附加信息不需要显示？都无法让计算机去判断，唯一的方法是人工判断，手工处理。

结构和表现混杂在一起，页面就好比是一张图片，计算机无法搜索其中的内容。

对于第二个问题，解决办法是：结构清晰化，将内容、结构与表现相分离。

2. Web 标准推荐的 DIV+CSS 方法

对于内容、结构与表现相分离，最早是在软件开发架构理论中提出来的。例如，QQ 面板的变更皮肤就是内容不变，外观表现在变化。

其实大多数设计师已经体验到，动态信息发布系统，实际上就是基于这个原理制作的，设计师只需要设计模板，程序员将数据（如标题、作者、发布日期、摘要、相关文章、相关图片等）从数据库中读出，嵌入模板中，形成一个新的页面再展示给浏览者。

上述操作需要依赖于程序，如果页面文档本身就能实现表现和结构相分离，那么数据的交换和再利用就更方便了。Web标准方法目前推荐使用DIV+CSS制作网站，目的是使结构与表现彻底相分离。

例如，图 7-3 所示页面，使用结构化的 HTML 标签如下所示：

```
<标题>忆江南</标题>
<作者>唐.白居易</作者>
<正文>江南好...</正文>
<作者介绍>772 - 846 ，字乐天 ...</作者介绍>
<注释>据《乐府杂录》...</注释>
<品评>此词写江南春色 ...</品评>
```

也就是说，HTML 的标签只用来定义文档的结构，所有涉及表现的东西全部剥离出来，把它放到一个单独的文件中，这个单独的文件就是 CSS。

采用这种方法后，上面第二个问题中的两个假设困难就迎刃而解。可以利用样式表将所有“品评”结构不显示（display: none）；可以根据页面结构标签将内容自动导入到 Excel，只需要简单操作就可以完成批量样式修改。

传统的布局方式将控制表现的 CSS 混杂在内容和结构中，使得内容数据无法再次利用，样式的修改也很麻烦。而Web标准推荐的DIV+CSS方式使得结构与表现相分离，很好地解决了上述问题。

7.2 认识 DIV

在网页设计中，使用 DIV+CSS 布局和设计网页是未来发展的趋势，接下来学习 DIV。

7.2.1　DIV 的概念

DIV（div，不区分大小写）的解释是“层叠样式表单元的位置和层次划分”。通俗地说，就是“块”的意思，可以把一个网页理解为由 *n* 个块（区域）组成的，不同的块显示不同的内容，如导航栏、banner、内容区等。

大部分 HTML 标签都有其语义（例如，<p> 标签用于创建段落，<h1> 标签用于创建标题等），而 <div> 标签没有任何内容上的意义，<div> 标签主要作为容器标签广泛应用在 HTML 页面布局中。

简单地讲，DIV 就是用于存放内容（文字、图片、元素）的容器。

div 是 XHTML 中指定的、专门用于布局设计的容器对象。在传统表格式布局中，之所以能够进行页面的排版布局设计，完全依赖于表格对象 table。如今，接触另一种布局方式——CSS 布局。div 正是这种布局方式的核心对象。仅从 div 的使用上说，做一个简单的布局只需要依赖两样东西：DIV 与 CSS。因此也称 CSS 布局为 div+css 布局。

7.2.2　使用 DIV

视　频

如何使用DIV

在网页布局中，用 <div>…</div> 标签表示一个块，其中 <div> 表示这个块的开始标签，</div> 表示结束标签，中间的“...”为内容（根据实际情况，此处的内容可以是纯文字，也可以是 HTML 标签，DIV 本身也是 HTML 标签，所以同样还可以包括 *n* 个 DIV 的“块”）。

DIV 标签（后文用小写表示）一般用 id 和 class 来区分各个“块”的不同样式，往往要配合 CSS 使用。部分 HTML 代码如下：

```
<body>
    <div class="a1">div1</div>
    <div id="a2">div2</div>
</body>
```

在页面中定义了两个块 div1 和 div2，其中 div1 块使用类选择器 a1，div2 块使用 id 选择器 a2，通过不同的选择器对这两个 div 块进行样式区分。以下是部分 CSS 代码：

```
.a1{                                  /*类选择器，类名为 a1*/
    width: 800px;                     /*设置 div1 宽度为 800 px*/
    height: 200px;                    /*设置 div1 高度为 200 px*/
    line-height: 200px;               /*设置 div1 行高与块高相等，使文本垂直居中*/
    text-align: center;               /*设置 div1 中内容水平居中*/
    background-color: #ffcf00;        /*设置 div1 背景颜色*/
    font-size: 48px;                  /*设置 div1 中文字大小为 48 px*/
    font-family: "microsoft yahei";   /*设置 div1 中文本字体*/
    color: gray;                      /*设置 div1 中文本字体颜色*/
}
#a2{                                  /*id 选择器，id 名为 a2*/
```

```
    width: 400px;                     /* 设置 div2 宽度为 400 px*/
    height: 200px;                    /* 设置 div2 高度为 200 px*/
    line-height: 200px;               /* 设置 div2 行高与块高相等，使文本垂直居中 */
    text-align: center;               /* 设置 div2 中内容水平居中 */
    background-color: #0060d0;        /* 设置 div2 背景颜色 */
    font-size: 48px;                  /* 设置 div2 中文字大小为 48 px*/
    font-family: "microsoft yahei";   /* 设置 div2 中文本字体 */
    color: white;                     /* 设置 div2 中文本字体颜色 */
}
```

通过上述简单的 DIV 标签和 CSS 样式，生成的效果如图 7-4 所示。

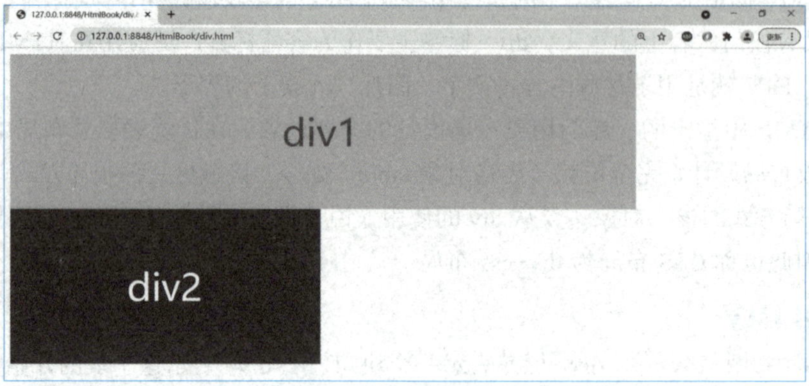

图 7-4　简单 div 显示效果

CSS 中有很多属性，这些属性可以让页面变得更加生动、丰富多彩，读者可以自行扩展。在用 CSS 排版网页时，会经常使用 div 标签。利用 div，加上 CSS 样式控制，可以实现很复杂的网页效果。

例如，百度首页的排版效果，可以把百度首页划分成 4 个 div，如图 7-5 所示。

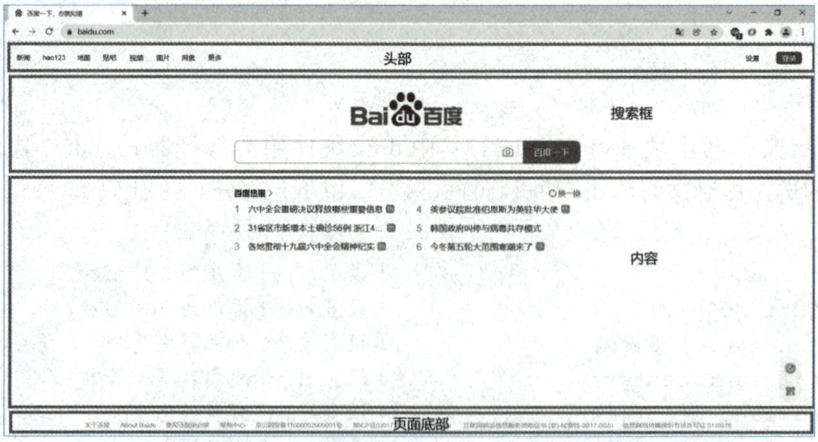

图 7-5　百度首页 div 划分效果

从图 7-5 中可以看出，网站首页从上到下一般分为：头部区域、菜单导航区域、内容区域、底部区域，每个区域都由一对 <div> 标签渲染。下面首先使用 HTML 标签搭建上述页面结构，如示例 7-1 所示。

示例 7-1

```
   /*indexDiv.html*/
1  <!DOCTYPE html>
2  <html>
3     <head>
4       <meta charset="utf-8" />
5       <title> 网站首页 DIV 划分 </title>
6     </head>
7     <body>
8        <div class="box">
9           <div class="header"> 头部区域 </div>
10          <div class="nav"> 菜单导航区域 </div>
11          <div class="content"> 内容区域 </div>
12          <div class="footer"> 底部区域 </div>
13       </div>
14    </body>
15 </html>
```

在上述示例中，第 8～13 行代码定义了 5 对 <div>…</div> 标签，分别用于控制页面整体（box）、头部（header）、导航（nav）、内容（content）和页面底部（footer）。

对搭建好的 HTML 结构应用 CSS 样式进行布局，具体代码如下：

```
<style type="text/css">
/* 设置页面整体的宽度，并居中显示 */
.box{
    margin: 0 auto;            /* 页面整体在浏览器中水平居中，上下外边距为 0*/
    max-width: 100%;           /* 设置页面宽度 100%，随浏览器大小缩放 */
}
/* 分别设置各区域的高度，下外边距 */
.header{
    margin-bottom: 5px;        /* 设置各区域之间的垂直方向间距 */
    height:100px;              /* 设置 div 高度 */
    background-color: lightgray;
}
.nav{
    margin-bottom: 5px;
    height:50px;
    background-color: #0060d0;
    color: white;
}
.content{
    margin-bottom: 5px;
    height: 400px;
    background-color: #ffcf00;
    color: gray;
}
.footer{
    height: 100px;
    background-color: lightgray;
}
</style>
```

将上述 CSS 代码添加到示例 7-1 中，保存并运行，效果如图 7-6 所示。

图 7-6　网站首页 div 显示效果

7.2.3　理解 DIV

要记住一点，DIV 是一个 block 对象（块对象或者块级元素）。XHTML 中的所有对象，几乎都默认为两种对象类型：

- block 块状对象（块级元素）：块对象指的是当前对象显示为一个方块。默认显示状态下，它将占据整行，其他对象只能在下一行显示。
- inline 行间对象（或者称内联元素、行内元素）：与 block 对象相反，它允许下一个对象与之共享一行进行显示。

块状 DIV 在页面中并非用于类似于文本一样的行间排版，而是用于大面积、大区域的块状排版。

为了让读者更好地理解 DIV，下面详细介绍在 CSS 布局中经常使用的块级元素 <div> 在标准文档流中的几个特性。

1. 独占一行，不与其他任何元素并列

块元素总是在新行上开始，占据一整行，其宽度自动填满其父元素宽度，依次垂直向下排列。如图 7-6 中展示的网站首页 div 效果一样。

下面通过示例 7-2 进行演示。

示例 7-2

```
/*div1.html*/
<!DOCTYPE html>
<html>
    <head>
        <meta charset="utf-8">
        <title></title>
```

```
6           <style>
7             .one{
8                  background-color: #ffcf00;          /* 设置 div1 背景颜色 */
9                  font-family: "microsoft yahei";     /* 设置 div1 中文字字体 */
10                 color: gray;
11            }
12            .two{
13                text-align: center;                  /* 设置 div2 中文字水平居中 */
14                background-color: #0060d0;           /* 设置 div2 背景颜色 */
15                font-family: "microsoft yahei";      /* 设置 div2 中文字字体 */
16                color: white;
17            }
18          </style>
19       </head>
20       <body>
21          <div class="one">
22              div1 块，总是在新行上开始，占据一整行，宽度自动填满父元素宽度。
23          </div>
24          <div class="two">
25              <p> div2 块，总是在新行上开始，占据一整行，宽度自动填满父元素宽度。</p>
26          </div>
27       </body>
28    </html>
```

在上述示例中，第 21 ～ 23 行和第 24 ～ 26 行代码分别定义了两对 <div>（div1 和 div2），div2 中嵌套了段落标签 <p>，可以使 div1 和 div2 之间有空行。第 21 行和第 24 行代码分别为 div1 和 div2 添加了 class 属性，然后通过 CSS 控制其背景颜色和文字样式等。

在浏览器中的运行效果如图 7-7 所示。

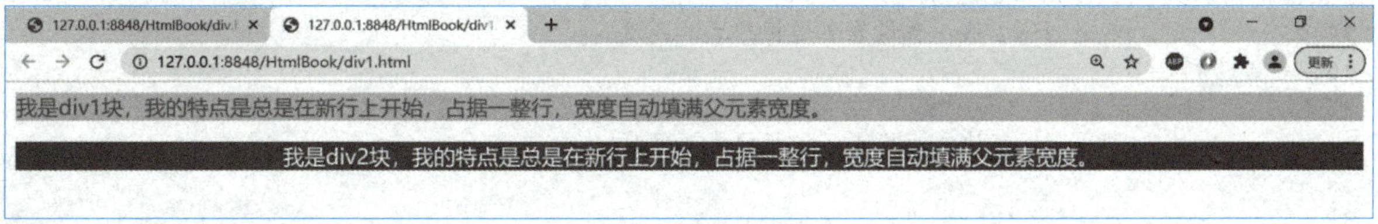

图 7-7　div 独占一行特性

2. 可以设置任意宽度和高度

块级元素可以设置宽高，并且宽度高度都可随意控制，块级元素即使设置了宽度，仍然是独占一行的。

下面通过示例 7-3 演示 div 宽度和高度的设置。

示例 7-3

```
/*div2.html*/
<!DOCTYPE html>
<html>
   <head>
```

```
4         <meta charset="utf-8">
5         <title></title>
6         <style>
7           .one{
8               border: 5px solid red ;   /*设置 div1 边框为红色、5 px 的实线 */
9               height: 100px;              /*设置 div1 高度为 100 px*/
10              line-height: 100px;    /*设置 div1 行高与块高相等，文本垂直居中 */
11              font-family: "microsoft yahei";
12          }
13          .two{
14              border: 5px solid yellow ;
15              width: 600px;          /*设置 div2 宽度为 600 px*/
16              text-align: center;
17              background-color: #0099FF;
18              font-family: "microsoft yahei";
19              color: white;
20          }
21          .three{
22               border: 5px solid green ;
23               width: 400px;
24               height: 200px;
25               line-height: 200px;
26               text-align: center;
27               font-family: "microsoft yahei";
28          }
29        </style>
30     </head>
31     <body>
32        <h3>我是块级元素，可以设置任意宽度和高度，并且依然独占一行。</h3>
33        <div class="one">
34             我是div1块，我设置了边框样式和高度。
35        </div>
36        <div class="two">
37             我是div2块，我设置了边框样式和宽度。
38        </div>
39        <div class="three">
40             我是div3块，我设置了边框样式、宽度和高度。
41        </div>
42      </body>
43   </html>
```

在上述示例中，第 33 ～ 35 行、第 36 ～ 38 行和第 39 ～ 41 行代码分别定义了三对 <div>（div1、div2 和 div3），第 33 行、第 36 行和第 39 行代码分别为 div1、div2 和 div3 添加了 class 属性，然后通过 CSS 控制其宽度、高度、边框等样式。

在浏览器中运行效果如图 7-8 所示。

这种单独给 div 设置宽度的方式也可以应用到网站首页布局中，如京东主页，京东主页的区域划分如图 7-9 所示。

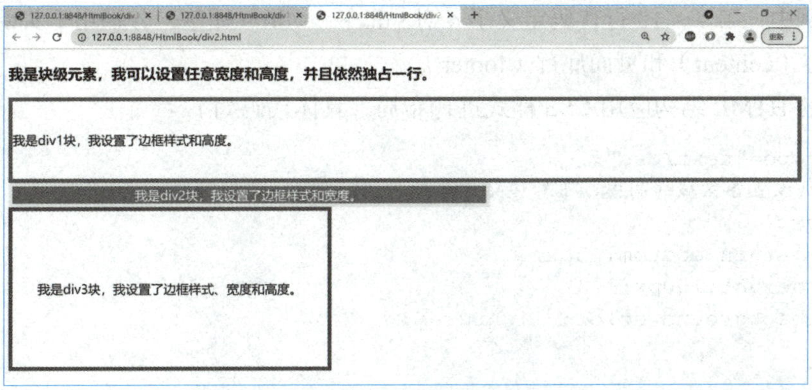

图 7-8　div 宽度和高度设置

图 7-9　京东主页 div 划分效果

对于这种网页，可以通过对 header、nav、footer 区域不设置宽度，块级元素会占满屏幕宽度，对 content 用 width 或者 max-width 设置相应的宽度，并通过 margin: auto 实现居中。

接下来使用 HTML 标签搭建页面结构，如示例 7-4 所示。

示例 7-4

```
/*indexDiv2.html*/
<html>
   <head>
      <meta charset="utf-8" />
      <title></title>
   </head>
   <body>
      <div class="header">头部区域</div>
      <div class="nav">菜单导航区域</div>
      <div class="content">内容区域</div>
      <div class="footer">底部区域</div>
      </body>
  </html>
```

在上述示例中，第 7 ~ 10 行代码定义了 4 对 <div>…</div> 标签，分别用于头部（header）、导航（nav）、内容（content）和页面底部（footer）。

对搭建好的 HTML 结构应用 CSS 样式进行布局，具体代码如下：

```
<style type="text/css">
    /* 分别设置各区域的高度，下外边距 */
    .header{
         margin-bottom: 5px;
         height:100px;
         background-color: lightgray;
    }
    .nav{
         margin-bottom: 5px;
         height:50px;
         background-color: #0060d0;
         color: white;
    }
    /* 单独设置内容区域的宽度，居中显示 */
    .content{
         max-width: 960px;
         margin: 5px auto;
         height: 400px;
         background-color: #ffcf00;
         color: gray;
    }
    .footer{
         height: 80px;
         background-color: lightgray;
    }
</style>
```

将上述 CSS 代码添加到示例 7-4 中，保存并运行，效果如图 7-10 所示。

图 7-10　首页 div 宽度设置效果

3. 可以包含行内元素和其他块元素

下面通过示例 7-5 演示在 div 中包含行内元素（后文将详细讲解）和其他块元素。

示例 7-5

```
/*div3.html*/
<!DOCTYPE html>
<html>
   <head>
      <meta charset="utf-8">
      <title></title>
      <style>
         .box{
            border: 3px solid black;       /* 设置 div 边框样式 */
         }
            .one{                          /* 设置 p 中文本、边框等样式 */
            border: 3px solid red ;
            height: 100px;
            line-height: 100px;
            font-family: "microsoft yahei";
         }
         .two{                             /* 设置 h5 中文本、边框等样式 */
            border: 3px solid yellow ;
            width: 600px;
            text-align: center;
            background-color: #0060d0;
            font-family: "microsoft yahei";
            color: white;
         }
         .three{                           /* 设置 span 中文本、边框等样式 */
            border: 3px solid green ;
            text-align: center;
            font-family: "microsoft yahei";
         }
      </style>
      </head>
   <body>
      <h3>我是块级元素，我可以包含行内元素和其他块级元素。</h3>
      <div class="box">
         我是 div，我包含了 p 标签、h5 标签和 span 标签。
         <p class="one">
            我是 p 标签，我是块元素。
         </p>
         <h5 class="two">
            我是 h5 标签，我是块元素。
         </h5>
         <span class="three">
            我是 span 标签，我是行内元素，我无法设置宽度和高度
         </span>
      </div>
```

```
45      </body>
46  </html>
```

在上述示例中，第 33 ～ 44 行代码定义了一个 div 用于包含其他元素，第 35 ～ 37 行、第 38 ～ 40 行和第 41 ～ 43 行代码分别定义了三对元素：块元素 p、h5 标签、行内元素 span 标签。第 33 行、第 35 行、第 38 行和第 41 行代码分别为 div、p、h5 和 span 添加了 class 属性，然后通过 CSS 控制其宽度、高度、边框等样式。

在浏览器中运行效果如图 7-11 所示。

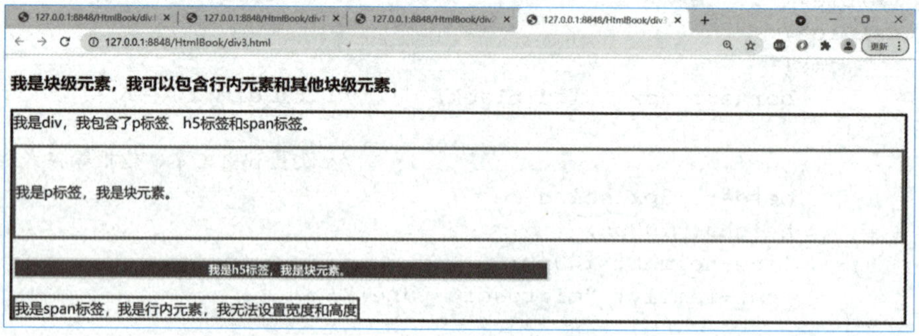

图 7-11　div 包含其他元素

以上是比较简单的几种情况，通过上述示例，可以明确 DIV 元素是用于为 HTML 文档内区块的内容提供结构的元素。

从页面效果可见，DIV 本身与样式没有任何关系。样式需要编写 CSS 实现。

在 DIV+CSS 布局中，所要做的工作可以简单归集为两件事：一是使用 div 将内容标记出来；二是为该 div 编写所需的 CSS 样式。

7.2.4　并列与嵌套 DIV 结构

知道 DIV 是专门用于布局设计的容器对象后，下面学习最常见的并列与嵌套结构。

1. 并列 DIV 结构

首先定义三对 <div>，如示例 7-6 所示。

示例 7-6

```
/*div4.html*/
<!DOCTYPE html>
<html>
    <head>
        <meta charset="utf-8">
        <title></title>
        <style type="text/css">
            .header{
                height: 100px;          /* 设置头部 div 高度 */
                background-color: lightgray;
            }
            .center{
                height: 300px;          /* 设置中间部分 div 高度 */
```

```
                background-color: #ffcf00;
                color: gray;
            }
            .footer{
                height: 50px;           /* 设置底部 div 高度 */
                background-color: #0060d0;
                color: white;
            }
        </style>
    </head>
    <body>
        <div class="header"> 头部 </div>
        <div class="center"> 中间部分 </div>
        <div class="footer"> 底部 </div>
    </body>
</html>
```

在上述代码中，为每个 div 定义了一个 class 名以供识别。可以看到 class 名为 header、center 和 footer 的 3 个 div 对象，它们之间属于并列关系，在网页布局结构中以垂直方向布局自上而下。并且通过 CSS 对其进行了高度和背景的设置，效果如图 7-12 所示。

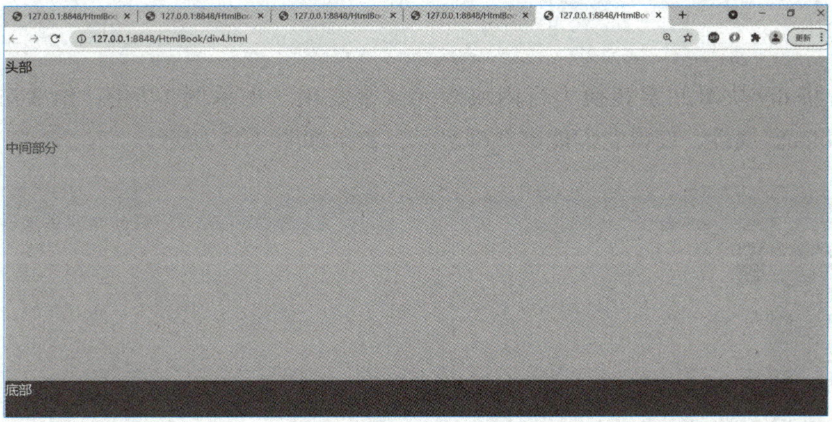

图 7-12　垂直 div 结构

视　频

并列与嵌套 DIV结构

从图 7-12 中可以看到，三对 div 形成了垂直排列的结构，如同百度首页、京东主页的布局效果。那如果要实现三者并列布局，该如何操作？在示例 7-6 的基础上稍作修改，如示例 7-7 所示。

示例 7-7

```
/*div5.html*/
<!DOCTYPE html>
<html>
    <head>
        <meta charset="utf-8">
        <title></title>
        <style type="text/css">
            .header{
                height: 100px;
```

```
            background-color: lightgray;
            display: inline-block;          /* 将 div 转换为行内块元素 */
        }
        .center{
            height: 300px;
            background-color: #ffcf00;
            display: inline-block;          /* 将 div 转换为行内块元素 */
            color: gray;
        }
        .footer{
            height: 50px;
            background-color: #0060d0;
            display: inline-block;          /* 将 div 转换为行内块元素 */
            color: white;
        }
    </style>
</head>
<body>
    <div class="header">头部</div>
    <div class="center">中间部分</div>
    <div class="footer">底部</div>
</body>
</html>
```

可以通过将 div 块级元素转换为行内块级元素来实现。在示例 7-7 中，给 3 对 div 都设置了 display: inline-block; 属性，使得它们能够并列显示，效果如图 7-13 所示。

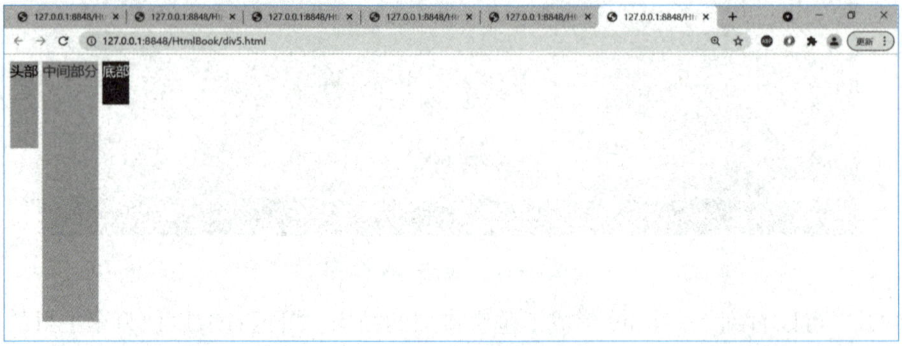

图 7-13　div 并列结构

可以看出，div 确实已经形成了并列结构，但是不够美观，div 的高度不统一，在并列结构中，在没有设置宽度的情况下，此时 div 的宽度与文本内容等宽。

下面通过 CSS 稍微修饰一下，让页面更加美观，如示例 7-8 所示。

示例 7-8

```
/*div6.html*/
<!DOCTYPE html>
<html>
    <head>
```

```
    <meta charset="utf-8">
    <title></title>
    <style type="text/css">
            .header{
                width: 200px;                /* 设置头部 div 宽度 */
                height: 450px;               /* 设置 div 高度为 450 px*/
                background-color: lightgray;
                display: inline-block;       /* 将 div 转换为行内块元素 */
            }
            .center{
                width: 600px;                /* 设置中间部分 div 宽度 */
                height: 450px;               /* 设置 div 高度为 450 px*/
                background-color: #ffcf00;
                color: gray;
                display: inline-block;       /* 将 div 转换为行内块元素 */
            }
            .footer{
                width: 180px;                /* 设置底部 div 宽度 */
                height: 450px;               /* 设置 div 高度为 450 px*/
                background-color: #0060d0;
                color: white;
                display: inline-block;       /* 将 div 转换为行内块元素 */
            }
        </style>
    </head>
    <body>
        <div class="header">头部</div>
        <div class="center">中间部分</div>
        <div class="footer">底部</div>
    </body>
</html>
```

在上述示例中，给三个 div 设置了相同的高度，并分别设置了相应的宽度，效果如图 7-14 所示。

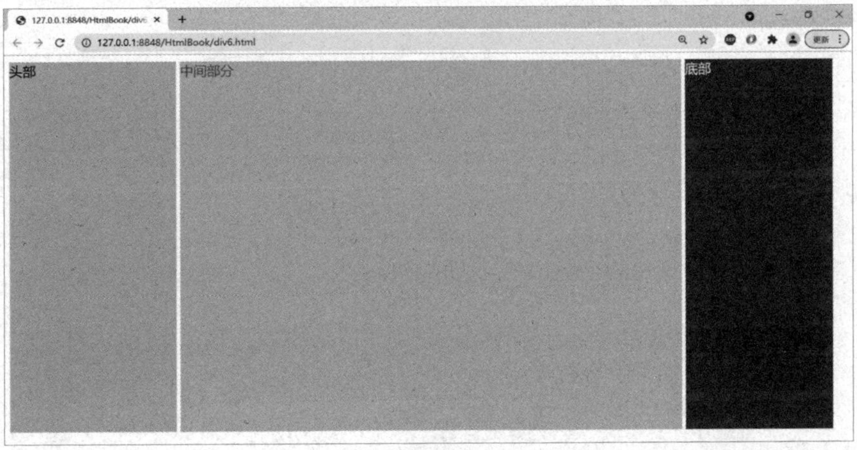

图 7-14　修改后的 div 并列结构

从上述示例可以看出，想要设置并列的 div 结构，可以通过将块级元素转换为行内块级元素（display: inline-block）实现，还可以使用 CSS 浮动属性或者定位实现（后文将详细介绍），并且还可以通过对 div 设置相应的 CSS 样式使得整个页面效果变得更加美观。

2. 并列与嵌套 DIV 结构

在大多数情况下，网页不可能只有三个模块，一般来说中间部分通常又被划分为左右两栏，通过这样的划分，可以使整个内容区域更加丰富，让网页看起来更加活跃，这就涉及 div 的嵌套，图 7-15 所示为某博客首页的一个网页布局页面结构。

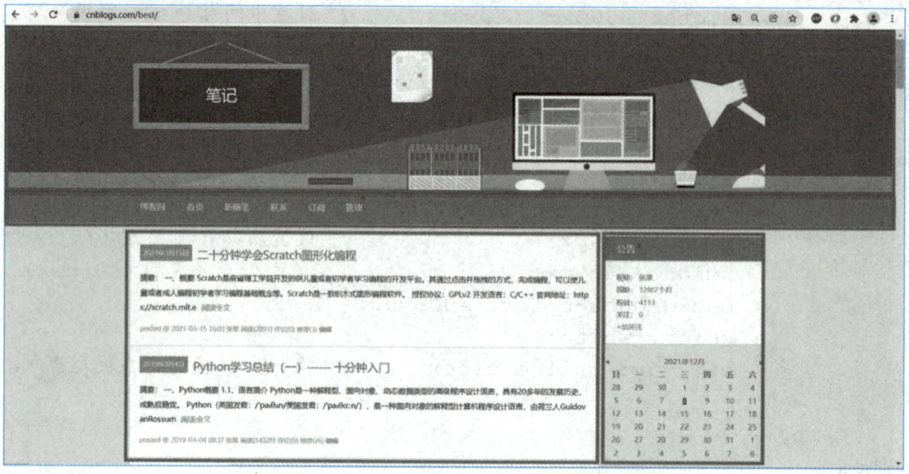

图 7-15　网页 div 嵌套效果

在示例 7-8 的基础上稍作修改，在 center 中，为了内容的需要，又使用了一个左右分栏的布局，这两个 div 本身是并列关系，而它们都处于 center 之中，因此它们与 center 形成了一种嵌套关系，如示例 7-9 所示。

示例 7- 9

```
/*div7.html*/
<!DOCTYPE html>
<html>
    <head>
        <meta charset="utf-8">
        <title></title>
        <style type="text/css">
            .header{
                height: 100px;
                background-color: lightgray;
            }
            .center{
                height: 300px;
                background-color: #ffcf00;
                border: 2px solid red;          /* 设置中间部分 div 边框 */
            }
            .left{
```

```
17                  background-color: antiquewhite;        /* 设置中间左栏 div 背景 */
18                  color: gray;
19              }
20              .right{
21                  background-color: #008000;             /* 设置中间右栏 div 背景 */
22                  color: white;
23              }
24              .footer{
25                  height: 50px;
26                  background-color: #0060d0;
27                  color: white;
28              }
29          </style>
30      </head>
31      <body>
32          <div class="header">头部</div>
33          <div class="center">
34              <div class="left">左栏</div>        <!-- 将中间部分替换成左右两栏 -->
35              <div class="right">右栏</div>
36          </div>
37          <div class="footer">底部</div>
38      </body>
39  </html>
```

在上述示例中，在第 33~36 行中嵌套了左右两栏 div，通过 CSS 设置了中间部分的边框样式，用来区分头部和底部，左右两栏仅设置背景颜色，效果如图 7-16 所示。

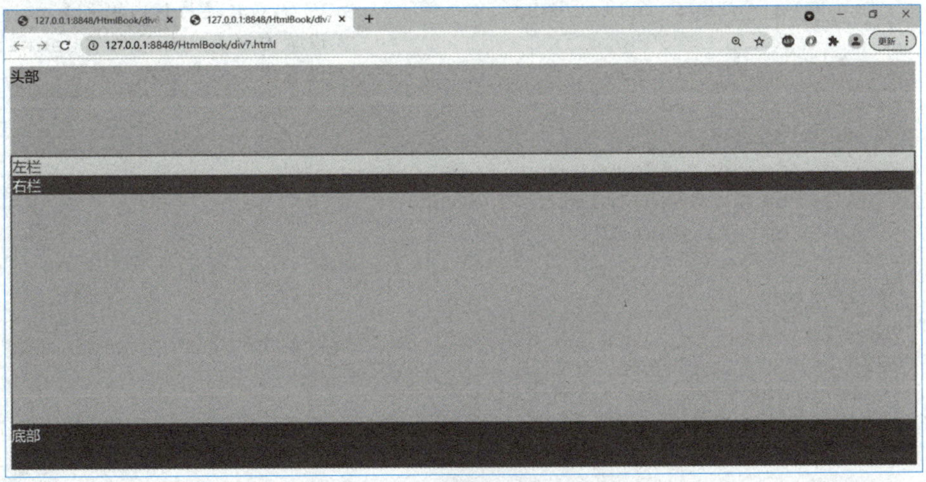

图 7-16　div 嵌套结构

从图 7-16 中可以看出，中间部分被分成了左栏和右栏两部分，但是这与常规的页面布局还有差别，需要将左右两栏并列排版，要想实现这一效果，需要在 center 区域的 <div> 中嵌套两对 <div>…</div>，然后再对两个 div 分别进行 CSS 样式设置。给相应的 div 添加部分 CSS 属性，如示例 7-10 所示。

示例 7-10

```
/*div8.html*/
<!DOCTYPE html>
<html>
    <head>
        <meta charset="utf-8">
        <title></title>
        <style type="text/css">
            .header{
                height: 100px;
                background-color: lightgray;
            }
            .center{
                height: 300px;
                border: 2px solid red;
            }
            .left{
                background-color: antiquewhite;
                color: gray;
                display: inline-block;          /* 将 div 转换为行内块元素 */
                height: 300px;                  /* 设置左栏高度与父元素 center 等高 */
                width: 190px;                   /* 设置中间左栏宽度 */
            }
            .right{
                background-color: #ffcf00;
                color: gray;
                display: inline-block;          /* 将 div 转换为行内块元素 */
                height: 300px;                  /* 设置右栏高度与父元素 center 等高 */
                width: 795px;                   /* 设置中间右栏宽度 */
            }
            .footer{
                height: 50px;
                background-color: #0060d0;
                color: white;
            }
        </style>
    </head>
    <body>
        <div class="header">头部</div>
        <div class="center">
            <div class="left">左栏</div>
            <div class="right">右栏</div>
        </div>
        <div class="footer">底部</div>
    </body>
</html>
```

在上述示例中，通过给左右两栏设置 display: inline-block; 使左右两栏并列，然后设置高度与中间部分等高，再分别进行宽度设置，使左右两栏占据整个屏幕，符合简单的网页布局结构，效果如图 7-17 所示。

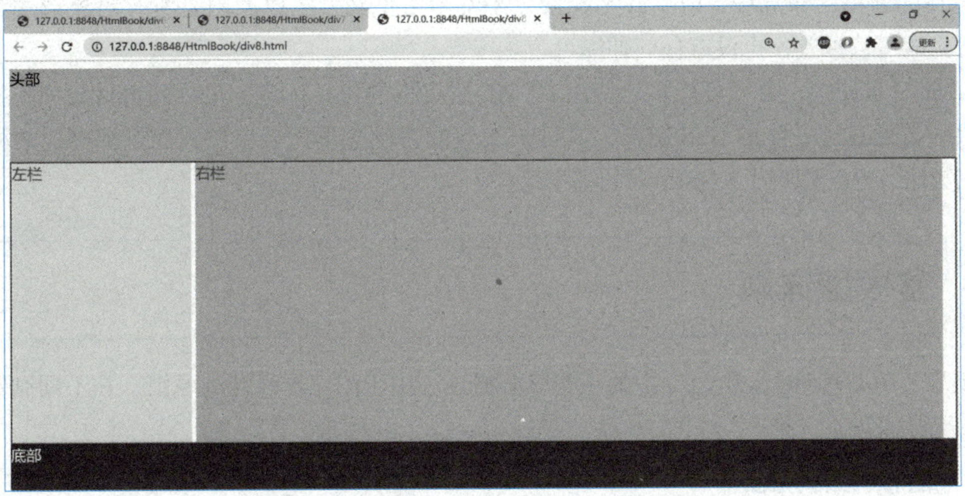

图 7-17　div 并列与嵌套结构

从图 7-17 中可以看出，通过对 div 标签设置相应的 CSS 样式实现了简单的页面效果。

在适当情况下，应当尽可能少地使用嵌套，以保证浏览器不用过分消耗资源而对嵌套关系进行解析，简单的嵌套结构更有利于对版式的理解与控制。

7.2.5　使用适合的对象来布局网页

在实际网页布局中，为了实现更多更复杂的页面排版，还可能会出现多个 div 并列或者多级嵌套的情况，就需要用户在合适的地方使用合乎元素意义的标签和 CSS 进行网页布局。

试想，如果在 header 区域中，除了标题，还有其他对象出现，如导航菜单等，因此从布局关系上来看，需要利用两个对象分别标识 header 中的这两个元素。当然，可使用 div 完成，例如以下代码结构：

```
<div id="header">
    <div id="title">标题区</div>
    <div id="nav">导航</div>
</div>
```

可以这样编写代码，而且从语法上来看完全正确，符合布局的规范，但是从网页结构与优化上来看，这种做法是不科学的。

HTML 的所有标签之中，不仅仅由 div 组成，还有其他标签，而每个标签都有自己的作用，虽然可以完全使用 div 构建布局，但组成的页面将是一个全由 div 组成的网页，最终页面可读性不高，全篇的 div 反而成了复杂的没有任何含义的代码。

正确作法是，选用符合需求的其他 HTML 标签，合理地替代 div，改进后的代码如下：

```
<div id="header">
    <h1>标题区</h1>
    <ul>导航</ul>
</div>
```

Web 标准推荐使用尽可能符合页面中元素意义的标签来标识元素。

在以往的表格式布局中，h1、ul 等元素几乎都不常见到，主要原因是所有对象形式都被表格所替代，页面可读性差，也没有任何伸缩可言。

而在 CSS 布局中，要尽可能多地使用 HTML 所支持的各种标签，最终网页对象都将拥有良好的可读性。再通过进一步的 CSS 定义，其样式表现能力丝毫不比表格差，而且拥有比表格更多的样式控制方法，这正体现了 CSS 布局的基本优势。

7.3 盒模型详解

盒模型（Box Model）是 CSS 中的一个核心概念。由于浏览器设计的原因，在不同浏览器下，盒模型的实际表现不一样。

7.3.1 盒模型的概念

盒模型就是指 CSS 布局中的每一个元素，在浏览器的解释中，都被当作一个盒子。

当浏览器对一个 HTML 文档进行布局时，会把每个元素都渲染成一个矩形的盒子，盒模型就是对这些元素的形状进行一个抽象。

盒模型的组成部分包含四个要素：content（内容区域）、padding（内边距）、border（边框区域）、margin（外边距区域），如图 7-18 所示。

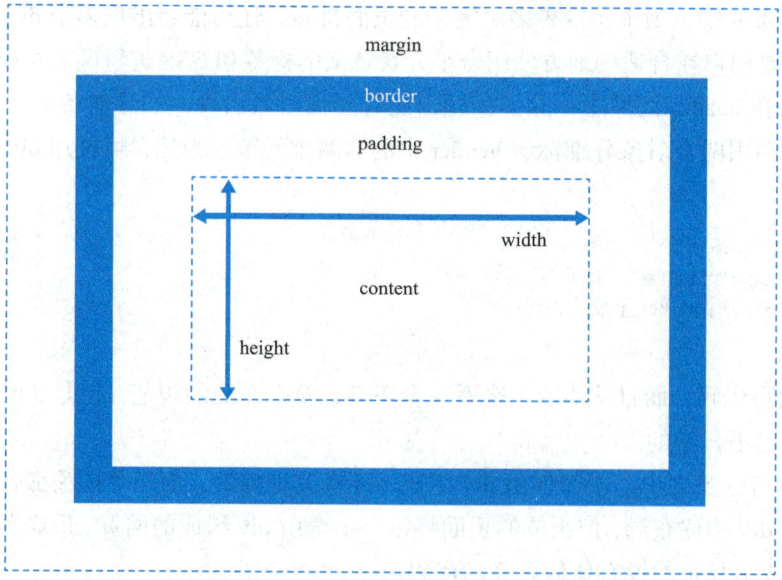

图 7-18　组成盒模型的四个要素

在编写一个 HTML 页面时，其实就相当于在这个页面中叠盒子。所谓一切皆盒子，div、span、li、a、p 等标签都可以看作盒子，放置自己的内容（content）。但是，图片、表单元素一律看作文本，它们并不是盒子，因为它们并不能放置其他东西，它自己就是自己的内容。

浏览器通过这些盒子的大小和浮动方式来判断下一个盒子是贴近显示，还是下一行显示，还是其他方式显示。任何一个 CSS 布局的网页，都是由许多不同大小的盒子构成的。网页布局中的盒模型示意图如图 7-19 所示。

图 7-19　网页布局中盒模型示意图

7.3.2　盒模型的细节

理解了盒模型的宽度和高度，就能理解它们在网页布局中所占据的位置。

在 CSS 盒模型设计中，它的宽度和高度不仅仅由 width 或 height 提供，而是由一组属性值组合而成。除了宽度或高度值外，对于盒模型对象而言，CSS 还提供了内边距（padding）、外边距（margin）、边框（border）三个属性，用于控制一个对象的显示细节。

总的来说，一个盒子中主要的属性就 5 个，即 width、height、padding、border、margin。

视　频

盒模型的细节

（1）width 和 height：内容的宽度、高度（不是盒子的宽度、高度）。

（2）padding：内边距。

（3）border：边框。

（4）margin：外边距。

要想明确盒模型在网页布局中所占据的位置，就必须理解盒模型的计算方式，一般来说，默认的盒模型实际占用空间计算模式为：

- 水平空间大小 = margin（左右）+ border（左右）+ padding（左右）+ width
- 垂直空间大小 = margin（上下）+ border（上下）+ padding（上下）+ height

例如，图 7-20 所示元素的实际宽度为：10 px+1 px+20 px+200 px+20 px+1 px+10 px=262 px。

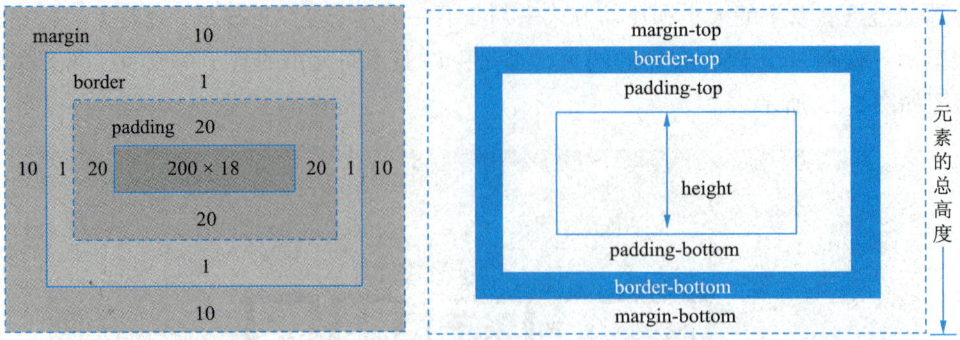

图 7-20　盒模型宽度计算

而在浏览器的渲染中，关于盒模型有两种，一种是 W3C 标准盒模型（默认），一种是 IE 盒模型。它们之间的主要区别在于 width 属性和 height 属性所包含的大小。

W3C 标准盒子模型如图 7-21 所示。

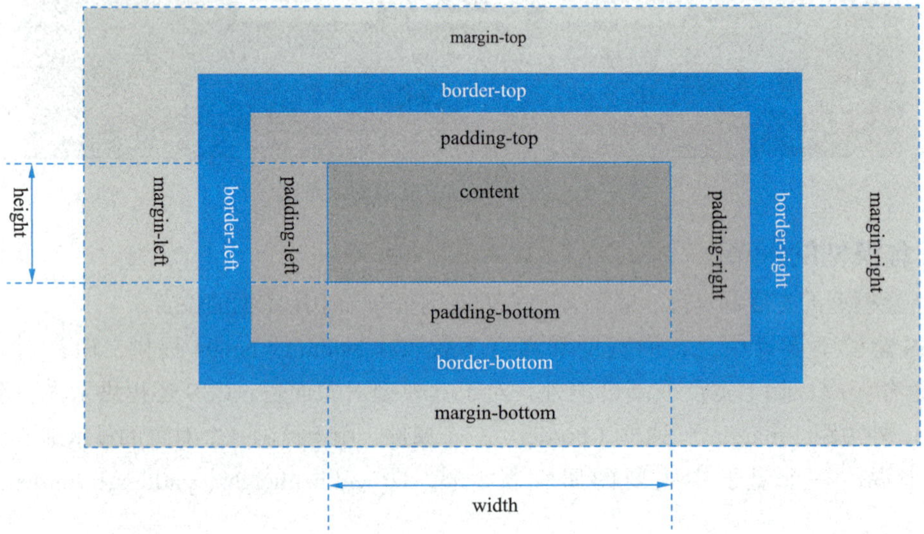

图 7-21　W3C 标准盒子模型

从图 7-21 可以看到，W3C 标准盒模型的范围包括 margin、border、padding、content，并且 content 部分不包含其他部分。

IE 盒子模型如图 7-22 所示。

从图 7-22 中可以看到，IE 盒子模型的范围包括 margin、border、padding、content，和 W3C 标准盒模型不同的是，IE 盒子模型的 content 部分包含了 border 和 padding。

综上所述，在 W3C 标准盒子模型中，width 和 height 指的是内容区域的宽度和高度。增加内边距、边框和外边距不会影响内容区域的尺寸，但是会增加元素框的总尺寸。

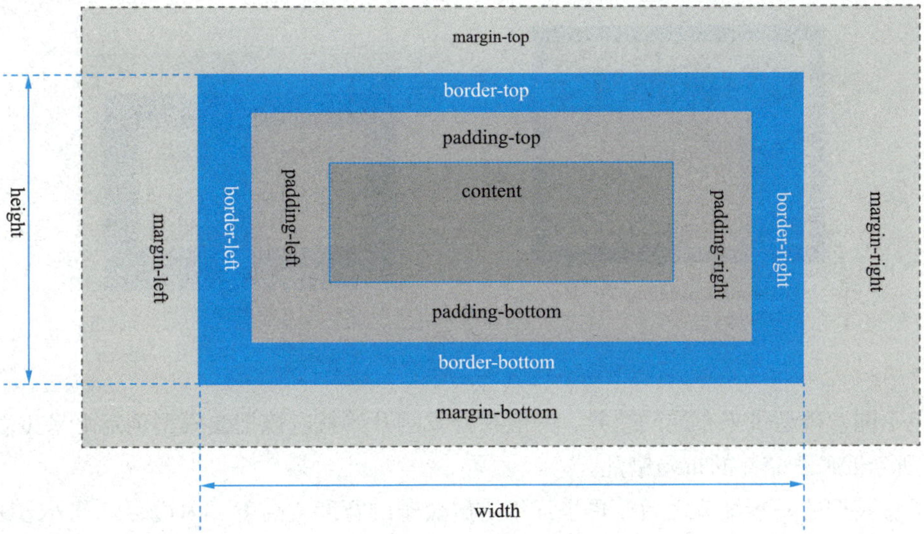

图 7-22　IE 盒子模型

IE 盒子模型中，width 和 height 指的是内容区域 +border+padding 的宽度和高度。

下面通过一个简单的示例展示二者的区别，部分代码如下：

```
<style>
.test {
    width: 200px;
    height: 160px;
    background: #B0F9FF;
    border: solid 10px #2196F3;
    padding: 20px;
}
</style>
<div class="test">这是 W3C 标准盒模型 </div>
```

在除 IE 之外的任意浏览器中运行代码，效果如图 7-23 所示。

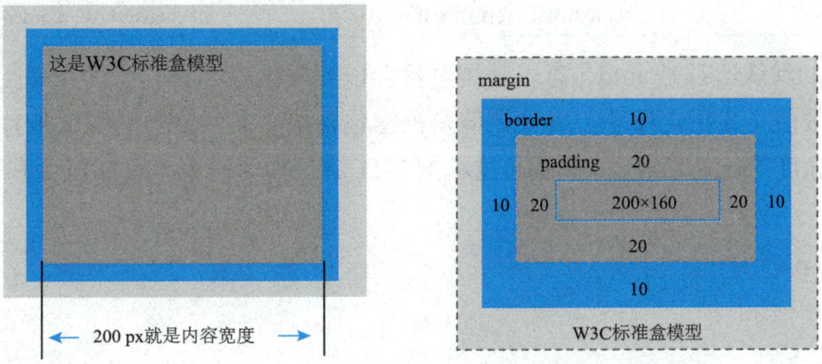

图 7-23　W3C 标准盒模型效果

在 IE 浏览器中运行，效果如图 7-24 所示。

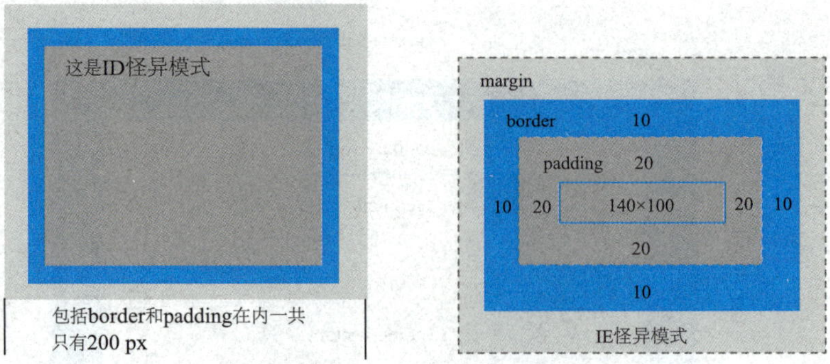

图 7-24　IE 盒子模型效果

为避免不同盒模型带来布局的差异，一般在开发刚开始就应该把盒模型确定下来（后文将详细介绍），否则会带来致命性的布局错乱。

了解了盒模型的一些细节之后，再来详细讲解盒子的宽度、高度、内边距以及外边距。

7.3.3　盒模型的宽、高、边框、内边距、外边距定义

1. 元素的宽度 width 和高度 height

当指定一个 CSS 元素的宽度和高度属性时，实际只是设置内容区域的宽度和高度。浏览器会基于页面上内容的流设置元素的尺寸。在 CSS 中元素尺寸属性包括 width(宽度)、height(高度)等，见表 7-1。

视　频

宽、高、内边距、外边距定义

表 7-1　CSS 宽度和高度属性

属　性	说　明	值
width	设置元素宽度	auto、长度值或百分比
height	设置元素高度	
min-width	为元素设置最小可接受宽度和高度	auto、长度值或百分比
min-height		
max-width	为元素设置最大可接受宽度和高度	auto、长度值或百分比
max-height		
box-sizing	设置使用哪种盒模型解析	content-box、border-box

前三个属性的默认值都是 auto，意思是浏览器会以元素内容本身的宽度和高度显示。也可以使用长度值和百分数值显式指定尺寸。百分数值是根据包含块（父元素）的宽度来计算的（元素的高度也是根据这个宽度等比例缩放）。下面通过示例 7-11 演示如何设置元素的宽度和高度。

示例 7-11

```
/*box1.html*/
<!DOCTYPE html>
<html>
    <head>
        <meta charset="utf-8">
        <title></title>
        <style type="text/css">
          .box{
```

```
            width: 75%;
            height: 200px;
            border: 1px solid black;
        }
        .first{
            background-color: #ffcf00;
            color: gray;
            height: 50%;
            width: 50%;
        }
        .second{
            background-color: #0060d0;
            color: white;
            height: 50%;
            width: 100px;
        }
    </style>
</head>
<body>
    <div class="box">
        <div class="first">第一个盒子</div>
        <div class="second">第二个盒子</div>
    </div>
</body>
</html>
```

上述示例代码中有三个盒子，最外层的 div（类名为 box）元素中嵌套了两个 div（first 和 second）。

box 是 body 元素的子元素。当将 box 的宽度表示为 75% 时，意思是告诉浏览器将最外层 div 的宽度设置为包含块（此处是 body 内容盒）宽度的 75%，而不论其具体值是多少。如果用户调整了浏览器窗口，body 元素也会相应被调整，以确保外层 div 的宽度总是 body 内容盒宽度的 75%。

而 first 和 second 的高度表示为 50% 时，意思是告诉浏览器将 first 和 second 的高度设置为其包含块(这里是最外层 div)宽度的一半。不论用户如何调整窗口，first 和 second 的高度也会随之调整，始终为外层 div 的一半。

同理，first 的宽度为 50%。

而 second 的宽度设置为 100 px，则表示不论用户如何调整窗口，second 的宽度值不会改变，始终为 100 px。

浏览器中这些元素的显示效果如图 7-25 所示。

还可以使用最小和最大相关属性为浏览器调整元素尺寸设置一定的限制。这让浏览器对于如何应用尺寸调整属性有了一定的自主权。

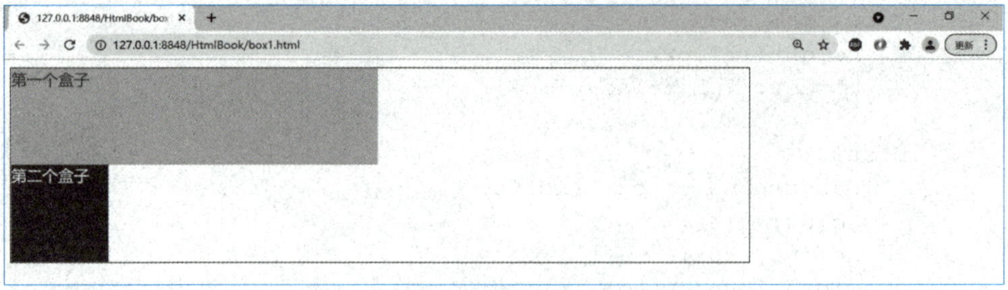

图 7-25　CSS 设置元素宽度和高度

2.　盒子边框 border

box-sizing 属性用于控制元素宽度和高度的计算方式（采用哪种盒模型解析），盒模型的五大属性，除了 width 和 height 以外，padding、border 和 margin 属性都是由四边组成的，每边都可以设置自己的单独值，还可以简写。

盒模型的四边方向分别为上、下、左、右，而 CSS 中分别用 top、bottom、left、right 表示，如图 7-26 所示。

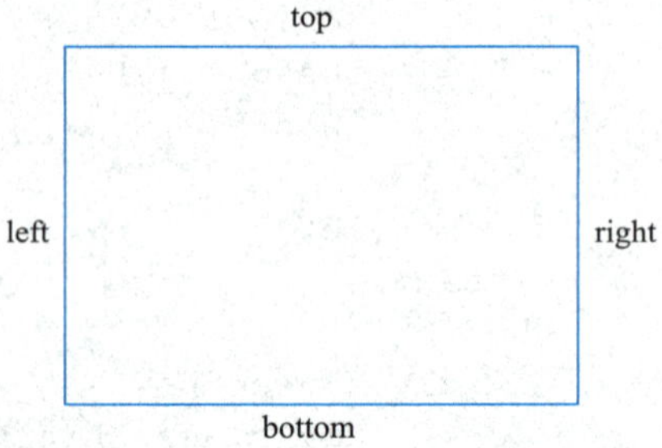

图 7-26　盒模型的四边

边框主要有三个属性：宽度（border-width）、样式（border-style）、颜色（border-color）。前面内容中已经学习了如何设置边框的三个属性，这里不再赘述。

在 CSS 盒子模型中，还可以为各个边框设置不同的样式，见表 7-2。

表 7-2　为 4 个边框设置不同样式

边　框	代　码	属　性
上边框	border-top	border-top-style：样式取值； border-top-width：宽度值； border-top-color：颜色值
下边框	border-bottom	border-bottom-style：样式取值； border-bottom-width：宽度值； border-bottom-color：颜色值
左边框	border-left	border-left-style：样式取值； border-left-width：宽度值； border-left-color：颜色值
右边框	border-right	border-right-style：样式取值； border-right-width：宽度值； border-right-color：颜色值

同时，为了避免页面代码过于冗余，也可以综合设置 4 条边的样式，以 border-style 属性为例，具体格式如下：

```
border-style：上边框样式 右边框样式 下边框样式 左边框样式；
/* 上 -> 右 -> 下 -> 左 */
border-style：上边框样式 左右边框样式 下边框样式；
```

```
/* 上 -> 左右 -> 下 */
border-style: 上下边框样式 左右边框样式 ;
/* 上下 -> 左右 */
border-style: 上下左右边框样式 ;
/* 上下左右属性相同 */
```

通过上面的代码格式可以看出,在设置边框样式时,属性值可以是 1~4 个。当有 4 个属性值时，边框样式会按照上右下左的顺序顺时针排列；设置 3 个属性值时，分别为上、左右、下；设置 2 个属性值时，为上下和左右；只有 1 个属性值时，则 4 条边为同一样式。

还可以将边框的三个不同属性写在一起，格式如下：

```
border :  border-width  border-style  border-color
```

了解了边框的相关属性之后，下面通过示例 7-12 演示一下几种不同写法的格式和效果。

示例 7-12

```
/*border1.html*/
<!DOCTYPE html>
<html>
   <head>
      <meta charset="utf-8">
      <title></title>
      <style type="text/css">
         .one{
            border-left-width: 10px;      /* 样式分开写 */
            border-left-style: solid;
            border-left-color: red;
         }
         .two{
            border-top: 10px solid red;   /* 一条边不同属性样式写在一起 */
         }
         .three{
            border-width: 5px 10px 15px 20px; /* 同一属性样式写在一起，上右下左 */
            border-style: dashed solid;   /* 同一属性样式写在一起，上下、左右 */
            border-color: paleturquoise;
            height: 50px;
         }
         .four{
            border: 5px solid green;      /* 不同属性样式写在一起 */
         }
      </style>
   </head>
   <body>
      <p class = "one">样式分开写 </p>
      <p class = "two">一条边三种属性写在一个属性中 </p>
      <p class = "three">上下左右写在同一属性中 </p>
      <p class = "four">三种属性写在一个属性中 </p>
   </body>
</html>
```

在示例 7-12 中，定义了 4 个段落标签 p，类名为“one”的文本使用单边框属性分别设置样式；类名为“two”的文本使用单边框属性将三种属性写在一起，避免了代码冗余；类名为“three”的文本使用综合属性分别设置不同的边框样式；类名为“four”的文本使用综合属性统一设置四条边的边框样式。上述代码在浏览器中的运行效果如图 7-27 所示。

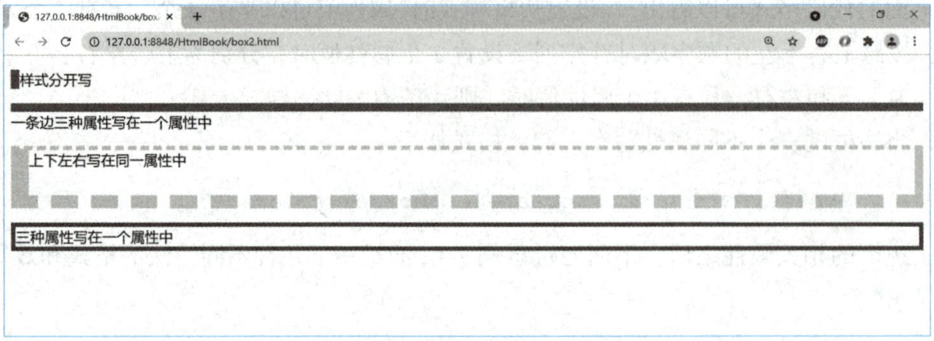

图 7-27　CSS 边框属性设置

3. 盒子内边距（填充）padding

应用内边距会在元素内容和边框之间添加空白。可以为盒子的每个边界单独设置内边距，或者使用 padding 简写属性在一条声明中设置所有值（与 border 格式一致），见表 7-3。

表 7-3　内边距属性

属　性	说　明	值
padding-top	为上边设置内边距	长度值或百分数
padding-right	为右边设置内边距	长度值或百分数
padding-bottom	为下边设置内边距	长度值或百分数
padding-left	为左边设置内边距	长度值或百分数
padding	综合属性，在一条声明中设置所有边的内边距	1~4 个长度值或百分数

接下来通过示例 7-13 演示综合属性 padding 的用法。

示例 7-13

```
/*padding1.html*/
<!DOCTYPE html>
<html>
    <head>
        <meta charset="utf-8">
        <title></title>
        <style type="text/css">
            div{
                width: 100px;
                height: 50px;
                padding: 50px 30px;       /* 上下内边距 50px，左右 30px*/
                border: 10px solid red;
                background-color: papayawhip;
            }
        </style>
```

```
    </head>
    <body>
        <div>
            为四条边设置内边距
        </div>
    </body>
</html>
```

在浏览器中的运行效果如图 7-28 所示。

图 7-28 统一设置 padding

可以看出，padding 的区域有背景颜色，CSS2.1 前提下，并且背景颜色与内容区域的颜色相同。也就是说，background-color 将填充所有 border 以内的区域。

接下来通过示例 7-14 演示如何让内容部分显示背景颜色。

示例 7-14

```
/*padding2.html*/
<!DOCTYPE html>
<html>
    <head>
        <meta charset="utf-8">
        <title></title>
        <style type="text/css">
            div{                                    /* 标签选择器 */
                border:10px double black;           /* 黑色双线，宽度为 10px 的边框 */
                background-color: pink;
                background-clip: content-box;/* 设置背景颜色绘制区域为内容区 */
                width: 380px;
                padding-top: 0.5em;                 /* 上内边距为 0.5em，1em=24px*/
                padding-bottom: 0.3em;
                padding-left: 0.8em;
                padding-right: 0.6em;
            }
        </style>
    </head>
    <body>
        <div>
            为四条边分别设置内边距，并只让内容部分显示背景颜色。
        </div>
    </body>
</html>
```

在上述代码中，为盒子的每条边应用了不同的内边距，从图 7-29 可以看出效果。此外，由于设置了 background-clip 属性，因此内边距区域不会显示背景颜色，这样可以突出内边距的效果。

图 7-29　突出显示内边距

也可以使用 padding 简写属性在一条声明中为四条边设置内边距。可以为这个属性指定 1~4 个值。如果指定 4 个值，那么它们分别代表上边、右边、下边和左边的内边距。如果只给一个值，则四条边的内边距都是该值。

示例 7-15 展示了如何使用 padding 简写属性。该示例中还添加了圆角边框，展示了如何使用 padding 确保边框不会在元素内容之上。

示例 7-15

```
/*padding3.html*/
<!DOCTYPE html>
<html>
    <head>
        <meta charset="utf-8">
        <title></title>
        <style type="text/css">
            div{
                border:10px solid red;
                background: ivory;
                width: 380px;
                border-radius:1em 4em 1em 4em;   /* 边框圆角显示，格式同 padding*/
                padding: 5px 25px 5px 40px;
            }
        </style>
    </head>
    <body>
        <div>
         如果不设置内边距，边框就会绘制在文本上。设置内边距就能确保内容和边框之间留出足够的
空间，不会出现这种情况。
        </div>
    </body>
</html>
```

运行效果如图 7-30 所示，展示了浏览器如何显示代码中指定的圆角边框和内边距。

如果不设置内边距，边框就会绘制在文本上。设置内边距就能确保内容和边框之间留出足够的空间，不会出现这种情况。

图 7-30　padding 简写属性设置四条内边距

4. 盒子外边距 margin

外边距是元素边框和页面上围绕在它周围的所有东西之间的空白区域。围绕在它周围的东西包括其他元素和它的父元素。

margin 属性用于设置外边距。设置外边距会在元素之间创建“空白”，这段空白通常不能放置其他内容。外边距的属性见表 7-4。

表 7-4　外边距的属性

属　性	说　明	值
margin-top	为顶边设置外边距	长度值或百分数
margin-bottom	为底边设置外边距	长度值或百分数
margin-left	为左边设置外边距	长度值或百分数
margin-right	为右边设置外边距	长度值或百分数
margin	简写属性，在一条声明中设置所有外边距	1~4 个长度值或百分数

与内边距属性相似，即使是为顶边和底边应用外边距，百分数值与包含块（父元素）的宽度相关。示例 7-16 展示了如何为元素添加外边距。

示例 7-16

```
/*margin1.html*/
<!DOCTYPE html>
<html>
   <head>
      <meta charset="utf-8">
      <title></title>
      <style type="text/css">
      img{
        border: 4px solid palegreen;
        width: 150px;
      }
      .second img {
        margin: 4px 20px;
      }
      </style>
   </head>
   <body>
      <div class="first">
          <img src="img/flower.gif">
          <img src="img/flower.gif">
      </div>
      <div class="second">
```

```
            <img src="img/flower.gif">
            <img src="img/flower.gif">
        </div>
    </body>
</html>
```

在上述代码中，添加了两对 div，类名分别为 first 和 second，在这两对 div 中嵌套了两个 img。second 中的两个 img 元素，为其顶边和底边应用了 4 像素的外边距，为左边和右边应用了 20 像素的外边距。

可以从图 7-31 所示的效果中看到外边距围绕元素制造的空白区域，其中 first 中的两个 img 元素作为参照物没有设置外边距，下面的两个 img 元素分别显示的是设置外边距后的效果。

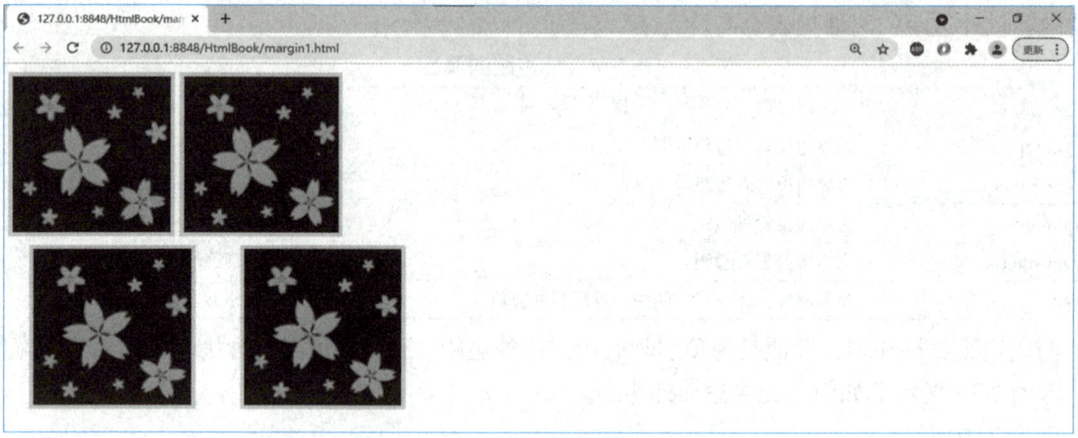

图 7-31　设置 margin 效果

在某些情况下即使设置了某个外边距属性的值，外边距也不显示。例如，为 display 属性的值设置为 inline 的元素应用外边距时，该元素就变成了行内元素，其顶边和底边的外边距不会显示。

由于元素在浏览器中默认是从左到右、从上到下依次渲染的，结合盒子模型中的几个要素，还可以实现盒子水平居中。这需要满足如下两个条件：

- 必须是块级元素。
- 盒子必须指定了宽度（因为块级元素宽度大小默认为浏览器宽度）。

然后将左右外边距都设置为 auto（自动），即可使块级元素水平居中，如示例 7-17 所示。

示例 7-17

```
/*margin2.html*/
<!DOCTYPE html>
<html>
    <head>
        <meta charset="utf-8">
        <title></title>
        <style type="text/css">
            div{
                border: 3px solid red;
            }
```

```
        .one{
            width: 300px;
            height: 100px;
            background-color: pink;
            margin: 0 auto;
            /* 通俗写法 0 auto，上下是 0、左右是 auto 自动，水平居中对齐 */
            /* margin-left: auto;
            margin-right: auto; 自动充满 */
            /* margin: auto; 上下左右都是 auto*/
        }
        .two{
            margin-top: 10px;
        }
    </style>
</head>
<body>
    <div class="one">
        盒子水平居中
    </div>
    <div class="two">
        盒子默认显示
    </div>
</body>
</html>
```

在示例 7-17 中，声明了两个 div，类名分别为 one 和 two，第二个 div 作为参照。在浏览器中的运行效果如图 7-32 所示。

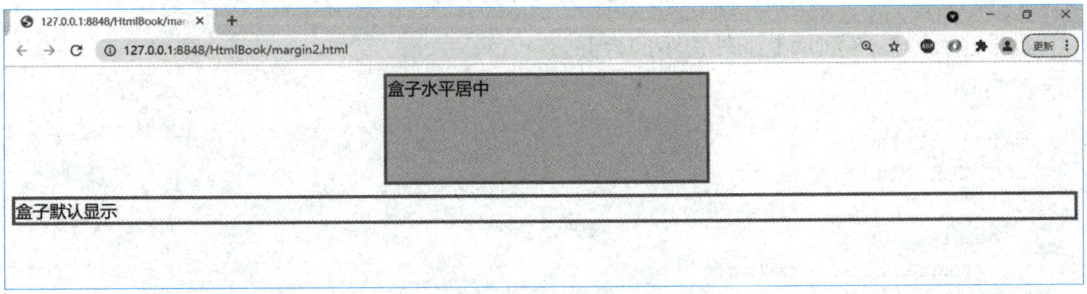

图 7-32　盒子水平居中

当对 div 盒子设置 margin: 0 auto; 时，盒子会自动居中。使用 margin: 0 auto; 时要注意：

- 使用 margin: 0 auto; 时，水平居中盒子必须有 width，要有明确的宽度值。
- 只有标准流下的盒子才能使用 margin:0 auto; 当一个盒子浮动、固定定位或绝对定位（后文将详细介绍）时，将没有效果。
- margin：0 auto; 居中的是盒子，而不是居中文本，上面如果需要文字水平居中则需使用 text-align: center;。

7.3.4 上下 margin 叠加问题

理论上对象(元素)之间的间距是由两个对象的盒模型的最终计算值得出的。但也有特殊情况，就是上下对象的间距问题。

1. 上下外边距合并

当两个对象为上下关系时，而且都具备 margin 属性时，由 margin 所设置的外边距将出现叠加。

当上下相邻的两个块元素相遇时，如果上面的元素有下外边距 margin-bottom，下面的元素有上外边距 margin-top，则它们之间的垂直间距不是 margin-bottom 与 margin-top 之和，而是两者中的较大者。这种现象称为相邻块元素垂直外边距的合并（又称外边距塌陷），如图 7-33 所示。

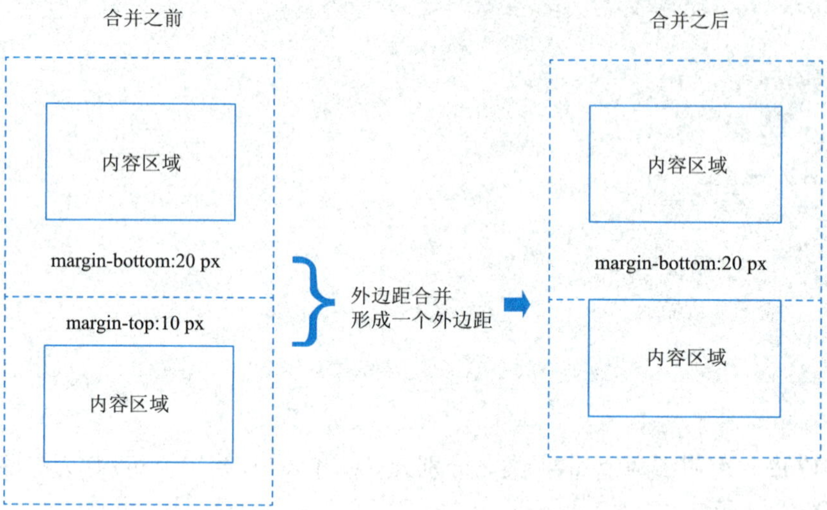

图 7-33 垂直外边距合并

下面通过示例 7-18 演示上下外边距的合并。

示例 7-18

```
/*margin3.html*/
<!DOCTYPE html>
<html>
   <head>
      <meta charset="utf-8">
      <title></title>
      <style type="text/css">
         div{
            width: 300px;
            height: 150px;
            color: white;
         }
         .one{
            background-color: purple;
            margin-bottom: 50px;
         }
         .two{
```

```
                background-color: pink;
                margin-top: 100px;   /* 最终两个盒子的距离以最大的那个为准 :100*/
            }
        </style>
    </head>
    <body>
        <div class="one">底部 margin 为 50 px</div>
        <!-- 按照正常它们的距离为 50 px+100 px = 150 px 但实际为 100 px -->
        <div class="two">顶部 margin 为 100 px</div>
    </body>
</html>
```

在示例 7-18 中，定义了两对 div，类名分别为 one 和 two，其中为 one 对象设置了下外边距 50 px，为 two 对象设置了上外边距 100 px。在浏览器中的运行效果如图 7-34 所示。

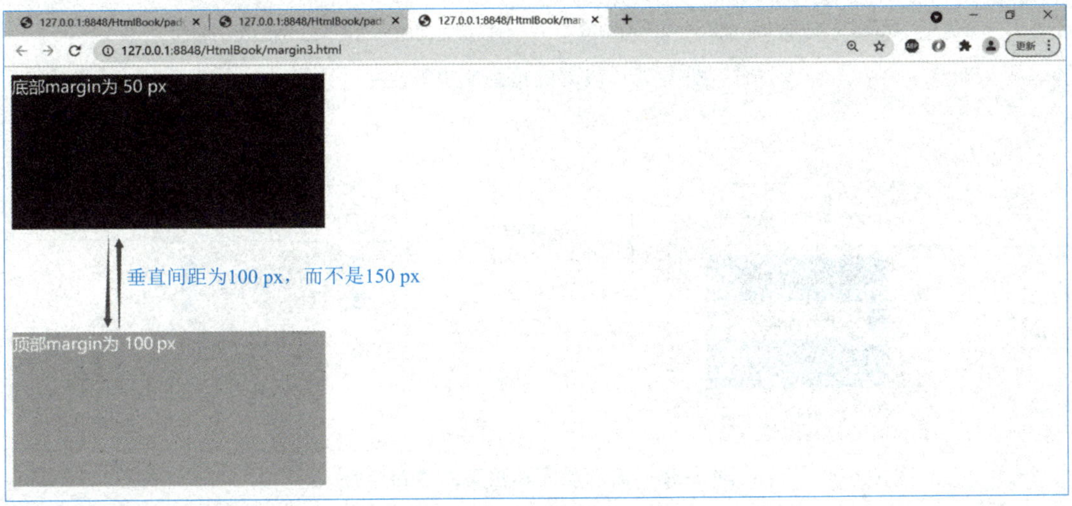

图 7-34　上下块元素外边距合并

通常会误认为，由于 one 对象有下边距 50 px，two 对象有上边距 100 px，所以它们的上下距离应该为 150 px。实际上，它们的上下距离是 100 px。

引发这种问题的原因是由 CSS 设计所造成的。外边距合并看起来可能有点奇怪，但实际上它是有意义的。

比如要对段落进行控制，多个 p 标签形成段落，如果这些 p 标签都具备 margin: 10px; 属性的话，那么它们中第一个段落的顶部外边距是 10 px，而第一个段落与第二个段落之间的 margin 就成了 20 px，由此造成排序距离不一致，所以设计出这种空白边叠加规则，如图 7-35 所示。

2. 嵌套块元素垂直外边距的合并

对于两个嵌套关系的块元素，如果父元素没有上内边距及边框，则父元素的上外边距会与子元素的上外边距发生合并，合并后的外边距为两者中的较大者，即使父元素的上外边距为 0，也会发生合并，如图 7-36 所示。

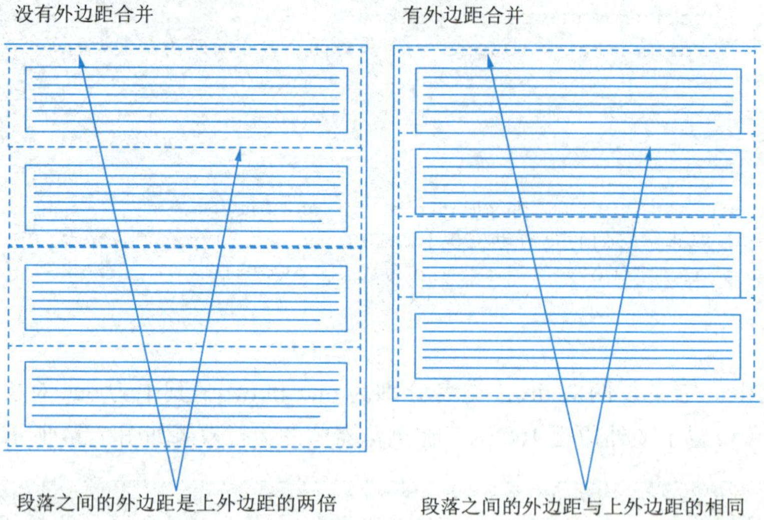

图 7-35　段落的垂直外边距合并

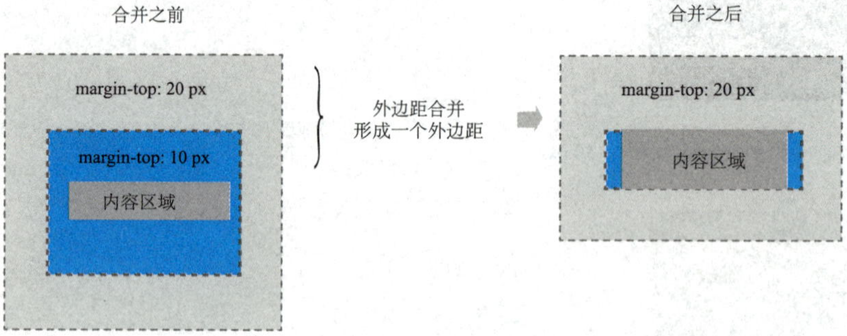

图 7-36　嵌套块元素垂直外边距合并

下面通过示例 7-19 演示嵌套块元素垂直外边距的合并。

示例 7-19

```
/*margin4.html*/
<!DOCTYPE html>
<html>
    <head>
        <meta charset="utf-8">
        <title></title>
        <style type="text/css">
            .father{
                width: 500px;
                height: 300px;
                background-color: pink;
                margin-top: 10px;
                /*border-top: 1px solid pink;          1. 用 border*/
                /*padding-top: 1px;                    2. 用 padding */
                /*overflow: hidden;                    3. 具体意思后面讲 */
            }
```

```
        .son{
            width: 200px;
            height: 200px;
            background-color: purple;
            color: white;
            margin-top: 50px;              /* 这里距 father 顶部距离为 50px;*/
            margin-left: 50px;             /* 这里距 father 左部距离为 50px;*/
        }
    </style>
</head>
<body>
    <div class="father"> <!-- 运行发现只会离左边有 50px，距 top 却为 0 -->
        <div class="son">嵌套块元素的垂直外边距合并</div>
        <!-- 当把上面 3 个注释任意打开一个，距 top 为 50px 才会成功 -->
    </div>
</body>
</html>
```

在上述示例中，定义了两对 div，其中类名为 son 的 div 嵌套在类名为 father 的 div 中，并且 father 没有设置内边距以及边框，father 的上外边距为 10 px，son 的上外边距为 50 px。上述示例在浏览器中的运行效果如图 7-37 所示。

图 7-37　嵌套块元素上边距合并

在嵌套关系中，只有父元素没有上内边距及边框，父元素的上外边距才会与子元素的上外边距发生合并。

总的来说，空白边叠加时，即上下相邻的普通元素，上下边距并非简单地相加，而是取其较大的 margin 值为准。需要注意的是，只有普通文档流中块的垂直外边距才会发生外边距合并。行内元素、浮动或绝对定位之间的外边距不会合并。

7.3.5　左右 margin 加倍问题

1. 行内元素左右 margin 加倍

行内元素不能设置高度，也不占上下外边距。当两个行内元素相邻时，它们之间的距离为第一个元素的 margin-right+ 第二个元素的 margin-left，即左右外边距不会合并，如图 7-38 所示。

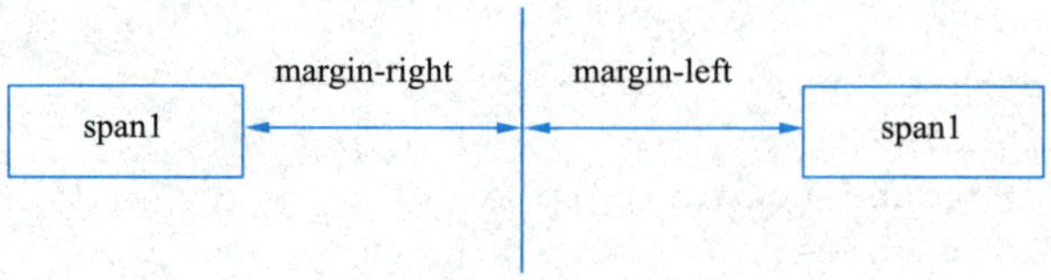

图 7-38　行内元素左右 margin 加倍

2. IE 浏览器显示左右 margin 加倍

当盒模型对象为浮动（后文将详细讲解）状态时，CSS 样式中设置的 margin 值在 IE6 中显示时会加倍，这样有可能导致子层的宽度超过父层，让显示错位。

可以通过设置对象的 display:inline; 来解决。display 属性用于强制对象按一种显示模式进行解析。

下面定义一个外层 <div>，设置其宽度为 400 px，其中包含 2 个浮动 <div>，宽度为 196 px，margin 值为 2 px。这样做的目的是使两个子 <div> 所占据的宽度刚好等于外层 <div> 的宽度，以使它们并列放在外层 <div> 中，如示例 7-20 所示。

示例 7-20

```
/*margin6.html*/
<!DOCTYPE html>
<html>
    <head>
        <meta charset="utf-8">
        <title></title>
        <style type="text/css">
            .box{
                width:400px;
                border:1px #000000 solid;
                height:auto;
                font-size:12px;
                color:#FFFFFF;
            }
            .left{
                width:196px;
                margin:2px;
                height:100px;
                background:#993300;
                float:left;
            }
            .right{
                width:196px;
                margin:2px;
                height:100px;
                background:#CC6666;
                float:left;
            }
            .clear{                                  /* 清除浮动，防止影响后面的元素布局 */
                clear:left;
                height:1px;
```

```
                overflow:hidden;
            }
        </style>
    </head>
    <body>
            <div class="box">
            <div class="left"> 左侧栏目 </div>
            <div class="right"> 右侧栏目 </div>
            <div class="clear"></div><!-- 清除浮动，防止影响后面的元素布局 -->
        </div>
    </body>
</html>
```

在 IE6 中运行上述代码，效果如图 7-39 所示。

图 7-39　在 IE6 浏览器中的运行效果

在谷歌浏览器中运行上述代码，效果如图 7-40 所示。

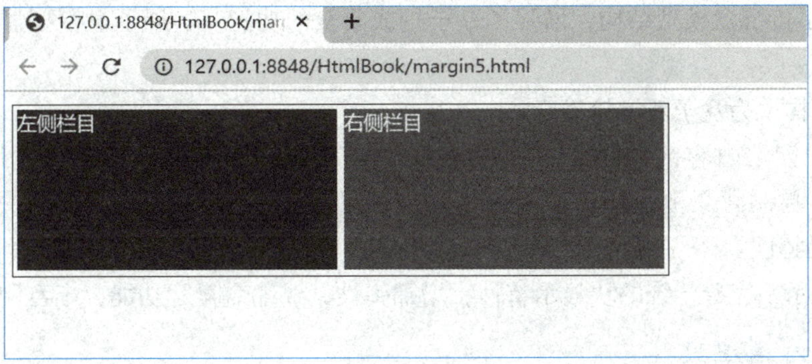

图 7-40　在谷歌浏览器中的运行效果

可以看出，在 IE6 中，左侧栏目和右侧栏目之间的距离 margin 显示时会加倍，使得内层的宽度超过父层，导致了布局的混乱。

对于以上问题，很容易解决：为第一个浮动元素的样式增加属性 display:inline;（行内显示）即可。部分代码如下：

```
.left{
    width:196px;
    margin:2px;
    height:100px;
    background:#993300;
    float:left;
    display: inline;        /* 将块元素显示为行内元素 */
}
```

保存样式后，在 IE6 浏览器中的运行效果如图 7-41 所示。

图 7-41　添加属性后在 IE6 中的运行效果

上述代码的这种显示差异就是浏览器兼容性问题，又称网页或网站兼容性问题，指同一个网页在各种浏览器中的显示效果不一致而产生的浏览器和网页间的兼容问题，最常见的问题就是网页元素位置混乱、错位。

对于网页设计者来说，只有解决好浏览器的兼容问题，才能够让网页在不同浏览器中都正常显示；而对于浏览器软件的开发者来说，浏览器对标准的更好兼容才能够给用户更好的使用体验。

7.4 使用 CSS 完善盒模型

CSS3 改善了传统盒模型结构，增强了盒子构成要素的功能，扩展了盒模型显示的方式。主要有以下几个方面：

（1）改善结构：为盒子新增轮廓区。

（2）增强功能：内容区增强 CSS 自动添加内容功能，增强内容移除、换行处理；允许多重定义背景图，控制背景图显示方式等；增加背景图边框，多重边框，圆角边框等功能；完善 margin:auto; 布局特性。

（3）扩展显示：完善传统的块显示特性，增加弹性，伸缩盒显示功能，丰富网页布局手段。

7.4.1 显示方式定义

在浏览器的渲染中，关于盒模型有两种：

- W3C 标准盒模型（默认）。
- IE 盒模型。

它们之间的主要区别在于 width 属性和 height 属性所包含的大小。

CSS3 新增了一个名叫 box-sizing 的属性，可以通过 box-sizing 指定盒模型，即可指定为 content-box、border-box，这样计算盒子大小的方式就发生了改变。语法格式如下：

```
box-sizing: content-box | border-box | inherit;
```

- content-box，默认值，将采用 W3C 标准盒模型解析，可以使设置的宽度和高度值应用到元素的内容框。盒子的 width 只包含内容。即总宽度 =margin+border+padding+width。
- border-box，将采用 IE 盒模型解析（怪异盒模型）。设置的 width 值其实是除 margin 外的 border+padding+ 内容的总宽度。盒子的 width 包含 border+padding+ 内容。即总宽度 =margin+width。
- inherit，规定应从父元素继承 box-sizing 属性的值。

为了更好地理解 box-sizing 属性，下面看一个具体示例，如示例 7-21 所示。

示例 7-21

```
/*box2.html*/
<!DOCTYPE html>
<html>
    <head>
        <meta charset="utf-8">
        <title></title>
        <style>
            .box{
                width:100px;
                height:100px;
                background:red;
                color: white;
                border:5px solid yellow;
                padding:10px;
            }

            #box1{
                box-sizing:content-box;
            }
            #box2{
                box-sizing:border-box;
            }
        </style>
    </head>
    <body>
        <div id="box1" class="box">W3C 标准盒模型 </div>
        <div id="box2" class="box"> 怪异盒模型 </div>
    </body>
</html>
```

在上述示例中，定义了两对 div，并且都设置了同样的宽度、高度、边框以及内边距，第一个 div 设置 box-sizing:content-box; 以标准盒模型显示，第二个为 border-box; 怪异模式。

示例代码在浏览器中的运行效果如图 7-42 所示。

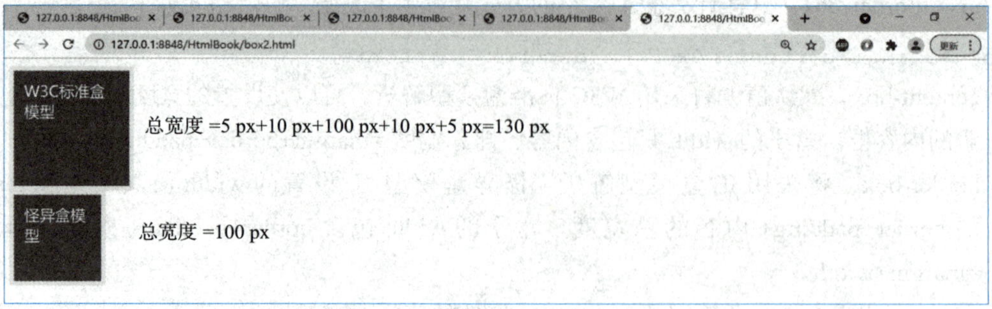

图 7-42　box-sizing 属性效果

7.4.2　溢出处理

CSS 允许改变元素的尺寸，如果尝试改变元素的尺寸，很快就会到达某一点：内容太大，已经无法完全显示在元素的内容盒中。这时的默认处理方式是内容溢出，并继续显示。

示例 7-22 创建了一个固定尺寸的元素，由于尺寸太小，无法完全显示其中的内容。

示例 7-22

```
/*overflow1.html*/
<!DOCTYPE html>
<html>
    <head>
        <meta charset="utf-8">
        <title></title>
        <style type="text/css">
            div{
                width: 200px;
                height: 100px;
                border: medium double black;
            }
        </style>
    </head>
    <body>
        <div>
        CSS 允许改变元素的尺寸，如果尝试改变元素的尺寸，很快就会到达某一个点：内容太大，已经无法完全显示在元素的内容盒中。这时的默认处理方式是内容溢出，并继续显示。
        </div>
    </body>
</html>
```

示例代码中为 div 元素的 width 和 height 属性指定了绝对值，最终在浏览器中的显示效果如图 7-43 所示。

图 7-43　内容溢出

可以使用 overflow 属性改变这种行为，overflow 是 CSS2 中规范的特性，CSS3 在盒模型中新加入 overflow-x 和 overflow-y 特性。表 7-5 列出了具体的 overflow 属性及其说明。

表 7-5　overflow 属性及其说明

属　性	说　明
overflow-x	定义左右边（水平方向）的剪切
overflow-y	定义上下边（垂直方向）的剪切
overflow	简写属性

overflow-x 和 overflow-y 属性分别设置水平方向和垂直方向的溢出方式，overflow 简写属性可在一条声明中声明两个方向的溢出方式。表 7-6 展示了这三个属性可能的取值，列出了 overflow 溢出属性的值及其说明。

表 7-6　overflow 溢出属性的值

值	说　明
visible	默认值，不剪切内容，也不添加滚动条。不管是否溢出，都显示元素内容
auto	浏览器自行处理溢出内容。通常，如果内容被剪掉就显示滚动条，否则不显示
hidden	多余的内容直接剪掉，不显示超出元素尺寸的内容
scroll	为了让用户看到所有内容，浏览器会添加滚动机制。这个值跟具体平台和浏览器相关。当内容超出元素尺寸，overflow-x 显示为横向滚动条，而 overflow-y 显示为纵向滚动条
no-display	当内容超出元素尺寸，则不显示元素。 此时类似添加了 display:none 声明。目前没有浏览器支持
no-content	当内容超出元素尺寸，则不显示内容。 此时类似添加了 visibility :hidden 声明。目前没有浏览器支持

示例 7-23 展示了溢出属性的用法。

示例 7-23

```
/*overflow2.html*/
<!DOCTYPE html>
<html>
    <head>
        <meta charset="utf-8">
        <title></title>
        <style type="text/css">
            p{
                width: 150px;
                height: 100px;
```

```
            border: medium double black;
        }
        .two{
            overflow: hidden;
        }
        .three{
            overflow-y: scroll;
        }
    </style>
</head>
<body>
    <p class="one">
     元素中内容太大，已经无法完全显示在元素的内容盒中。这时的默认处理方式是内容溢出，并
继续显示。
    </p><br />
    <p class="two">
    元素中内容太大，已经无法完全显示在元素的内容盒中。overflow:hidden；多余的内容直接
剪掉，不显示超出元素尺寸的内容。
    </p>
    <p class="three">
     元素中内容太大，已经无法完全显示在元素的内容盒中。overflow-y:scroll；显示垂直方
向的滚动条。
    </p>
</body>
</html>
```

示例代码在浏览器中的运行效果如图 7-44 所示。

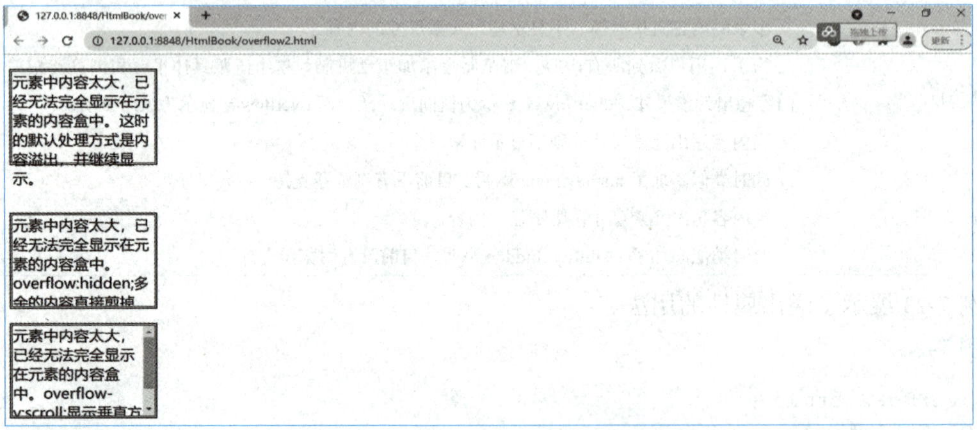

图 7-44　overflow 溢出属性值的用法

7.4.3　轮廓样式定义

轮廓（outline）是绘制于元素周围的一条线，位于边框边缘的外围，可起到突出元素的作用。

轮廓与边框不同。轮廓是在元素边框之外绘制的，并且可能与其他内容重叠。同样，轮廓也不是元素尺寸的一部分，元素的总宽度和高度不受轮廓线宽度的影响，如图 7-45 所示。

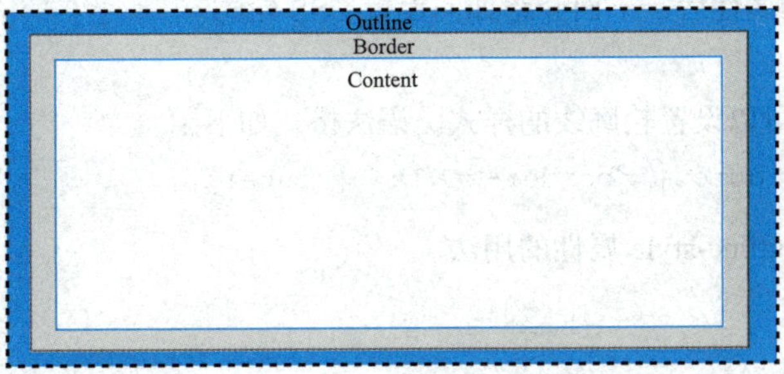

图 7-45　轮廓样式

表 7-7 列举了 CSS 的轮廓属性。

表 7-7　CSS 的轮廓属性

属　性	说　明	值
outline-color	设置轮廓颜色	name - 颜色名，比如 "red" HEX - 十六进制值，如 "#ff0000" RGB - 指定 RGB 值，如 "rgb(255,0,0)" HSL - 指定 HSL 值，如 "hsl(0, 100%, 50%)" invert - 执行颜色反转（逆向的颜色）。可以确保轮廓线在不同的背景颜色中都是可见的 inherit - 默认继承
outline-style	设置轮廓样式	dotted - 点状轮廓 dashed - 虚线轮廓 solid - 实线轮廓 double - 双线轮廓 groove - 3D 凹槽轮廓 ridge - 3D 凸槽轮廓 inset - 3D 凹边轮廓 outset - 3D 凸边轮廓 none - 无轮廓 hidden - 隐藏的轮廓 inherit - 默认继承
outline-width	设置轮廓宽度	thin - 细轮廓，通常为 1 px medium - 中等轮廓（默认值） thick - 粗轮廓 length - 特定尺寸（以 px、pt、cm、em 计） inherit - 默认继承
outline-offset	设置轮廓偏移位置的数值	<length> - 定义轮廓距离容器的值 Inherit - 默认继承
outline	在一个声明中设置所有的轮廓属性	outline-width outline-style（必需） outline-color 属性可指定一个、两个或三个值。值的顺序无关紧要

学习了 CSS 轮廓的属性后，下面介绍如何设置 CSS 轮廓。

1. 轮廓样式

outline-style 属性可以设置轮廓线的样式。语法格式如下：

```
outline-style: auto | <border-style> | inherit;
```

示例 7-24 演示了 outline-style 属性的用法。

示例 7-24

```
/*outline1.html*/
<!DOCTYPE html>
<html>
    <head>
        <meta charset="utf-8">
        <title></title>
        <style type="text/css">
            p {
                border:1px solid red;
            }
            p.dotted {
                outline-style:dotted;
            }
            p.dashed {
                outline-style:dashed;
            }
            p.solid {
                outline-style:solid;
            }
            p.double {
                outline-style:double;
            }
            p.groove {
                outline-style:groove;
            }
            p.ridge {
                outline-style:ridge;
            }
            p.inset {
                outline-style:inset;
            }
            p.outset {
                outline-style:outset;
            }
        </style>
    </head>
    <body>
         <p class="dotted">点线轮廓</p>
         <p class="dashed">虚线轮廓</p>
         <p class="solid">实线轮廓</p>
         <p class="double">双线轮廓</p>
```

```
        <p class="groove"> 凹槽轮廓 </p>
        <p class="ridge"> 凸槽轮廓 </p>
        <p class="inset"> 嵌入轮廓 </p>
        <p class="outset"> 外凸轮廓 </p>
    </body>
</html>
```

在上述代码中，定义了 8 个段落 p，并都设置红色边框，然后再通过 outline-style 属性分别设置了轮廓。示例代码在浏览器中的运行效果如图 7-46 所示。

图 7-46　outline-style 轮廓样式设置

可以看出，在图 7-46 中，每个段落的红色边框外层都包围了不同样式的轮廓。但是轮廓样式不太明显，可以给轮廓添加宽度和颜色，使其更加突出。

在 CSS 轮廓中，除非设置了 outline-style 属性，否则其他轮廓属性都不会有任何作用。

2. 轮廓宽度

outline-width 属性可以设置轮廓线的宽度。语法格式如下：

```
outline-width: thin | medium | thick | <length> | inherit;
```

示例 7-25 演示了 outline-width 属性的用法。

示例 7-25

```
/*outline2.html*/
<!DOCTYPE html>
<html>
    <head>
        <meta charset="utf-8">
        <title></title>
        <style type="text/css">
            p {
                border:1px solid red;
            }
            p.dotted {
                outline-style:dotted;
```

```
                outline-width: thin;
            }
            p.dashed {
                outline-style:dashed;
                outline-width: medium;
            }
            p.solid {
                outline-style:solid;
                outline-width: thick;
            }
            p.double {
                outline-style:double;
                outline-width: 3px;
            }
            p.groove {
                outline-style:groove;
                outline-width: 3px;
            }
            p.ridge {
                outline-style:ridge;
                outline-width: 5px;
            }
            p.inset {
                outline-style:inset;
                outline-width: 5px;
            }
            p.outset {
                outline-style:outset;
                outline-width: 5px;
            }
        </style>
    </head>
    <body>
        <p class="dotted">点线轮廓</p>
        <p class="dashed">虚线轮廓</p>
        <p class="solid">实线轮廓</p>
        <p class="double">双线轮廓</p>
        <p class="groove">凹槽轮廓</p>
        <p class="ridge">凸槽轮廓</p>
        <p class="inset">嵌入轮廓</p>
        <p class="outset">外凸轮廓</p>
    </body>
</html>
```

上述代码在示例 7-24 的基础上，给 8 个段落 p 使用 outline-width 属性分别设置了轮廓线的宽度。示例代码在浏览器中的运行效果如图 7-47 所示。

图 7-47　outline-width 属性设置轮廓宽度

在图 7-47 中，每个段落的红色边框外层都包围了不同样式和宽度的轮廓，能够看出每种轮廓的样式区别，但还是不太美观，用户还可以给轮廓添加颜色，使其视觉效果更好。

3. 轮廓颜色

outline-color 属性可以单独设置轮廓线的颜色。语法格式如下：

```
outline-color: <color> | invert | inherit;
```

<color>：可以是颜色名或者十六进制颜色值。

示例 7-6 演示了 outline-color 属性的用法。

示例 7-26

```
/*outline3.html*/
<!DOCTYPE html>
<html>
    <head>
        <meta charset="utf-8">
        <title></title>
        <style type="text/css">
            p{
                border: 2px solid black;
            }
            p.dotted {
                outline-style:dotted;
                outline-width: 4px;
                outline-color: blue;
            }
            p.solid {
                outline-style:solid;
                outline-width: thick;
                outline-color: red;
            }
            p.outset {
                outline-style:outset;
                outline-width: 5px;
                outline-color: gray;
            }
```

```
            p.invert {
                border: 3px solid yellow;
                outline-style: solid;
                outline-width: 5px;
                outline-color: invert;
            }
        </style>
    </head>
    <body>
        <p class="dotted">蓝色的点状轮廓</p>
        <p class="solid">红色的实线轮廓</p>
        <p class="outset">灰色的外凸轮廓</p>
        <h3>使用 outline-color:invert 执行颜色反转</h3>
        <p class="invert">invert 实线轮廓</p>
    </body>
</html>
```

在示例 7-26 中，定义了 4 个段落 p，并都设置了细边框，然后通过 outline-style、outline-width、outline-color 属性分别设置了轮廓样式、轮廓宽度和轮廓颜色。示例代码在浏览器中的运行效果如图 7-48 所示。

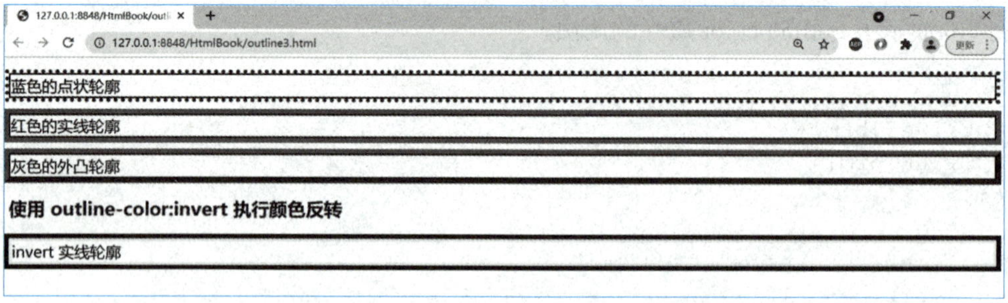

图 7-48　outline-color 属性设置轮廓颜色

可以看出，前三个段落 p 都设置了具体的轮廓颜色，而最后一个段落 p 使用 outline-color:invert; 执行颜色反转，这样可以确保无论颜色背景如何，轮廓都是可见的。

outline-width、outline-style（必需）、outline-color 三种轮廓属性可以使用 outline 简写属性来设置，outline 属性可指定一个、两个或三个值。值的顺序无关紧要。示例 7-27 展示了用简写的 outline 属性指定的一些轮廓。

示例 7-27

```
/*outline4.html*/
<!DOCTYPE html>
<html>
    <head>
        <meta charset="utf-8">
        <title></title>
        <style type="text/css">
            p.ex1 {
```

```
            outline: dashed;
        }
        p.ex2 {
            outline: dotted red;
        }
        p.ex3 {
            outline: 5px solid yellow;
        }
        p.ex4 {
            outline: thick ridge pink;
        }
      </style>
   </head>
   <body>
       <h1>outline 简写属性</h1>
       <p class="ex1">点状轮廓。</p>
       <p class="ex2">红色的点状轮廓。</p>
       <p class="ex3">5 像素的黄色实线轮廓。</p>
       <p class="ex4">粗的粉色凸槽轮廓。</p>
   </body>
</html>
```

示例代码在浏览器中的运行效果如图 7-49 所示。

图 7-49　outline 简写属性设置轮廓

4. 轮廓偏移

outline-offset 属性可以单独设置轮廓线的偏移位置。语法格式如下：

```
outline-offset:<length> | inherit;
```

示例 7-28 演示了 outline-offset 属性的用法。

示例 7-28

```
/*outline5.html*/
<!DOCTYPE html>
<html>
   <head>
      <meta charset="utf-8">
      <title></title>
      <style type="text/css">
```

```
            p {
                margin: 30px;
                background: yellow;
                border: 1px solid black;
                outline: 3px solid red;
                outline-offset: 25px;
            }
        </style>
    </head>
    <body>
        <h3>outline-offset 属性</h3>
        <p>本段落在边框边缘外 25 像素处有一条轮廓线。</p>
    </body>
</html>
```

示例代码在浏览器中的运行效果如图 7-50 所示。

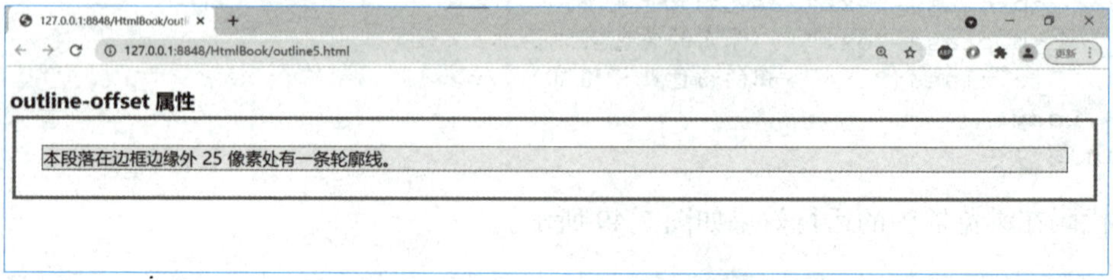

图 7-50　outline-offset 设置轮廓

可以看出，outline-offset 属性在元素的轮廓与边框之间添加空间。元素及其轮廓之间的空间是透明的。

7.5 认识浮动与定位

在学习并列与嵌套 div 之后，可以通过将块级元素转换为行内块级元素让多个 div 在同一行显示，设置 display: inline-block; 属性即可，如图 7-51 所示。

图 7-51　display 属性设置 div 并列

这样确实可以将多个 div 实现在同一行显示。但这里会有两个小问题：

- div 之间会有小缝隙，很难去除。
- 要让其中一个 div 显示在最右边，实现起来比较麻烦。

上面两个问题可以通过 CSS 浮动或定位轻易解决，下面进行详细介绍。

在学习浮动与定位之前，先介绍一下“文档流”，深入了解文档流，对后续的浮动布局和定位布局非常重要。

7.5.1　文档流

我们在生活中经常听到“流”这个字，比如水流，电流。就像水流从高处往低处流一样，可以把文档流想象成 HTML 元素在浏览器上“流动”。浏览器的顶端就是流的源头，浏览器的底部就是流的结尾。

1. 标准文档流

文档流（normal flow，又称“普通流”“标准流”）指的就是在元素排版布局过程中，元素会自动从左往右、从上往下地遵守这种流式排列方式。

当浏览器渲染 HTML 文档时，从顶部开始渲染，为元素分配所需要的空间，每一个块级元素单独占一行，行内元素则按照顺序被水平渲染，直至在当前行遇到了边界，然后换到下一行的起点继续渲染。那么此时就不得不介绍一下块级元素和行内元素。

HTML 提供了丰富的标签来组织页面结构，为了使页面结构更加合理、方便，这些标签被划分为不同的类型，主要分为行内元素和块元素。

（1）行内元素（inline）。

行内元素又称内联元素，在标准文档流中，行内元素和其他行内元素都会在一条水平线上排列，都是在同一行。并且，行内元素不可以设置宽度和高度，宽度和高度随文本内容的变化而变化，但是可以设置行高（line-height）。行内元素不能包含块元素，只能容纳文本或者其他行内元素。

常见的行内元素有<b>、<strong>、<a>、<em>、<span>等，其中<span>标签是最典型的行内元素。

（2）块级元素（block）。

块级元素在网页中以区域的形式出现，块级元素总是在新行上开始，占据一整行，其宽度自动填满其父元素宽度，可以设置宽度、高度等。块元素可以包含行内元素和其他块元素。

常见的块元素有 <p>、<ul>、<h1> ～ <h6>、<div> 等，其中 <div> 标签是最典型的块元素。

（3）块级元素和行内元素的相互转换。

可以通过 display 属性将块级元素（如 div）和行内元素（a、span）进行相互转换。块级元素默认 display:block，行内元素默认为 display:inline。

- display:none：不显示该元素。
- display:block：转换为块级元素。此时这个 span 能够设置宽度和高度，且独占一行，其他元素无法与之并排。如果不设置宽度，将与父元素等宽。
- display:inline：转换为行内元素。此时这个 div 不能设置宽度和高度，并且可以和其他行内元素并排。
- display:inline-block：转换为行内块级元素。可实现块级元素的并行排列。

了解了 HTML 中的块元素和行内元素后，下面通过示例 7-29 演示一下标准文档流中各元素的渲染效果。

示例 7-29

```
/*normalFlow.html*/
<!DOCTYPE html>
<html>
    <head>
        <meta charset="utf-8">
        <title></title>
        <style type="text/css">
            .d1{                                             /* 块元素通用样式 */
                text-align: center;
                background-color: orange;
                height: 80px;
                line-height: 80px;
                border: 1px solid black;
            }
            .s1{                                             /* 行内元素通用样式 */
                text-align: center;
                background-color: royalblue;
                color: white;
                border: 1px dashed beige;
                margin: 10px;
            }
            p{
                width: 500px;
            }
        </style>
    </head>
    <body>
        <div class="d1">块元素 1</div>
        <span class="s1">行内元素 1</span>
        <span class="s1">行内元素 2</span>
        <p class="d1">块元素 2：段落，设置宽度后依然独占一行</p>
        <span class="s1">行内元素 3</span>
        <a href="#" class="s1">行内元素 4：超链接</a>
        <img src="img/flower.gif" />行内元素 5：图片
        <h3 class="d1">块元素 3：标题标签</h3>
    </body>
</html>
```

示例代码在浏览器中的运行效果如图 7-52 所示。

div、p、h3 都是块元素，因此独占一行。而 span、a、img 都是行内元素，因此如果两个行内元素相邻，就会位于同一行，并且从左到右排列。

可以看出，标准文档流，将浏览器窗体自上而下分成一行一行，块元素独占一行，相邻行内元素在每行中从左到右地依次排列元素。

标准文档流中的限制非常多，导致很多页面效果无法实现，如果现在就要并排，并且要设置宽度，就必须脱离标准文档流。

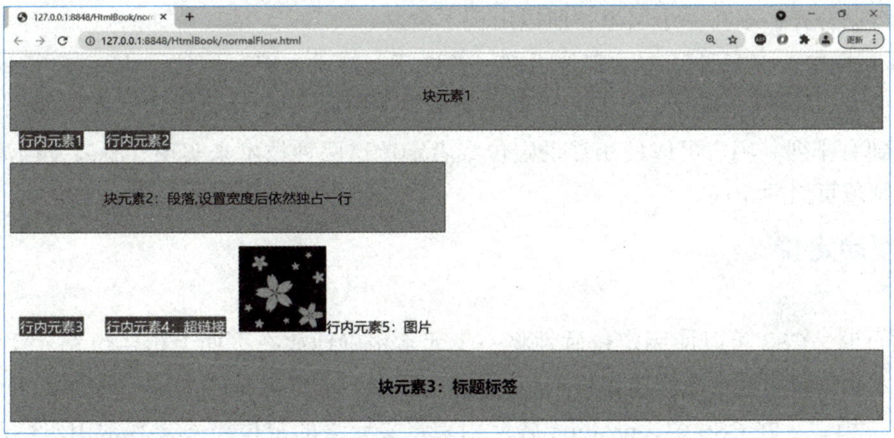

图 7-52　标准文档流中各元素渲染效果

2. 脱离标准文档流

脱离文档流是相对标准文档流而言的。标准文档流就是没有用 CSS 样式控制布局的 HTML 文档结构，代码的顺序就是网页展示的顺序。图 7-53 所示为标准文档流页面显示效果。

脱离文档流就是将元素从普通的布局排版（普通文档流）中脱离出来，不再是从左至右、从上至下，不再受文档流的布局约束。图 7-54 所示为 div1 脱离标准文档流页面显示效果。

div1 在原文档流中所占的空间被清除。其他元素在排版时，会当做没看到它，但是它在文档中依然存在。

脱离文档流可以理解为在文档流之上，比如在一张纸（文档流）上放一个硬币，这个硬币就是一个脱离文档流的元素，它会覆盖纸张上当前位置的内容。

所以实际上，在 HTML 页面中，脱离文档流的显示效果如图 7-55 所示。

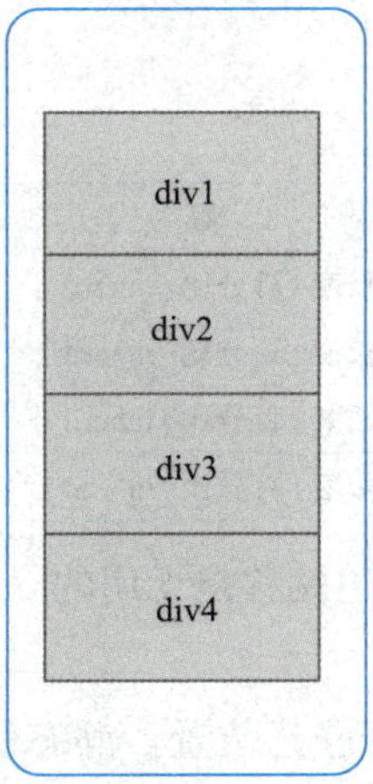

图 7-53　标准文档流显示效果

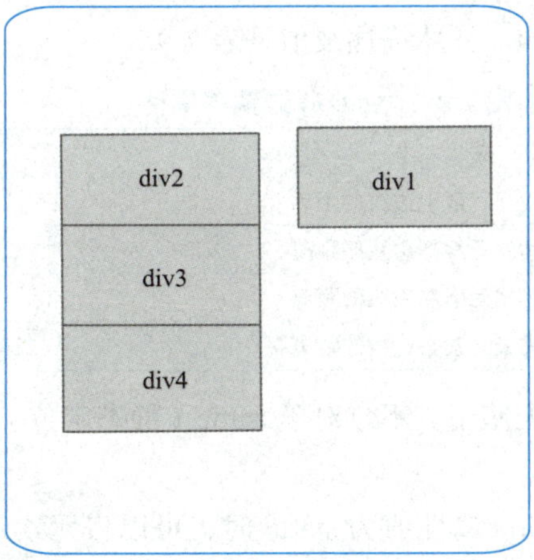

图 7-54　脱离标准文档流显示效果

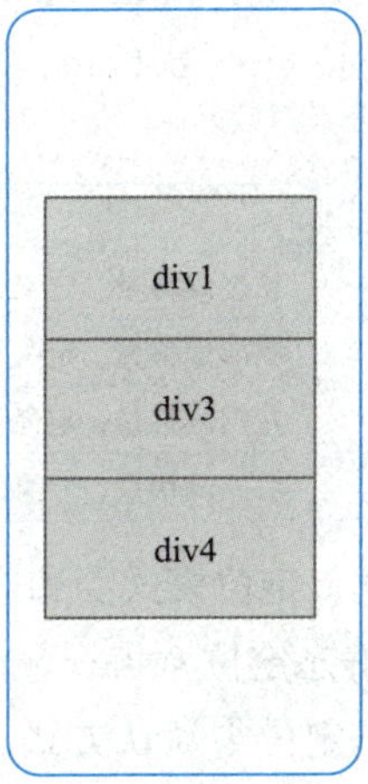

图 7-55　脱离文档流的页面显示效果

可以看到 div2 被 div1 给覆盖了。因为虽然 div1 脱离了文档流，不占据页面空间了，但是位置不会改变，只不过是父元素计算自身高度时不计算脱离的那个块的高度。导致 div1 的位置出现空白，后面的元素自动补齐，不在一个层里，所以出现了覆盖。

在 CSS 布局中，有三种基本的定位机制：普通流、浮动、绝对定位（absolute fixed）。普通流是默认定位方式，在普通流中元素框的位置由元素在 HTML 中的位置决定，即标签元素正常从上到下，从左到右排列。用户可以使用浮动定位或者定位这两种技术来实现“脱离文档流”，从而随心所欲地控制着页面的布局。

7.5.2 浮动定位

1. 定位

制作网页时，CSS 可以使用定位属性将一个元素精确地放在页面上指定位置。元素的定位属性由定位模式和位置属性（又称边偏移）两部分构成。

（1）定位模式。在 CSS 中，position 属性用来定义元素的定位模式，其常用属性值有 static、yelative，absolute、fixed、sticky，具体描述见表 7-8。

表 7-8 position 属性值

属 性 值	描 述
static	静态定位（默认定位方式）
relative	相对定位，相对于其原标准文档流的位置进行定位
absolute	绝对定位，相对于其上一个已经定位的父元素进行定位
fixed	固定定位，相对于浏览器窗口进行定位
sticky	黏性定位，基于用户的滚动位置定位

position 属性语法格式如下：

```
position: static| relative| absolute| fixed| sticky;
```

（2）边偏移（位置属性）。定位模式仅仅定义了元素的定位方式，而并不能确定元素的具体位置。在 CSS 中，位置属性用来精确定义定位元素的位置，其取值为不同单位的数值或百分比，定位属性包括 top、bottom、left 和 right。具体描述及值见表 7-9。

表 7-9 position 边偏移属性

属 性	描 述	值
top	顶端偏移量，定义元素相对于其父元素上边线的距离	auto| 长度 | 百分比 | inherit
bottom	底部偏移量，定义元素相对于其父元素下边线的距离	auto| 长度 | 百分比 | inherit
left	左侧偏移量，定义元素相对于其父元素左边线的距离	auto| 长度 | 百分比 | inherit
right	右侧偏移量，定义元素相对于其父元素右边线的距离	auto| 长度 | 百分比 | inherit

因此，定位模式要和边偏移搭配使用。不过对于 static（静态定位）设置边偏移是无用的。

① 静态定位 static。

静态定位为默认方式，当 position 属性值为 static 时，可以将元素定位于静态位置。静态位置就是各元素在 HTML 标准文档流中的默认位置。

在默认状态下，任何元素都会以静态定位确定位置。因此，当元素未设置 position 属性时，会遵循默认值显示为静态位置。在布局时很少用到。

② 相对定位 relative。

普通流定位模型的一部分，定位元素的位置相对于它在普通流中的位置进行移动。使用相对定位的元素不管它是否进行移动，元素仍要占据其原来的位置。移动元素会导致它覆盖其他框。

下面通过示例 7-30 演示直接在 div2 上添加 position:relative 属性值的效果。

示例 7-30

```
/*relative1.html*/
<!DOCTYPE html>
<html>
    <head>
        <meta charset="utf-8">
        <title></title>
        <style type="text/css">
            .div1{
                background-color: #0060d0;
                color: white;
                width:200px;
                height:150px;
            }
            .div2{
                background-color: #ffcf00;
                color: gray;
                width:200px;
                height:150px;
                position: relative;          /* 设置相对定位，没有设置边偏移 */
            }
        </style>
    </head>
    <body>
        <div class="div1">div1 无定位 </div>
        <div class="div2">
            div2 相对定位：没有设置边偏移量，对元素本身没有任何影响。
        </div>
    </body>
</html>
```

示例代码在浏览器中的运行效果如图 7-56 所示。

图 7-56　相对定位未设置边偏移

可以看出，虽然给 div2 设置了相对定位 position:relative 属性，但没有定义边偏移，那么对元素本身没有任何影响。

在示例 7-30 的基础上稍作修改，添加 div3 作为参照，并对 div2 定义边偏移，如示例 7-31 所示。

示例 7-31

```
/*relative2.html*/
<!DOCTYPE html>
<html>
    <head>
        <meta charset="utf-8">
        <title></title>
        <style type="text/css">
            .div1{
                background-color: ivory;
                width:200px;
                height:100px;
            }
            .div2{
                background-color: #ffcf00;
                color: gray;
                width:200px;
                height:100px;
                position: relative;     /* 设置相对定位 */
                left: 50px;             /* 设置距离左边偏移位置 */
                top: 20px;              /* 设置距离顶部偏移位置 */
            }
            .div3{
                background-color: #0060d0;
                color: white;
                width:200px;
                height:100px;
            }
        </style>
    </head>
    <body>
        <div class="div1">div1 无定位 </div>
        <div class="div2">
            div2 相对定位：距离左侧偏移 50px，距离顶部偏移 20px
        </div>
        <div class="div3">div3 无定位 </div>
    </body>
</html>
```

示例代码在浏览器中的运行效果如图 7-57 所示。

通过示例 7-31 可以看出，div2 的左右、上下的边偏移量在其原始位置基础上进行了移动。并且它还是属于普通流，并没有脱离，所以这个位置它还是占有的，能看到原来的位置上有空白（如果 div2 脱离普通流那么 div3 就会向上移动）。当它偏移后，如果和其他元素有重叠，它会覆盖其他元素（div2 覆盖了部分 div3 元素）。

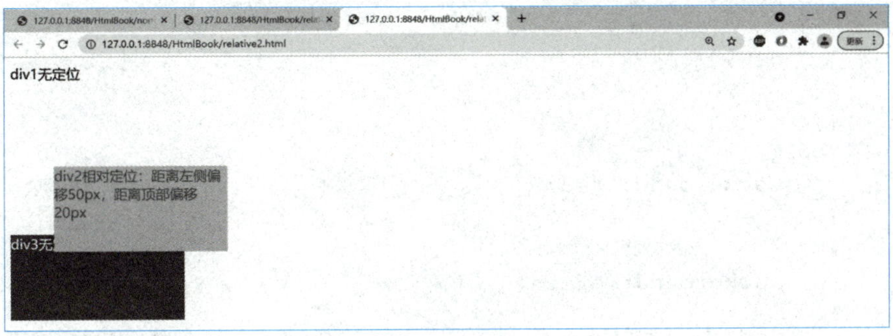

图 7-57 相对定位设置边偏移

相对定位 relative 的特点：

- 参照元素原来的位置进行移动。
- 通过 "left"、"top"、"right" 和 "bottom" 属性进行定位。可以设置负值，表示相反方向偏移。
- 元素原有空间位置保留。
- 元素在移动时会覆盖其他元素。

相对定位 relative 的用途：

- 微调元素。
- 作为绝对定位元素的容器块，子绝（absolute）父相（relative）。

③ 绝对定位 absolute。

相对定位可以看作特殊的普通流定位，元素位置是相对于其在普通流中位置发生变化，而绝对定位使元素的位置与文档流无关，也不占据文档流空间，普通流中的元素布局就像绝对定位元素不存在一样。

绝对定位是元素相对于已经定位（相对、绝对或固定定位）的最近的祖先元素进行定位。若没有已定位的最近的祖先元素，则依据浏览器窗口左上角（body）进行定位。

接下来通过几个案例来演示一下 absolute 属性值的使用。

示例 7-32 演示了没有设置绝对定位的情况。

示例 7-32

```
/*absolute0.html*/
<!DOCTYPE html>
<html>
    <head>
        <meta charset="utf-8">
        <title></title>
        <style type="text/css">
            #father{
                width: 360px;
                height: 360px;
                margin: 100px;
                background: ivory;
                color:white;
            }
```

```
        div{
            width: 120px;
            height: 120px;
        }
        #bd1{
            background: red;
        }
        #bd2{
            background: green;
        }
        #bd3{
            background: blue;
        }
    </style>
</head>
<body>
    <div id="father">
        <div id="bd1">div1</div>
        <div id="bd2">div2</div>
        <div id="bd3">div3</div>
    </div>
</body>
</html>
```

在示例 7-32 中，id 名为 father 的 div 中嵌套了 div1、div2 和 div3，并且都设置了相同的宽度和高度。示例代码在浏览器中的运行效果如图 7-58 所示。

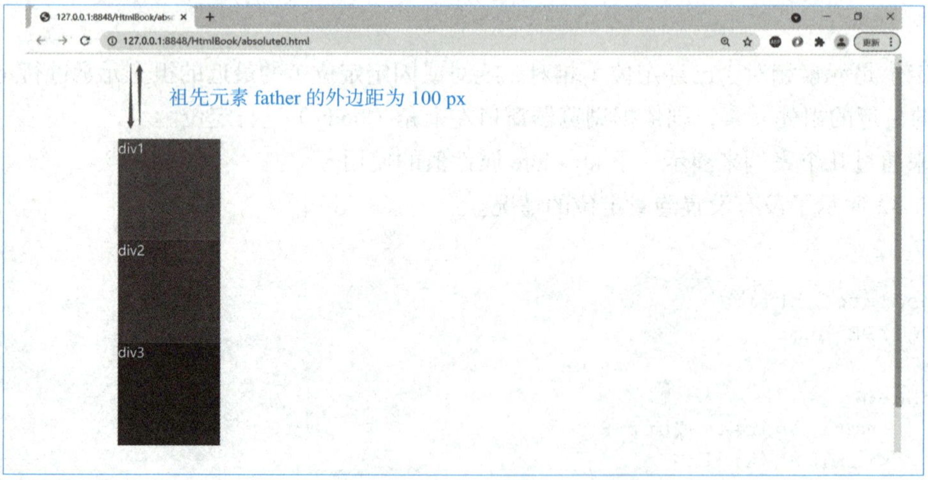

图 7-58　未设置 absolute 的效果

可以看出，在没有设置绝对定位时，块级元素按照普通流的方式从上到下依次渲染。

在示例 7-32 的基础上稍作修改，直接在 div2 上添加 position:absolute 属性值和边偏移，如示例 7-33 所示。

示例 7-33

```
/*absolute1.html*/
<!DOCTYPE html>
<html>
   <head>
      <meta charset="utf-8">
      <title></title>
      <style type="text/css">
         #father{
             width: 350px;
             height: 350px;
             margin: 100px;
             background: ivory;
             text-align: center;
         }
         div{
             width: 120px;
             height: 120px;
         }
         #bd1{
             background: red;
         }
         #bd2{
             background: green;
             position: absolute;     /* 设置绝对定位 */
             left: 20px;             /* 设置距离左边偏移位置 */
             top: 50px;              /* 设置距离顶部偏移位置 */
         }
         #bd3{
             background: blue;
         }
      </style>
   </head>
   <body>
      <div id="father">
          <div id="bd1">div1</div>
          <div id="bd2">div2</div>
          <div id="bd3">div3</div>
      </div>
   </body>
</html>
```

在示例 7-33 中，给 div2 设置了绝对定位，同时定义了距离左侧和顶部的偏移量。示例代码在浏览器中的运行效果如图 7-59 所示。

从图 7-59 中可以看出，因为父 div 没有设置定位，所以其位置相对于 body（浏览器窗口左上角）进行了偏移。

绝对定位的元素脱离文档流，不再占有原来的位置，所以 div2 绝对定位后，从普通流“浮”起来了，div3 上移。

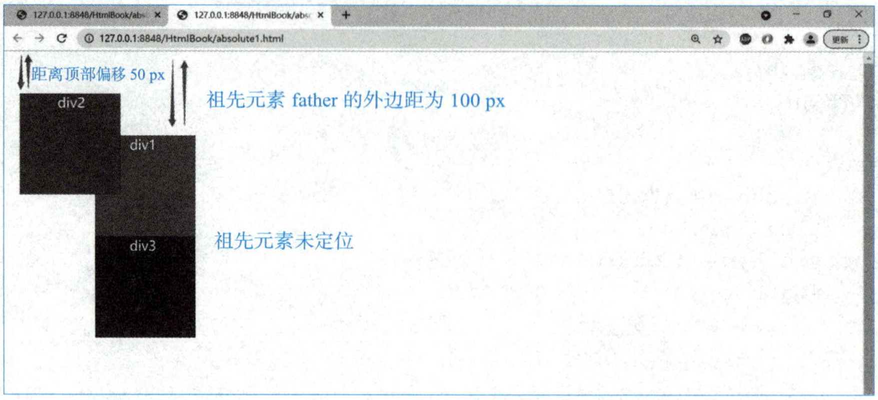

图 7-59　祖先元素未定位时 absolute 的效果

此时可将父标签设置为 position: relative，如示例 7-34 所示。

示例 7-34

```
/*absolute2.html*/
<!DOCTYPE html>
<html>
    <head>
        <meta charset="utf-8">
        <title></title>
        <style type="text/css">
            #father{
                width: 350px;
                height: 350px;
                margin: 100px;
                background: ivory;
                color:#FFFFFF;
                text-align: center;
                position: relative;            /* 父元素设置相对定位 */
            }
            div{
                width: 120px;
                height: 120px;
            }
            #bd1{
                background: red;
            }
            #bd2{
                background: green;
                position: absolute;
                left: 100px;
                top: 50px;
            }
            #bd3{
                background: blue;
            }
```

```
        </style>
    </head>
    <body>
        <div id="father">
            <div id="bd1">div1</div>
            <div id="bd2">div2</div>
            <div id="bd3">div3</div>
        </div>
    </body>
</html>
```

示例代码在浏览器中的运行效果如图 7-60 所示。

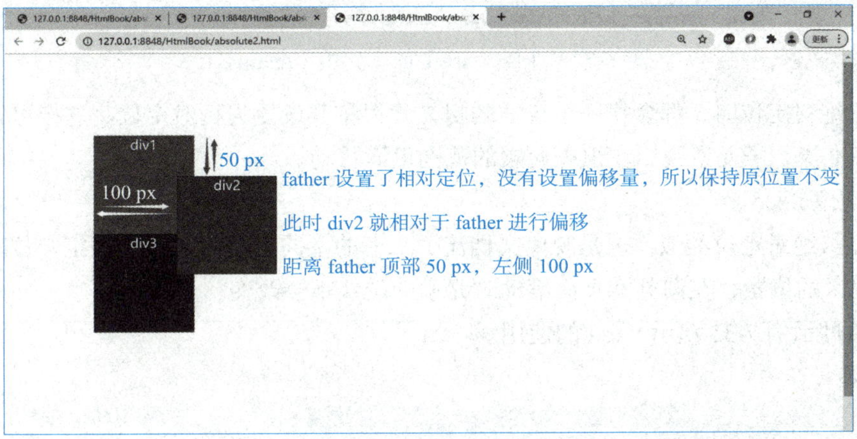

图 7-60　父元素设置定位后效果

从图 7-60 中很直观地看到，因为父 div 设置了定位，所以这里的边偏移都变成了相对于父 div 进行偏移。当设置绝对定位后，div2 脱离文档流，已经“浮”上来了，div3 上移，同时 div2 覆盖了其他元素。

绝对定位 absolute 的特点：

- 如果没有祖先元素或祖先元素没有定位，则以浏览器为准进行定位。
- 如果祖先元素有定位（相对、绝对、固定），则以离自己最近的祖先元素作为参考点移动。通过 "left"、"top"、"right" 和 "bottom" 属性进行定位。
- 元素完全脱离文档流，原有位置不再保留。
- 元素在移动时会覆盖页面上的其他元素，可以通过设置 z-index 属性控制这些元素的堆放次序。z-index 的属性值可以是正整数、负数或 0，默认值为 auto，数值越大，盒子越靠上。

注意：定位时以最近的已经定位的祖先元素为准，不一定是父亲。

绝对定位 absolute 的实际应用：

子绝（absolute）父相（relative），祖先元素设置相对定位（零偏移），然后让子元素绝对定位一定的距离，如图 7-61 所示。

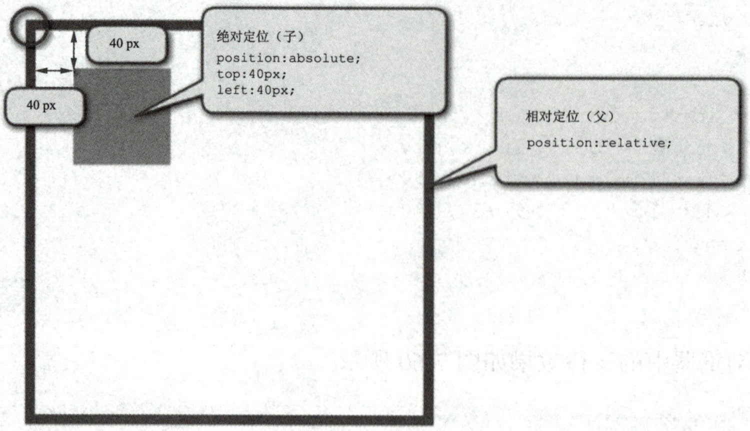

图 7-61　子绝（absolute）父相（relative）

一般设置绝对定位时，都会找一个合适的祖先元素将其设置为相对定位。这样可以保证祖先元素没有脱离标准流，子元素脱标在祖先元素的范围里面移动。

④ 固定定位 fixed。

固定定位与绝对定位类似，也是脱离文档流。二者的不同点是当元素为固定定位时，元素固定于浏览器可视区的位置，在浏览器页面滚动时元素的位置不会改变。

接下来通过示例 7-35 演示 fixed 的使用。

示例 7-35

```
/*fixed.html*/
<!DOCTYPE html>
<html>
    <head>
        <meta charset="utf-8">
        <title></title>
        <style type="text/css">
            div{
                color:#FFFFFF;
                width: 200px;
                height: 200px;
            }
            .fix{
                width: 400px;
                height: 50px;
                background-color: ivory;
                color: gray;
                position: fixed;            /*设置固定定位*/
                top: 100px;                 /*设置距离顶部偏移*/
                right: 500px;               /*设置距离右侧偏移*/
            }
            #bd1{
                background: red;
            }
```

```
            #bd2{
                background: green;
            }
            #bd3{
                background: blue;
            }
        </style>
    </head>
    <body>
        <div class="fix">
        固定定位，元素的位置相对于浏览器窗口是固定位置，即使窗口是滚动的它也不会移动。
        </div>
        <div id="bd1">div1</div>
        <div id="bd2">div2</div>
        <div id="bd3">div3</div>
    </body>
</html>
```

在示例 7-35 中，给类名为 fix 的 div 设置了固定定位，并同时定义了边偏移。示例代码在浏览器中的运行效果如图 7-62 所示。

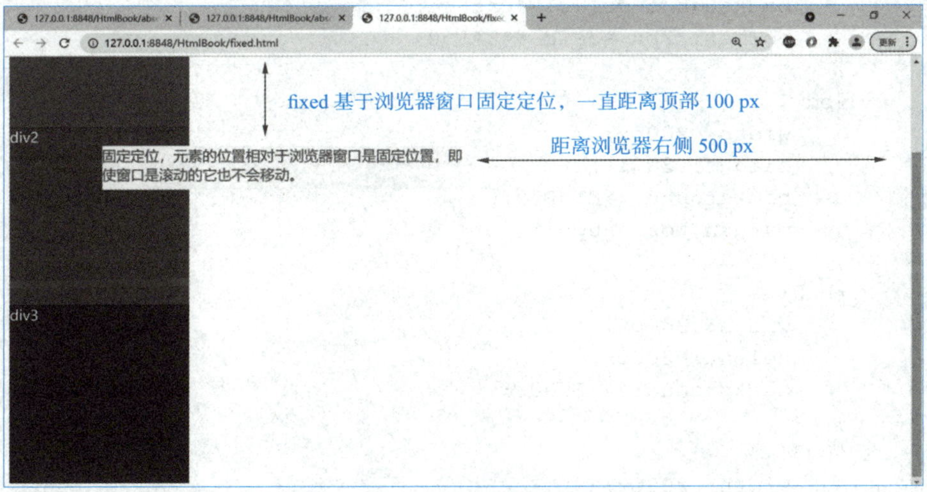

图 7-62　固定定位 fixed 的效果

固定定位 fixed 的特点：

- 以 body 为定位时的对象，总是根据浏览器的窗口进行元素定位。
- 通过 "left"、"top"、"right"、"bottom" 属性进行定位。
- 元素完全脱离文档流，原有位置不再保留。
- 以可视区域为准，会一直显示在可视区域，屏幕滑动也会显示在定位的位置。

⑤ 黏性定位 sticky。

黏性定位是基于用户的滚动位置来定位，黏性定位的元素依赖于用户的滚动，在相对定位 relative 与固定定位 fixed 之间切换。

它的行为就像 relative，而当页面滚动超出目标区域时，它的表现就像 fixed，它会固定在目标位置。

元素定位表现为在跨越特定阈值前为相对定位，之后为固定定位。

这个特定阈值指的是 top、right、bottom 或 left 之一，换言之，指定 top、right、bottom 或 left 四个阈值其中之一，才可使黏性定位生效。否则其行为与相对定位相同。

接下来通过示例 7-36 演示 sticky 的使用。

示例 7-36

```
/*sticky.html*/
<!DOCTYPE html>
<html>
  <head>
    <meta charset="utf-8">
    <title></title>
    <style type="text/css">
      div.sticky {
          position: -webkit-sticky;      /*Safari 浏览器使用该属性值 */
          position: sticky;              /* 设置黏性定位 */
          top: 50px;                     /* 定位生效时距离顶部 50px */
          padding: 5px;
          background-color: #cae8ca;
          border: 2px solid #4CAF50;
      }
      #bd1{
          width: 200px;
          height: 200px;
          background: #E19D59;
          margin-top: 20px;
      }
      #bd2{
          width: 200px;
          height: 200px;
          background: #FF0000;
      }
      #bd3{
          width: 200px;
          height: 200px;
          background: #008000;
      }
    </style>
  </head>
  <body>
    <p> 尝试滚动页面。</p>
    <p> 注意 : IE/Edge 15 及更早 IE 版本不支持 sticky 属性。</p>
    <p> 滚动我 </p>
    <p> 来回滚动我 </p>
    <p> 滚动我 </p>
    <p> 来回滚动我 </p>
    <p> 滚动我 </p>
```

```
        <div class="sticky">我是黏性定位！在没有超出当前滚动范围的时候，是没有定位效果的，而当页面滚动超出目标区域时，就变成了固定模式。</div>
        <div id="bd1">div1</div>
        <div id="bd2">div2</div>
        <div id="bd3">div3</div>
    </body>
</html>
```

示例代码在浏览器中的运行效果如图 7-63 和图 7-64 所示。

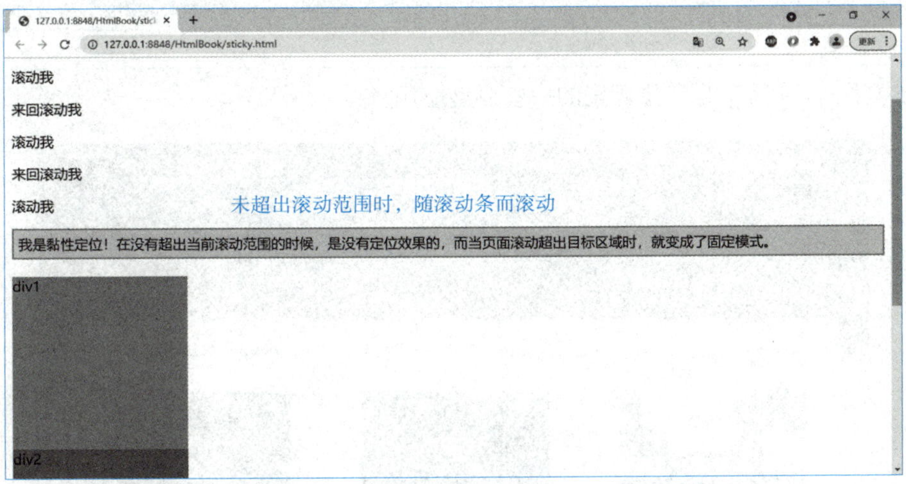

图 7-63　sticky 定位未超出当前滚动范围的效果

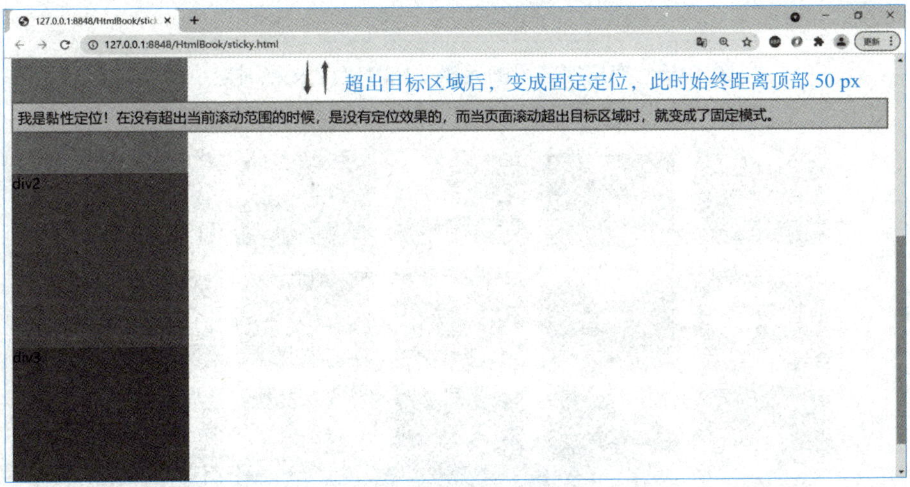

图 7-64　sticky 定位超出目标区域后的效果

黏性定位 sticky 的特点：

- 以浏览器的可视窗口作为参照点移动（固定定位特点）。
- 不脱离标准流，占有原来的位置（相对定位特点）。
- 必须添加 top、left、right、bottom 其中一个才有效。

- 与页面滚动搭配使用，兼容性较差，IE 不支持。

五种定位模式总结见表 7-10。

表 7-10　五种定位模式总结

定位模式	是否脱标	移动位置基准	应　用
static 静态	否	不能使用边偏移	
relative 相对	否	相对于自身位置移动	给绝对定位提供包含块
absolute 绝对	是	相对于最近带有定位的祖先盒子	不规则网页设计、在画面上的设计（压盖效果）
fixed 固定	是	相对于浏览器可视区	网页上跟随着视口移动的元素（如回到顶部）
sticky 黏性	否	相对于浏览器可视区	

图 7-65 至图 7-69 所示为定位元素的一些典型应用。

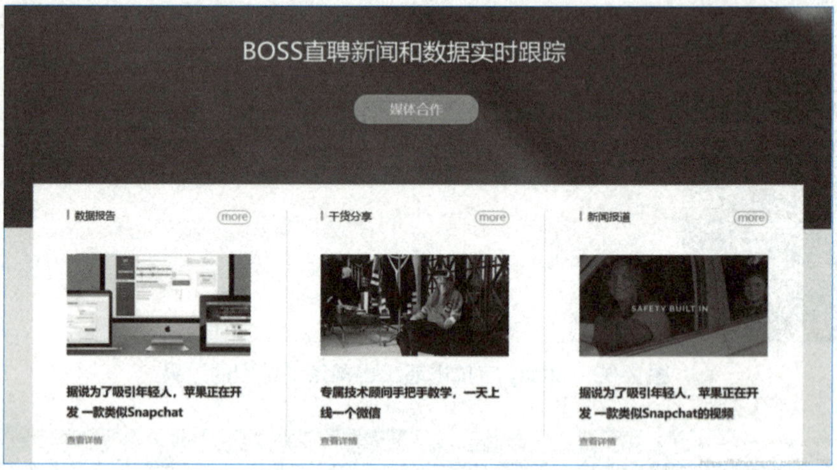

图 7-65　有层次关系的元素（相对定位 & 绝对定位）

图 7-66　照片流放大效果（绝对定位）

图 7-67　轮播图上的翻页按钮和图片底部标题（绝对定位）

图 7-68　登录界面遮罩层 / 全屏广告（固定定位）

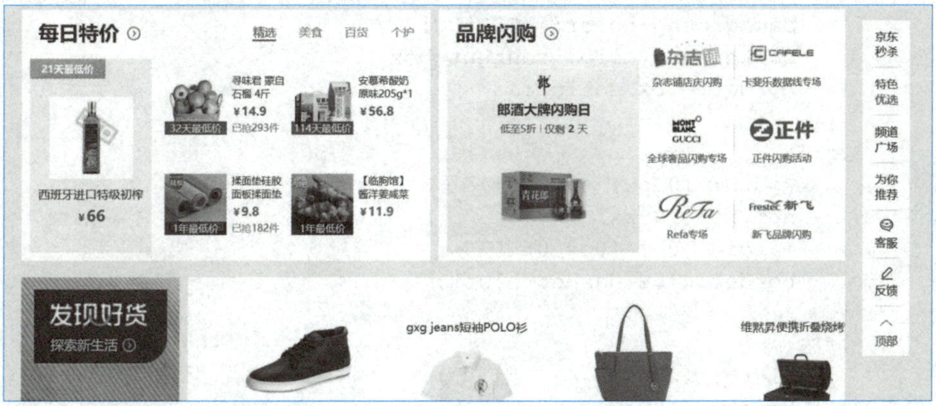

图 7-69　侧边栏导航条（黏性定位或固定定位）

2. 浮动

浮动最早用来控制图片，以便达到其他元素（特别是文字）“环绕”图片的效果。

在网页布局中，浮动可以让多个盒子在一行没有缝隙地排列显示，经常用于横向排列盒子。

元素的浮动是指设置了浮动属性的元素会脱离标准流的控制，移动到其父元素中指定位置的过程。在 CSS 中，通过 float 属性定义浮动，其常用的属性值有三个，分别表示不同含义，见表 7-11。

表 7-11　float 常用属性值

属 性 值	描　　述
left	元素向左浮动
right	元素向右浮动
none	元素不浮动（默认值）

float 属性基本语法格式如下：

```
float: left| right;
```

浮动脱离标准流，不占位置，但会影响标准流。一个浮动元素会向左或向右移动，直到它的外边缘碰到包含框（父元素）或另一个浮动框的边框为止。

接下来通过示例演示 float 的使用。首先在页面中定义 4 个 div，类名为 box 的作为父元素，其中包含 3 个 div，并且这三个 div 都设置了相应的外边距，使它们保持一定的距离，初始情况下都不浮动，如示例 7-37 所示。

示例 7-37

```
/*float1.html*/
<!DOCTYPE html>
<html>
   <head>
      <meta charset="utf-8">
      <title></title>
      <style type="text/css">
         .box{
            width: 700px;
            height: 500px;
            padding: 20px;
            background-color: #F5F5DC;
            background-clip: content-box;
            border: 1px solid red;
         }
         .f1{
            width: 100px;
            height: 100px;
            margin: 0 0 10px 0;
            border: 1px dashed black;
         }
         .f2{
            width: 100px;
            height: 100px;
```

```
            margin: 10px 0;
            border: 1px dashed black;
        }
        .f3{
            width: 100px;
            height: 100px;
            margin: 10px 0;
            border: 1px dashed black;
        }
    </style>
</head>
<body>
    <div class="box">
        <div class="f1">框 1</div>
        <div class="f2">框 2</div>
        <div class="f3">框 3</div>
    </div>
</body>
</html>
```

示例代码在浏览器中的运行效果如图 7-70 所示。

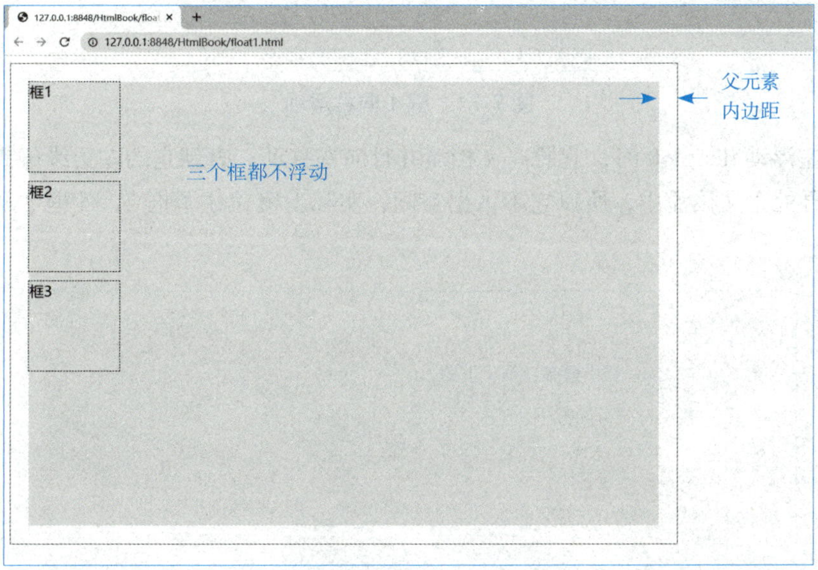

图 7-70　不浮动的框

（1）浮动的元素总是找离它最近的父元素对齐。但是不会超出内边距的范围。

当把框 1 向右浮动时，它脱离文档流并且向右移动，直到它的右边缘碰到包含框的右边缘。在上述代码的基础上稍作修改，代码如下：

```
.f1{
    width: 100px;
    height: 100px;
    margin: 10px 0;
```

```
    border: 1px dashed black;
    float: right;                          /* 让框 1 向右浮动 */
}
```

运行效果如图 7-71 所示。

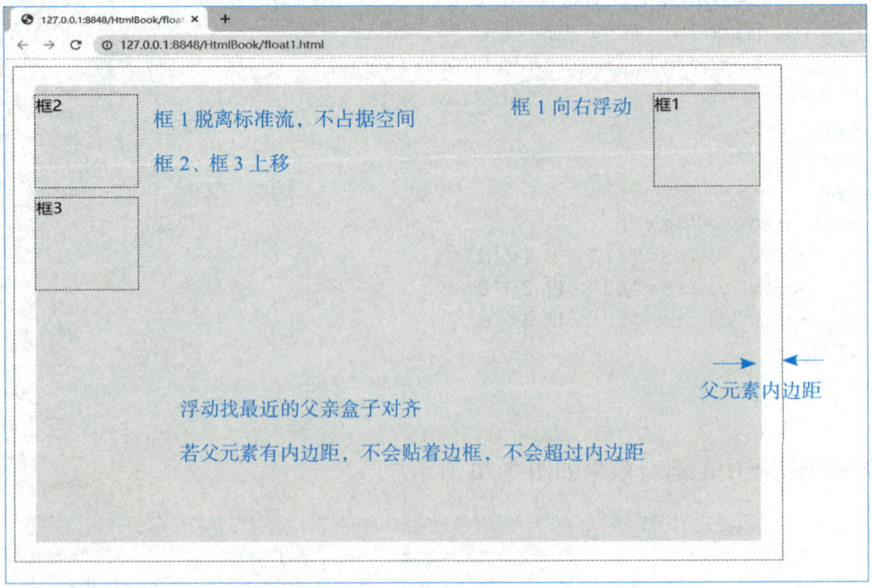

图 7-71　框 1 向右浮动

当框 1 向左浮动 float:left 时，它脱离文档流并且向左移动，直到它的左边缘碰到包含框的左边缘。因为它不再处于文档流中，所以它不占据空间，实际上覆盖住了框 2，使框 2 从视图中消失，如图 7-72 所示。

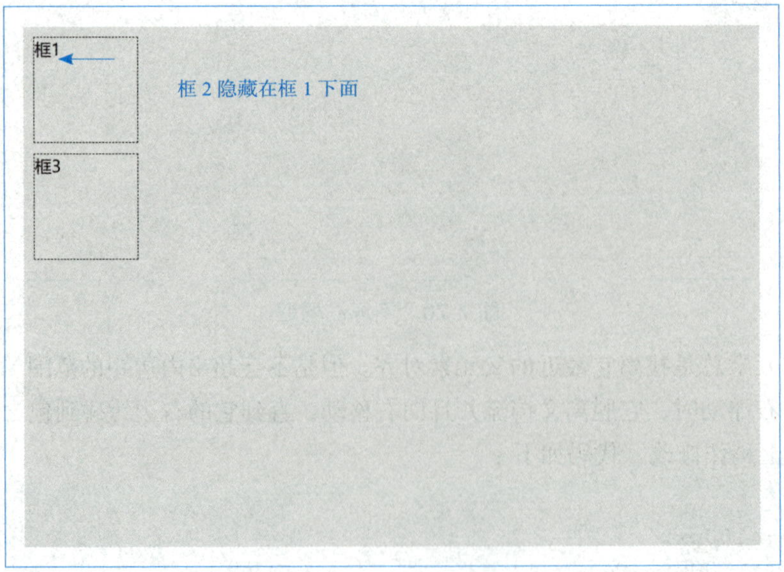

图 7-72　框 1 向左浮动

（2）浮动元素的排列位置，与上一个元素（块级）有关系。如果上一个元素有浮动，则元素顶部会和上一个元素的顶部对齐；如果上一个元素是标准流，则元素的顶部会和上一个元素的底部对齐。

如果把三个框都向左浮动 float:left，那么框 1 向左浮动直到碰到包含框，另外两个框向左浮动直到碰到前一个浮动框，如图 7-73 所示。

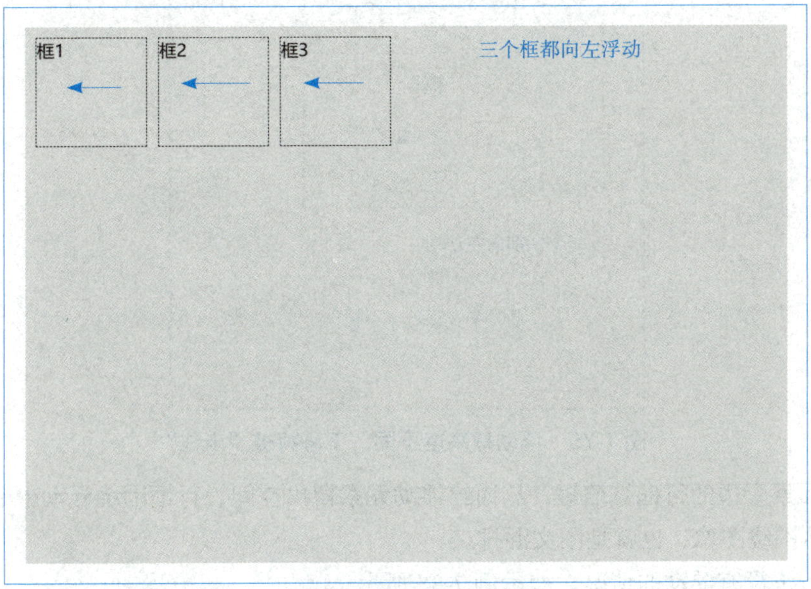

图 7-73　三个框都向左浮动

如果包含框（父元素）太窄，无法容纳水平排列的三个浮动元素，那么其他浮动块向下移动，直到有足够的空间，如图 7-74 所示。

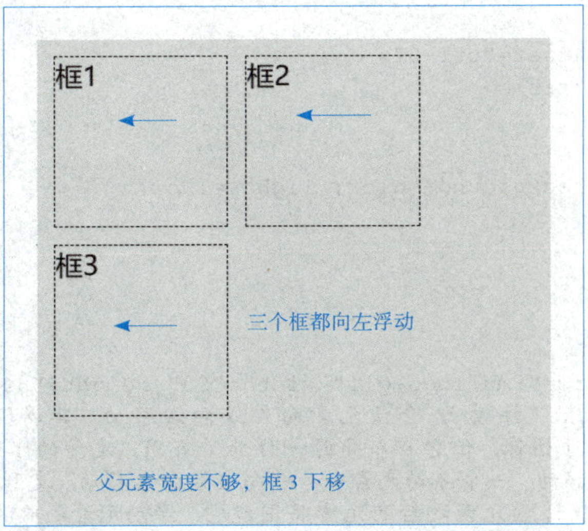

图 7-74　父元素宽度不够，框 3 下移

如果浮动元素的高度不同，那么当它们向下移动时可能被其他浮动元素“卡住”。将框 1 高度设置为 150 px，框 2、框 3 高度不变，效果如图 7-75 所示。

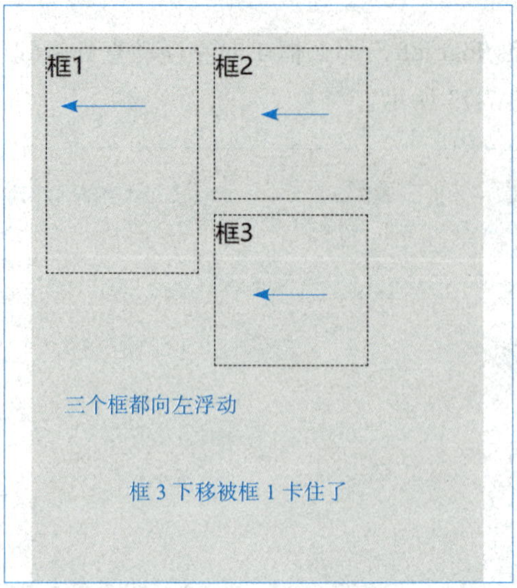

图 7-75 浮动框高度不同，下移将被“卡住”

（3）浮动元素旁边的行框被缩短，从而给浮动元素留出空间，行框围绕浮动框。因此，创建浮动框可以使文本围绕图像，也就是图文混排。

首先来看一下没有浮动的情况，如示例 7-38 所示。

示例 7-38

```
/*float2.html*/
<!DOCTYPE html>
<html>
    <head>
        <meta charset="utf-8">
        <title></title>
        <style>
            p{
                background-color: lightyellow;
            }
        </style>
    </head>
    <body>
     当图片不浮动时：
     <div><img src="img/logo.gif" width="95" height="84" /></div>
     <p>CSS 的 Float（浮动），会使元素向左或向右移动，其周围的元素也会重新排列。
Float（浮动），往往是用于图像，但它在布局时一样非常有用。元素的水平方向浮动，意味着元素
只能左右移动而不能上下移动。一个浮动元素会尽量向左或向右移动，直到它的外边缘碰到包含框或
另一个浮动框的边框为止。浮动元素之后的元素将围绕它。浮动元素之前的元素将不会受到影响。</
p><p class="c2">江南好，风景旧曾谙。日出江花红胜火，春来江水绿如蓝，能不忆江南。此词写江南春色，
```

```
首句“江南好”，以一个既浅切又圆活的“好”字，摄尽江南春色的种种佳处，而作者的赞颂之意与向往之情也尽寓其中。同时，唯因“好”之已甚，方能“忆”之不休，因此，此句又已暗逗结句“能不忆江南”，并与之相关阖。次句“风景旧曾谙”，点明江南风景之“好”，并非得之传闻，而是作者出牧杭州时的亲身体验与亲身感受。这就既落实了“好”字，又照应了“忆”字，不失为勾通一篇意脉的精彩笔墨。三、四两句对江南之“好”进行形象化的演绎，突出渲染江花、江水红绿相映的明艳色彩，给人以光彩夺目的强烈印象。其中，既有同色间的相互烘托，又有异色间的相互映衬，充分显示了作者善于着色的技巧。篇末，以“能不忆江南”收束全词，既托出身在洛阳的作者对江南春色的无限赞叹与怀念，又造成一种悠远而又深长的韵味，把读者带入余情摇漾的境界中。</p>
    </body>
</html>
```

示例代码在浏览器中的运行效果如图 7-76 所示。

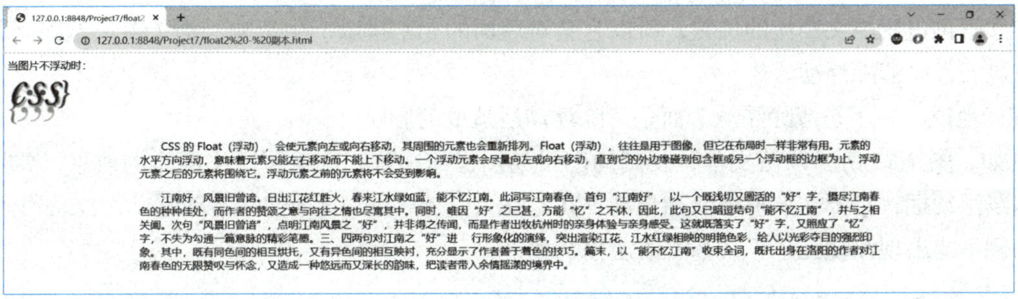

图 7-76　图片不浮动

在示例 7-38 的基础上稍作修改，将图片向右浮动，部分代码如下：

```
img {
    float: right;
    border: 1px dotted black;
    margin: 20px;
}
```

修改后示例代码在浏览器中的运行效果如图 7-77 所示。

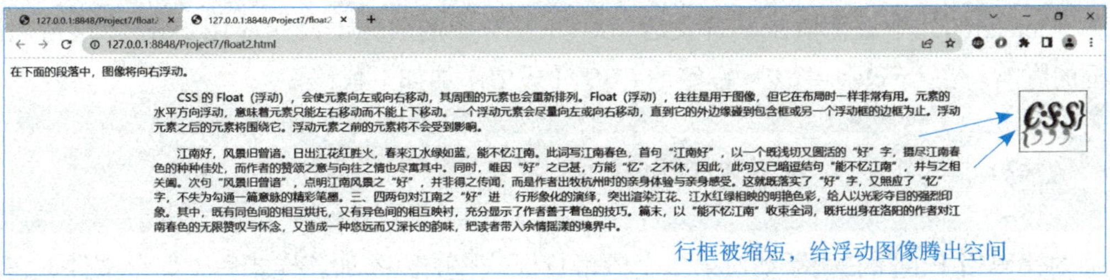

图 7-77　图片浮动

所谓的文字环绕效果，当 img 浮动，p 不浮动，img 遮盖了 p，img 的层级提高（飘起来），但是 p 中的文字不会被遮盖，此时就形成了文字环绕效果。

浮动的特点：

- 浮动脱离标准流，不占位置，会影响标准流，它原来的位置会给后面标准流的盒子。浮动只有左右浮动。

- 浮动的元素盒子是浮起来的，漂浮在其他的标准流盒子上面。
- 一个父盒子里面的子盒子，如果其中一个子级有浮动的，则其他子级都需要浮动。这样才能一行对齐显示。
- 元素添加浮动后，元素会具有行内块元素的特性。元素的大小完全取决于定义的大小或者默认的内容多少。
- 假如在一行之上只有极少的空间可供浮动元素，那么这个元素会跳至下一行，这个过程会持续到某一行拥有足够的空间为止。

7.5.3 浮动的清理

浮动本质上是用来做一些文字混排效果的，但是被拿来做布局使用，则会产生很多问题，由于浮动元素不再占用原文档流的位置，所以它会对后面的元素排版产生影响，为了解决这些问题，就需要在该元素中清除浮动。

准确地说，并不是清除浮动，而是清除浮动后造成的影响。

例如，图 7-77 所示段落文本，受到周围浮动图像的影响，产生了图文混排的效果，要想阻止行框围绕浮动框，需要在该框中清除浮动。在 CSS 中，使用 clear 属性来清除浮动，clear 属性指定元素两侧不能出现浮动元素。其基本语法格式如下：

```
选择器{clear:属性值;}
```

clear 的属性值有 5 个，具体描述见表 7-12。

表 7-12　clear 的属性值及其描述

属 性 值	描　　述
left	不允许左侧有浮动元素（清除左侧浮动的影响）
right	不允许右侧有浮动元素（清除右侧浮动的影响）
both	同时清除左右两侧浮动的影响
none	默认值。允许浮动元素出现在两侧
inherit	规定应该从父元素继承 clear 属性的值

了解了 clear 的几个属性值及其含义后，对图 7-77 中的第二个段落应用 clear 属性清除浮动图像对行框的影响。在 <p class="c2"> 标签的 CSS 样式中添加如下代码：

```
.c2{
    clear: right;    /* 清除右侧浮动 */
}
```

上面的代码用于清除右侧浮动对第二个段落行框的影响。添加该样式后，保存文件，在浏览器中的运行效果如图 7-78 所示。

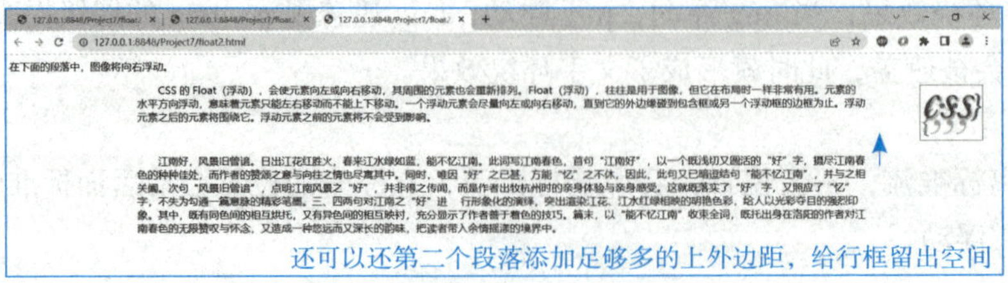

图 7-78　清理第二个段落

从图 7-78 中可以看出，清除第二个段落右侧的浮动后，行框会独占一行，排列在浮动标签的下面。在被清理元素的上外边距上添加足够的空间，使元素的顶边缘垂直下降到浮动框下面，也可以实现这种效果。

需要注意的是，clear 属性只能清除标签左右两侧浮动的影响。然而在网页排版中，经常会有一些特殊问题出现，如图 7-79 和图 7-80 所示。

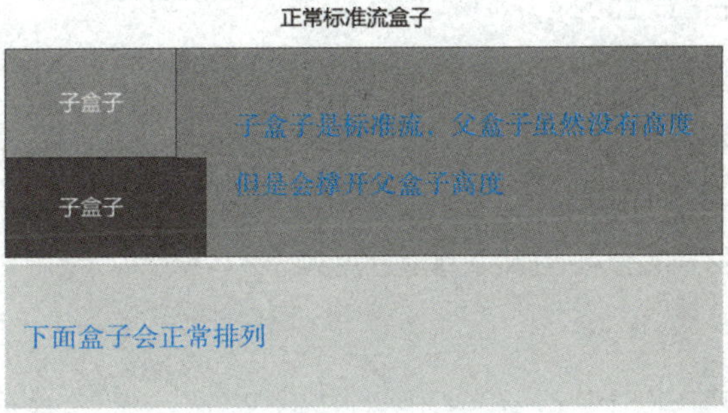

图 7-79　正常标准流盒子

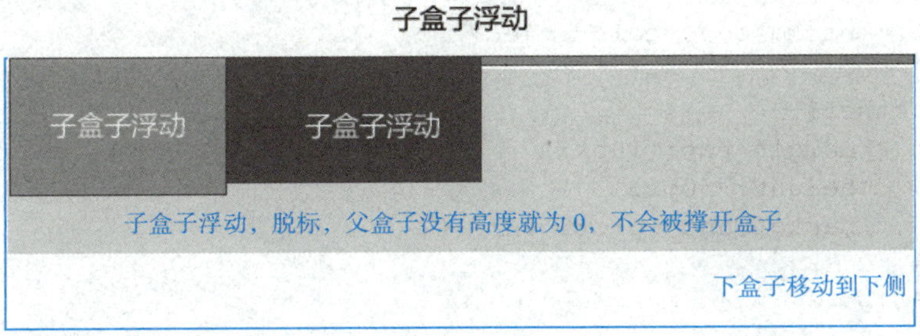

图 7-80　子盒子浮动

可以看出，如果不给父盒子一个高度，浮动子元素是不会填充父盒子的高度，那么后面的盒子就会占据第一个位置，影响页面布局。

清除浮动主要为了解决父级元素因为子级浮动引起内部高度为 0 的问题。有以下几种方法可以清除浮动：

- 给父盒子设置高度；
- clear 属性；
- 伪元素清除法；
- overflow：hidden。

下面通过示例进行演示，如示例 7-39 所示。

示例 7-39

```
/*float3.html*/
<!DOCTYPE html>
<html>
    <head>
        <meta charset="utf-8">
```

```
        <title></title>
        <style type="text/css">
            .father{
                border: 1px solid black;
            }
            .box1,.box2,.box3{
                width: 100px;
                height: 100px;
                float: left;
                text-align: center;
                color: white;
            }
            .box1{
                background-color: #aaff7f;
            }
            .box2{
                color: black;
                background-color: #fffae8;
            }
            .box3{
                background-color: #ec7259;
            }
            .other{
                margin-top: 10px;
                height: 50px;
                background-color: #ffcf00;
            }
        </style>
    </head>
    <body>
           <div class="father">
           <div class="box1">子盒子 1</div>
           <div class="box2">子盒子 2</div>
           <div class="box3">子盒子 3</div>
        </div>
        <div class="other">下面的正常标准流盒子 </div>
    </body>
</html>
```

在示例 7-39 中，为 box1、box2、box3 三个子盒子定义了左浮动，为父盒子添加了边框样式，但并未给其设置高度。示例代码在浏览器中的运行效果如图 7-81 所示。

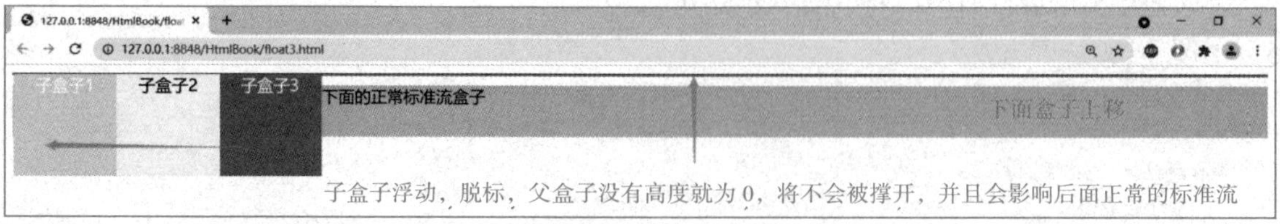

图 7-81　子盒子浮动对父标签的影响

如图 7-81 所示，受到子盒子浮动的影响，没有设置高度的父盒子就变成了一条直线，即父盒子不能自适应子盒子的高度，并且影响到下面正常显示的标签。对于这种情况怎么做才能清除浮动呢？下面具体介绍几种方法。

1. 给父盒子设置高度

在示例 7-39 的基础上给父盒子 father 设置相应的高度，代码如下：

```
.father{
    border: 1px solid black;
    height: 120px;                     /* 为父标签设置 120 px 高度 */
}
```

保存 HTML 文件后，刷新页面，效果如图 7-82 所示。

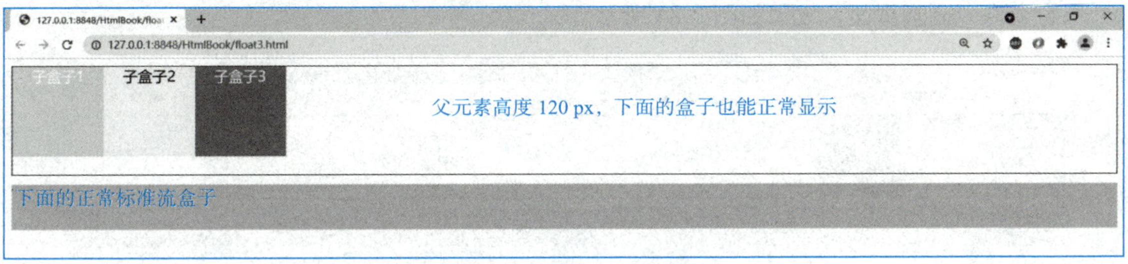

图 7-82　给父标签设置高度

从图 7-82 能够看出，这种方式可以清除浮动带来的影响，但是使用不灵活，会固定父盒子的高度。

2. 使用空标签清除浮动

给浮动元素后面加一个空的 div（或 p 等任意标签），并且该元素不浮动，然后设置 clear:both 样式，可以清除浮动带来的影响，如图 7-83 所示。

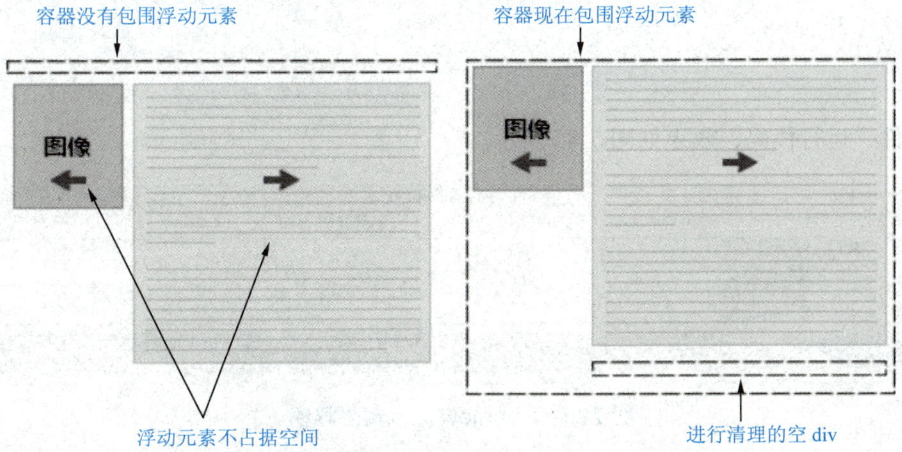

图 7-83　空标签清除浮动（一）

在示例 7-39 的基础上，删除之前给父盒子添加的高度，并在子盒子 3 后面添加一个空的 div，同时给其添加 clear:both 样式。添加的部分代码如下：

```
<style>
  .clear{
        clear: both;    /* 清除两侧浮动 */
  }
</style>
<div class="father">
    <div class="box1">子盒子 1</div>
    <div class="box2">子盒子 2</div>
    <div class="box3">子盒子 3</div>
    <div class="clear"></div>   /* 在父盒子底部添加空标签 */
</div>
```

保存文件，刷新页面，效果如图 7-84 所示。

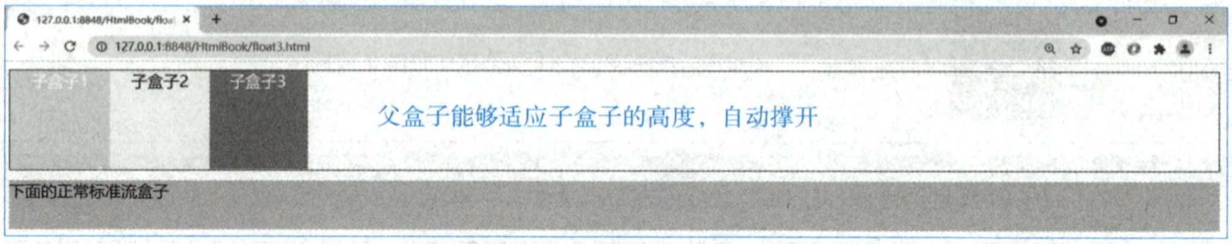

图 7-84　空标签清除浮动（二）

这样可以实现预想的效果，通俗易懂、简洁方便，但是需要添加多余的代码。常常有元素可以应用 clear，但是有时候不得不为了进行布局而添加无意义的标记，结构化较差。

3. 给父级添加 overflow 属性

可以给父盒子添加 overflow 属性，取值为 hidden|auto|scroll 都可以实现。继续在示例 7-39 的基础上演示使用 overflow 属性清除浮动，添加的部分代码如下：

```
.father{
    border: 1px solid black;
    overflow: hidden;
}
```

保存文件，运行代码，效果如图 7-85 所示。

图 7-85　overflow 属性清除浮动

这种方式代码简洁，但是内容增多时容易造成不会自动换行，导致内容被隐藏，无法显示需要溢出的元素。

4. 使用 after 伪元素清除浮动

以示例 7-39 中父盒子的类名 father 为例，使用方法如下：

```
.father:after{
    content: ".";
    display: block;
    height: 0;
    clear: both;
    visibility: hidden;
}
.father{
    *zoom: 1;   /*IE6-7 不支持 :after, 使用 zoom:1 触发 hasLayout */
}
```

保存修改，运行代码，效果如图 7-86 所示。

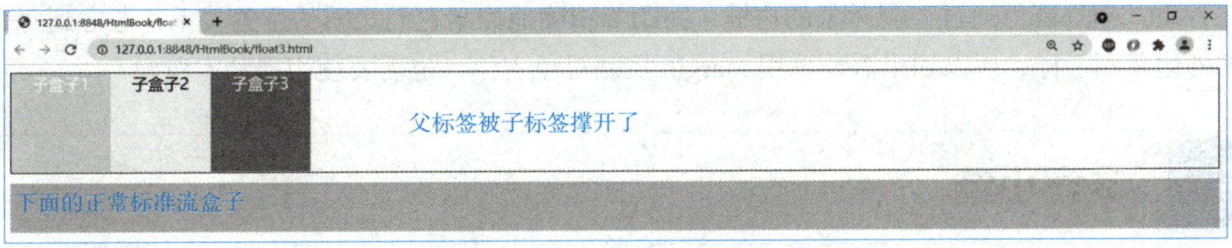

图 7-86　使用 after 伪元素清除浮动

注意：content:"." 里面尽量跟一个点，或者其他内容，尽量不要为空，否则在 firefox 7.0 之前的版本中会生成空格。

:after 方式为空元素的升级版，优点是不用单独添加标签，也符合闭合浮动思想，结构语义化正确。代表网站有百度、淘宝网、网易等。

5. 使用 before 和 after 双伪元素清除浮动

同样以示例 7-39 中父盒子的类名 father 为例，使用方法如下：

```
.father:before,.father:after{
    content: "";
    display: table;
}
.father:after{
    clear: both;
}
.father{
    *zoom: 1;   /*IE6-7 不支持 :after, 使用 zoom:1 触发 hasLayout */
}
```

这种方式同样可以清除子标签浮动的影响，代码更加简洁，由于 IE6-7 不支持 :after，也要使用 zoom:1 触发 hasLayout。代表网站有小米、腾讯等。

清除浮动就是把浮动的盒子圈到里面，让父盒子闭合出口和入口不让子盒子出来影响其他元素。

7.5.4 何时选用浮动定位

当需要网站有较强的对分辨率及内容大小的适应能力时，就需要采用浮动定位。浮动定位能将布局浮在窗口之中，而不是固定在窗口的某个位置，所以其目的主要是针对非固定类型的网页进行设计。

1. 居中布局

对一个元素居中，是相对于其左右两边而言的。如果浏览器窗口的宽度不固定，那么就需要使用 div，采用针对左右 margin 的 auto 设置，以便让元素居中浮动。

2. 横向宽度百分比缩放

如果有一个两列宽度自适应布局，当左列的宽度无法固定时，则右列的位置也就无法固定，因此右列必须浮动到左列的右边贴近，才可以适应左列宽度的随时变化。

3. 需要借助 margin、padding、border 等属性

浮动式布局能够通过控制对象的边框、间距等精确地控制它们之间的位置关系，考虑到每个对象的外边距不一样，所以如果需要采用 margin 控制对象占位，也需要使用浮动定位。

本章小结

1. 内容就是页面内访问者浏览的信息，结构是使用 HTML 等标签来描述内容，表现是使用 CSS 属性来修饰页面内容的外观、排版。

2. DIV+CSS 就是用 DIV 来搭建网站的结构（框架）、CSS 创建网站表现（样式 / 美化），实质上就是使用 HTML 标记对网站进行标准化重构，使用 CSS 将表现与内容分离。

3. DIV（div）标签没有任何内容上的意义，主要作为存放内容（文字、图片、元素）的容器标签广泛应用在 HTML 页面布局中。

4. div 是块级元素，默认状态下占据整行，其他对象在下一行显示。

5. 在 CSS 布局中，每一个元素都被当作一个矩形盒子。盒模型中主要的属性包括：width、height、padding、border、margin。

6. 当上下相邻的两个块元素相遇时，它们之间的垂直间距不是 margin-bottom 与 margin-top 之和，而是两者中的较大者。

7. 当两个行内元素相邻时，它们之间的距离为第一个元素的 margin-right+ 第二个元素的 margin-left。

8. 可以通过 box-sizing 指定盒模型，属性值为 content-box 时，将采用 W3C 标准盒模型解析；属性值为 border-box 时，将采用 IE 盒模型解析（怪异盒模型）。

9. 使用 CSS 改变元素的尺寸，当内容无法完全显示在元素的内容盒中时，默认处理方式是内容溢出，并继续显示。

10. 轮廓（outline）是绘制于元素周围的一条线，位于边框边缘的外围，可以设置轮廓样式、颜色、宽度偏移等，起到突出元素的作用。

11. 标准文档流，在元素排版布局的过程中，元素会自动从左往右，从上往下排列。

12. 脱离文档流，即将元素从普通的布局排版（普通文档流）中脱离出来，不再是从左至右从上至下，不受文档流的布局约束。

13. 定位属性将一个元素精确地放在页面上指定位置。元素的定位属性由定位模式 position 和位置属性（又称边偏移）两部分构成。

14. 静态位置就是各个元素在 HTML 标准文档流中默认的位置。

15. 相对定位，即定位元素的位置相对于它在普通流中的位置进行移动。使用相对定位的元素不管它是否进行移动，元素仍要占据它原来的位置。移动元素会导致它覆盖其他框。

16. 绝对定位是元素相对于已经定位（相对、绝对或固定定位）的最近的祖先元素进行定位。若没有已定位的最近的祖先元素，则依据浏览器窗口左上角（body）进行定位。元素的位置与文档流无关，也不占据文档流空间。

17. 固定定位脱离文档流，元素固定于浏览器可视区的位置，在浏览器页面滚动时元素的位置不会改变。

18. 浮动是指元素脱离标准流的控制，移动到指定位置的过程。通过 float 属性定义。

19. 使用 clear 属性来清除浮动。

课后自测

一、选择题

1. 下列属性中用于定义外边距的是（　　）。

　A. content　　B. padding　　C. border　　D. margin

2. 设置隐藏溢出的元素内容的方法正确的是（　　）。

　A. overflow:hidden　　B. overflow:auto　　C. overflow:visible　　D. overflow:scroll

3. 下列样式代码中，可以实现绝对定位的是（　　）。

　A. div.box {position:static; }

　B. div.box {position:absolute; ; top:20px; left:10px;}

　C. div.box {position:fixed}

　D. div.box {position:relative; top:20px; left:10px; }

4. 如果一个 div 的上内边距和下内边距都是 30 px，左内边距是 50 px，右内边距是 80 px，正确的写法是（　　）。

　A. padding: 30px 80px 30px 50px;　　B. padding: 30px 80px 50px;

　C. padding: 80px 30px 50px;　　D. padding: 30px 50px 30px 80px;

5. 下面关于 display 样式的描述错误的是（　　）。

　A. block：块对象的默认值。用该值为对象之后添加新行

　B. none：隐藏对象。隐藏对象保留物理空间

C. inline：内联对象的默认值

D. display：inline-block 将对象呈递为内联对象，对象的内容作为块对象呈递

6. 下列对于绝对定位的说法正确的是（　　）。

A. 元素位置发生偏移后，它原来的位置会被保留下来

B. 绝对定位的元素从标准文档流中脱离，这意味着它们对其他元素的定位不会造成影响

C. 如果没有已经定位的祖先元素，不会以浏览器窗口为基准进行定位

D. 使用了绝对定位的元素以它最近的一个“祖先元素”为基准进行偏移

7. 下列关于边距设置的说法正确的是（　　）。

A. margin:0 是设置内边距上下左右都为 0

B. margin:20px 50px; 是设置外边距左右为 20 px, 上下为 50 px

C. margin:10px 20px 30px; 是设置内边距上为 10 px，下为 20 px; 左为 30 px

D. margin:10px 20px 30px 40px; 是设置外边距上为 10 px，右为 20 px，下为 30 px, 左为 40 px

8. 下列关于盒模型的说法不正确的是（　　）。

A. 盒模型由 margin、border、padding、content 四部分组成

B. 标准盒模型是 box-sizing: border-box

C. IE 盒模型是 box-sizing: border-box

D. 标准盒模型是 box-sizing: content-box

9. 在 HTML 中，通常要通过定位，CSS 属性中（　　）可以设置垂直叠放次序。

A. list-style　　B. padding　　C. z-index　　D. float

10. 以下（　　）是块级元素。（选两项）

A. div　　B. img　　C. input　　D. p

11. 设置盒子圆角的属性是（　　）。

A. box-sizing　　B. box-shadow　　C. border-radius　　D. border

二、填空题

1. 在 DIV+CSS 布局技术中，________负责样式效果的呈现。

2. 在 CSS 中，可以通过________属性为元素设置浮动。

3. CSS 定位的方式有静态定位、________、________、________和黏性定位 5 种。

4. 在 CSS 定位中，除了需要使用 position 属性设置定位方式之外，还需要设置边偏移，偏移属性有________、________、________、________4 种。

5. 阅读下列说明、效果图 7-87 和 HTML 代码，进行静态网页开发，填写（1）至（10）代码。

【说明】

图 7-87 所示为某电商类网站服装商品展示页面局部，该网站正在促销秋冬季女装。现在需要编写该网站效果图部分代码。

项目名称为 shopping，包含首页 index.html、css 文件夹、img 文件夹，其中，css 文件夹包含 index.css 文件；img 文件夹包含 img1.jpg、img2.jpg、img3.jpg、img4.jpg、img5.jpg 图片。

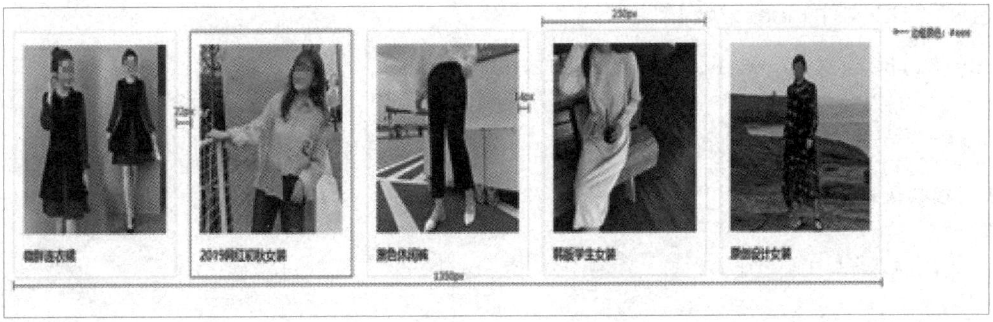

图 7-87　服装展示效果图

【代码：首页 index.html】

```
<!DOCTYPE html>
<html>
  <head>
     <title> 商品展示 </title>
     <meta charset="utf-8">
     <link rel="stylesheet" type="text/css" href="css/index.css" />
  </head>
  <body>
    <div class="box">
        <div class="con">
            <!-- 根据上下文填入合适的标签 -->
            < (1)  class="clear">
            <li>
                <img src="img/img1.jpg">
                <p> 微胖连衣裙 </p>
            </li>
            <li>
                <img src="img/img2.jpg">
                <p>2019 网红初秋女装 </p>
            </li>
            <li>
                <img src="img/img3.jpg">
                <p> 黑色休闲裤 </p>
            </li>
            <li>
                <img src="img/img4.jpg">
                <p> 韩版学生女装 </p>
            </li>
            <li>
                <img src="img/img5.jpg">
                <p> 原创设计女装 </p>
            </li>
            </ (2) >
        </div>
    </div>
  </body>
</html>
```

【代码：CSS 文件 index.css】

```
body,h1,h2,h3,h4,h5,h6,p,ul,ol,dl,dd{
    margin: 0;
    padding:0;
}
/* 清理默认 li 样式 */
ul{
   (3) : (4)
}
/* 显示为块级元素 */
img{
   (5) : (6)
}
/* 清理左右浮动 */
.clear:after{
    content: "";
    display: block;
   (7) : (8)
}
.box{
    width: 100%;
}
.box .con{
    width: 1375px;
    margin:0 auto;
}
.box .con ul{
    padding-top:30px;
}
/* 左浮动 */
.box .con ul li{
   (9) : (10)
    width: 250px;
    margin:0 22px 22px 0;
    border:1px solid #eee;
}
.box .con ul li img{
    margin:15px auto 0;
}
.box .con ul li p{
    padding:15px;
}
/* 设置鼠标移入添加红色边框 */
.box .con ul  li: hover
{
    border:1px solid red;
}
```

（1）________________ （2）________________ （3）________________ （4）________________

（5）________________ （6）________________ （7）________________ （8）________________

（9）________________ （10）________________

三、判断题

1．padding:10px; 只设置上边填充为 10 px，其他三边为 0 px。（　）

2．div 占用的位置是一行，一行可显示多个 span。（　）

3．在 HTML 中，DIV+CSS 可以用作排版布局，表格也可以。（　）

上机实战

练习 1：制作公司介绍页面

【问题描述】

本案例中，在第 5 章企业页面基础上，利用 CSS 浮动定位等属性，制作公司介绍页面，效果如图 7-88 所示。

图 7-88　企业公司介绍页面

【参考步骤】

（1）启动 HBuilderX，在指定项目中新建网页，并将图片素材放到对应目录下。

（2）在 <body> 标签对中构建新闻页面的 HTML 框架，代码如下：

```
<body>
    <div class="box">
        <img src="img/2/logo.png" class="logo1"/>
        <div class="menu">
            <ul>
                <li><a href="#"> 关于中建 </a></li>
                <li><a href="#"> 新闻中心 </a></li>
                <li><a href="#"> 党的建设 </a></li>
                <li><a href="#"> 业务领域 </a></li>
                <li><a href="#"> 科技创新 </a></li>
                <li><a href="#"> 文化品牌 </a></li>
                <li><a href="#"> 人力资源 </a></li>
                <li><a href="#"> 专题专栏 </a></li>
                <li><a href="#"> 信息公开 </a></li>
            </ul>
        </div>
        <hr size="10px" color="#018dd7" />
        <div class="box2">
            <h2> 公司介绍 </h2>
            <p class="gsjs1"> 中国建筑集团有限公司（简称中建集团），正式组建于 1982
年，是我国专业化发展最久、市场化经营最早、一体化程度最高、全球规模最大的投资建设集团之一。</p>
            <p class="gsjs1"> 中建集团主要以上市企业中国建筑股份有限公司（股票简称：
中国建筑，股票代码 601668.SH）为平台开展经营管理活动，拥有上市公司 8 家，二级控股子公司 100 余
家。</p>
            <!-- 使用 js 切换 -->
            <div class="wrap">
                <ul>
                    <li><a href="#" id="tab1" onmouseover="change1()"
class="on" > 中国建筑宣传册 </a></li>
                    <li><a href="#" id="tab2" onmouseover="change2()"> 中国
建筑品牌片 </a></li>
                </ul>
                <div class="sh">
                    <div id="tu" class="show">
                        <img src="img/7/gsjs1.jpg"/>
                    </div>
                    <div id="vid">
                        <video src="img/7/gsjs.mp4" controls loop></video>
                    </div>
                </div>
            </div>
            <!-- 介绍文字 -->
            <div class="gsjs2">
```

```
                    <p>2023 年，中国建筑新签合同额 4.32 万亿元，同比增长 10.8%；实现营业收入 2.27 万亿元，同比增长 10.2%；实现归属于上市公司股东净利润 542.6 亿元，同比增长 6.5%；加权平均净资产收益率达到 13.36%，继续保持行业领先；拟每 10 股派发现金股息 2.7145 元，现金分红比例 20.82%，连续六年持续增长，是建筑行业新签合同额、营业收入达到“双万亿”的企业。公司位列 2022 年《财富》世界 500 强第 9 位，中国企业 500 强第 3 位，稳居 ENR“全球最大 250 家工程承包商”首位，继续保持行业全球最高信用评级，市场竞争力和品牌影响力不断提升，行业领先地位进一步巩固。</p>
                    <p class="gsjs2"></p>
                    <p> 中国建筑的经营业绩遍布国内及海外一百多个国家和地区，业务布局涵盖投资开发（地产开发、建造融资、持有运营）、工程建设（房屋建筑、基础设施建设）、勘察设计、新业务（绿色建造、节能环保、电子商务）等板块。在我国，中国建筑投资建设了 90% 以上 300 米以上摩天大楼、3/4 重点机场、3/4 卫星发射基地、1/3 城市综合管廊、1/2 核电站，每 25 个中国人中就有一人使用中国建筑建造的房子。</p>
                    <p class="gsjs2"></p>
                    <p> 中建集团将坚持以习近平新时代中国特色社会主义思想为指导，深入学习贯彻党的二十大精神，坚定捍卫“两个确立”、坚决做到“两个维护”，坚决落实党中央决策部署，弘扬“忠诚担当 使命必达”的中国建筑精神，践行“拓展幸福空间”的使命，秉承“品质保障、价值创造”的核心价值观，全面贯彻新发展理念，服务构建新发展格局，推动高质量发展，奋力创建世界一流企业，为推进中国式现代化、全面建成社会主义现代化强国不断奋进。</p>
                </div>
                <!--  -->
                <div class="gsjs3">
                    <div class="now">
                        <h4> 世界最大的工程承包商，代表着中国房建领域的最高水平 </h4>
                        <p> 业务范围涉及城市建设的全部领域与项目建设的每个环节，在国内外建造了许多记录时代变迁、铭刻经济文化发展的经典地标，在超高层建筑领域拥有综合领先优势。在轨道交通、桥梁、城市综合管廊等领域完成了许多服务国计民生的重大基础设施项目。我们在保持超高层领域领先的前提下，不断优化业务结构。在大跨度厂房、会展中心、民生工程等领域承揽了一大批高端项目，积极为高端制造业提供工程服务，如建设全球首条最高面板世代线合肥京东方 10.5 代线项目。与此同时，加快发展基础设施业务，承接重庆轨道交通 9 号线全线、徐州地铁 3 号线全线等 10 个轨道交通项目。</p>
                    </div>
                    <div>
                        <h4> 中国最具实力的投资商之一，主要投资方向为房地产开发、融投资建造、城镇综合建设等领域 </h4>
                        <p></p>
                    </div>
                    <div>
                        <h4> 国内最大的建筑设计综合企业集团，业务覆盖建筑设计、城市规划、工程勘察、市政公用工程设计等诸多领域 </h4>
                        <p></p>
                    </div>
                    <div>
                        <h4> 中央企业践行国家“一带一路”倡议的代表者与领先者、海外投资建设运营一体化服务价值链的组织者和领导者 </h4>
                        <p></p>
                    </div>
                </div>
            </div>
            <p class="null"></p>
            <hr size="10px" color="#018dd7" />
```

```
<div class="footer">
    <ul>
        <li>
            <a href="#"><h1> 关于中建 </h1></a>
            <a href="#"> 公司简介 </a>
            <a href="#"> 管理团队 </a>
            <a href="#"> 组织架构 </a>
            <a href="#"> 发展历程 </a>
        </li>
        <li>
            <a href="#"><h1> 新闻中心 </h1></a>
            <a href="#"> 中建要闻 </a>
            <a href="#"> 企业动态 </a>
            <a href="#"> 国资动态 </a>
            <a href="#"> 媒体聚焦 </a>
            <a href="#"> 内部媒体 </a>
        </li>
        <li>
            <a href="#"><h1> 业务领域 </h1></a>
            <a href="#"> 房屋建筑工程 </a>
            <a href="#"> 基础设施建设 </a>
            <a href="#"> 房地产投资 </a>
            <a href="#"> 勘察设计 </a>
            <a href="#"> 海外业务 </a>
            <a href="#"> 新业务 </a>
        </li>
        <li>
            <a href="#"><h1> 科技创新 </h1></a>
            <a href="#"> 概况 </a>
            <a href="#"> 平台 </a>
            <a href="#"> 领域 </a>
            <a href="#"> 奖项 </a>
            <a href="#"> 公示 </a>
        </li>
        <li>
            <a href="#"><h1> 文化品牌 </h1></a>
            <a href="#"> 中建信条 </a>
            <a href="#"> 十典九章 </a>
            <a href="#"> 社会责任 </a>
            <a href="#"> 大国顶梁柱 </a>
            <a href="#"> 品牌故事 </a>
            <a href="#"> 文化案例 </a>
        </li>
        <li>
            <a href="#"><h1> 人力资源 </h1></a>
            <a href="#"> 人才战略 </a>
            <a href="#"> 职业发展 </a>
            <a href="#"> 教育培训 </a>
            <a href="#"> 校园招聘 </a>
```

```
                    <a href="#">社会招聘</a>
                </li>
                <li>
                    <a href="#"><h1>投资者关系</h1></a>
                    <a href="#">股票价格</a>
                    <a href="#">公司公告</a>
                    <a href="#">定期报告</a>
                    <a href="#">经营简报</a>
                    <a href="#">重大项目</a>
                    <a href="#">上市子公司</a>
                    <a href="#">路演推荐</a>
                    <a href="#">投资者服务</a>
                </li>
            </ul>
        </div>
    </div>
</body>
```

（3）为上面搭建好的 HTML 结构的网页应用 CSS 样式（也可以使用 link 标签链接外部样式表），代码如下：

```
<style>
    *{                              /*通用设置，清除所有元素默认内外边距*/
        margin: 0;
        padding: 0;
    }
    .box{                           /*设置 box 内容在浏览器居中*/
        width: 84%;
        margin: 0 auto;
        background-color: #fff;     /*设置背景颜色*/
    }
    body {
        background-color: #f2f2f2;  /*背景颜色为灰色*/
        font-size: 15px;            /*设置文字大小为 15 px*/
    }
    .logo1{
        margin-top: 10px;           /*设置顶部边距 10 px*/
        margin-bottom: 50px;        /*设置底部边距 50 px*/
        float: left;                /*向左浮动，使导航栏和图片在同一行*/
    }
    .box2{                          /*设置 box2 在 box 内部居中*/
        width: 80%;
        margin: 0 auto;
    }
    h2{
        text-align: center;         /*设置文字居中对齐*/
        color: #333;                /*设置文字颜色*/
        font-weight: normal;        /*设置文字常规*/
        font-family: "黑体";        /*设置文字字体为黑体*/
        font-size: 30px;            /*设置文字大小为 30 px */
```

```
        line-height: 56px;              /* 设置行高 */
        padding: 20px 0 10px;
        letter-spacing: 1em;            /* 设置文字间距 */
    }

    /* 横向导航菜单列表样式 */
    ul{
        list-style: none;               /* 清除列表的项目符号 */
    }
    .menu ul{
        float: left;                    /* 向左浮动，使导航栏和图片在同一行 */
        margin-left: 30px;
    }
    .menu li{
        display: inline-block;          /* 设置列表项为行内块元素，使列表项在同行显示 */
        width: 90px;
        height: 45px;
        line-height: 45px;
        text-align: center;
        font-size: 18px;
        margin-top: 50px;
    }
    .menu li a{                         /* 设置超链接样式 */
        text-decoration: none;
        display: inline-block;
        width: 90px;
        height: 45px;
        line-height: 45px;
        color: #222;
    }
    .menu li a:hover{                   /* 鼠标悬停样式设置 */
        background-color: #018dd7;
        color: #fff;
    }
    hr{
        clear: both;            /* 清除 Logo 图片和菜单列表的浮动，使后面元素正常布局 */
    }
    /* 公司介绍样式设置 */
    .gsjs1{                     /* 段落样式 */
        font-size: 16px;
        line-height: 28px;
        text-indent: 32px;
    }
    /*tab 切换样式 */
    .wrap{
        margin: 20px auto;
    }
    .wrap ul{
        list-style: none;
```

```
    margin-left: 20px;
}
.wrap ul li{                        /* 列表项样式 */
    float: left;
    height: 60px;
    line-height: 60px;
    font-size: 16px;
    width: 49%;
    background: #ebf1f5;
    text-align: center;
    margin: 0 0.3% 0 0;
    cursor: pointer;
}
a{
    text-decoration: none;
    color: #333;
    display: block;
}
a.on{
    background-color: #0081cc;
    color: #fff;
}
.sh img,.sh video{
    width: 100%;
    padding-top: 10px;
}
/* 初始状态图片显示，视频隐藏 */
.sh .show{
    display: block;
}
.sh div{
    display: none;
}

/* 文字效果设置 */
.gsjs2{
    padding: 16px 40px;
    background: #f8f8f8;
    overflow: hidden;
}
.gsjs2 p{
    font-size: 16px;
    line-height: 28px;
    text-indent: 32px;
}
/*  */
.gsjs3{
    background: url(img/7/gsjs3_bg.jpg) no-repeat;
    background-size: cover;     /* 背景铺满 */
```

```
        padding: 30px 10px 30px 30px;
        overflow: hidden;
        margin: 20px auto;
        height: 474px;
    }
    .gsjs3 div{
        float: left;
        width: 160px;
        height: 420px;
        padding: 0 10px;
        border-left: 1px solid #68ace1;
        font-size: 16px;
        color: #fff;
        line-height: 26px;
        overflow: hidden;
        cursor: pointer;
    }
    .gsjs3 .now{
        width: 35%;
        border-left: 0;
    }
    h4{
        display: block;
        margin-top: 5px;
        margin-bottom: 1em;
        font-weight: normal;
        font-size: 20px;
    }
    /* 底部 footer 列表样式 */
    .null{
        padding: 16px 40px;
    }
    .footer ul{
        /* width: 1240px; */
        margin-left: 30px;
        margin-top: 12px;
        padding-bottom: 12px;
        overflow: hidden;
    }
    .footer ul li{
        float: left;
        display: inline;
        width: 176px;
        font-size: 14px;
        color: #6b6b6b;
        /* text-align: center; */
    }
    .footer ul li a{
        text-decoration: none;
```

```
            display: block;
            font-size: 14px;
            color: #6b6b6b;
            line-height: 26px;
        }
        .footer ul li a:hover{
            color: #018dd7;
        }
        .footer ul li a h1{
            font-size: 16px;
            margin-bottom: 5px;
            color: #333333;
        }
    </style>
```

（4）添加简单 js 实现 tab 页切换动态效果（可不加，不影响页面），代码如下：

```
<!-- 使用 js 实现 tab 切换效果 -->
<script>
    function change1(){
        var tab1 = document.getElementById("tab1");
        var tab2 = document.getElementById("tab2");
        var tu = document.getElementById("tu");
        var vid = document.getElementById("vid");
        tab1.className = "on";
        tab2.className = "";
        tu.className = "show";
        vid.className = "";
    }
    function change2(){
        var tab1 = document.getElementById("tab1");
        var tab2 = document.getElementById("tab2");
        var tu = document.getElementById("tu");
        var vid = document.getElementById("vid");
        tab1.className = "";
        tab2.className = "on";
        tu.className = "";
        vid.className = "show";
    }
</script>
```

（5）保存并预览网页。

练习 2：用 DIV 布局，使用浮动实现图文混排

【问题描述】

使用 CSS 浮动制作图 7-89 所示的新闻页面。

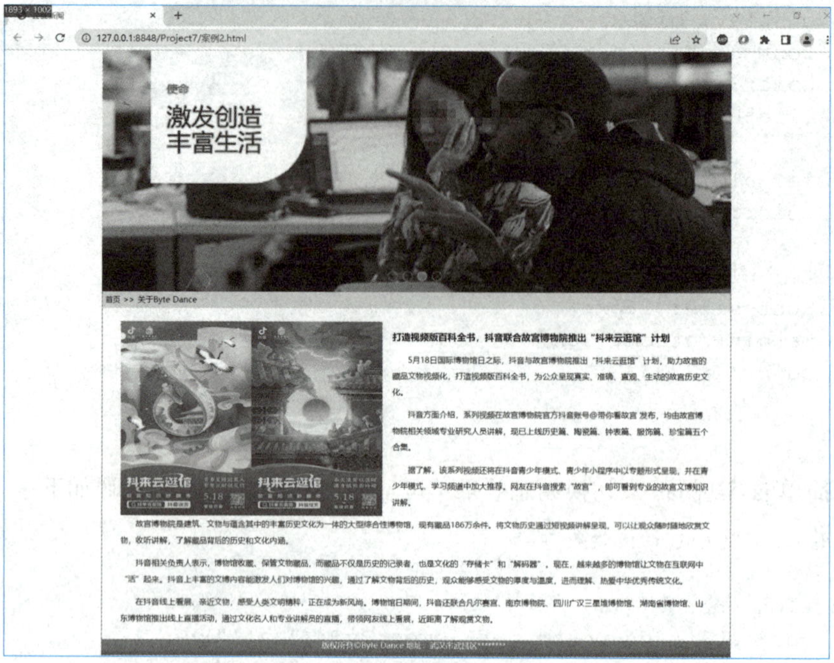

图 7-89　企业新闻页面

【参考步骤】

（1）启动 HBuilder，在指定项目中新建网页。

（2）在 <body> 标签对中构建新闻页面的 HTML 框架，代码如下：

```
  <div class="box">
      <div class="header">
        <div class="banner” ></div>
        <div class="path”><a href="#">首页 </a>&gt;&gt;<a href="#">关于 Byte Dance
</a></div>
      </div>
      <div class="content">
        <img src="img/byte1.jpg" >
        <h3>打造视频版百科全书，抖音联合故宫博物院推出“抖来云逛馆”计划</h3>
        <p>5 月 18 日国际博物馆日之际，抖音与故宫博物院推出“抖来云逛馆”计划，助力故宫的藏品文物视频化，打造视频版百科全书，为公众呈现真实、准确、直观、生动的故宫历史文化。</p>
        <p>抖音方面介绍，系列视频在故宫博物院官方抖音账号 @ 带你看故宫 发布，均由故宫博物院相关领域专业研究人员讲解，现已上线历史篇、陶瓷篇、钟表篇、服饰篇、珍宝篇五个合集。</p>
        <p>据了解，该系列视频还将在抖音青少年模式、青少年小程序中以专题形式呈现，并在青少年模式、学习频道中加大推荐。网友在抖音搜索“故宫”，即可看到专业的故宫文博知识讲解。</p>
        <p>故宫博物院是建筑、文物与蕴含其中的丰富历史文化为一体的大型综合性博物馆，现有藏品 186 万余件。将文物历史通过短视频讲解呈现，可以让观众随时随地欣赏文物，收听讲解，了解藏品背后的历史和文化内涵。</p>
        <p>抖音相关负责人表示，博物馆收藏、保管文物藏品，而藏品不仅是历史的记录者，也是文化的“存储卡”和“解码器”。现在，越来越多的博物馆让文物在互联网中“活”起来。抖音上丰富的文博内容能激发人们对博物馆的兴趣，通过了解文物背后的历史，观众能够感受文物的厚度与温度，进而理解、热爱中华优秀传统文化。</p>
```

```
        <p>在抖音线上看展、亲近文物，感受人类文明精粹，正在成为新风尚。博物馆日期间，抖音
还联合凡尔赛宫、南京博物院、四川广汉三星堆博物馆、湖南省博物馆、山东博物馆推出线上直播活动，通
过文化名人和专业讲解员的直播，带领网友线上看展，近距离了解观赏文物。</p>
    </div>
    <div class="footer">
      版权所有 &copy;Byte Dance 地址：武汉市武昌区 ********
    </div>
  </div>
```

（3）对上面搭建好的 HTML 结构的网页应用 CSS 样式，代码如下：

```
<style type="text/css">
    body,p{/* 公共样式 */
        margin: 0px;
        padding: 0px;
        font-size:12px;
    }
    .box{/* 设置盒子宽度，使页面整体居中 */
        width: 960px;
        margin:0 auto;
    }
    .footer {/* 页面底部样式 */
        background-image: url(img/footbg.gif);
        background-repeat: repeat-x;
        height: 39px;
        text-align: center;
        display: block;
        color: #FFFFFF;
    }
    .banner{  /* 页面头部图片样式 */
        background: url(img/banner.png);
        height: 372px;
    }
    .path{/* 页面头部导航条样式 */
        font-size: 12px;
        text-align: left;
        background-color: #E3E9EC;
        line-height: 25px;
        border-right: 1px solid #0A7CC0;
        border-left: 1px solid #0A7CC0;
    }
    .path a{  /* 导航条链接文字样式 */
        color: #000000;
        text-decoration: none;
        margin:0 5px;
    }
    .content {/* 设置页面正文左右边框，内边距 */
        border-right: 1px solid #0A7CC0;
        border-left: 1px solid #0A7CC0;
        padding: 20px 30px;
    }
```

```
        .content img {/*设置页面正文部分图片样式*/
            height: 300px;
            width: 400px;
            float: left;
            margin-right: 15px;
        }
        .content p{/*设置页面正文部分段落样式*/
            font-size: 12px;
            text-indent: 2em;
            line-height: 25px;
            margin-top: 10px;
        }
    </style>
```

（4）将上述 CSS 代码添加到 HTML 页面中，保存并预览网页。

练习 3：制作学院网站页面

【问题描述】

实现图 7-90 所示的学院网站页面效果。

图 7-90　学院网站页面效果

【参考步骤】

（1）启动 HBuilderX，在指定项目中新建网页，并将图片素材放到对应目录下。

（2）在 <body> 标签对中构建新闻页面的 HTML 框架，代码如下：

```
<body>
    <div class="box">
```

```
            <div class="header">
                <div class="banner"></div>
                <div class="path">您目前的位置：<a href="#">首页</a>&gt;&gt;<a
href="#">新闻中心</a></div>
            </div>
            <div class="content">
                <div class="left">
                    <h1>学院风景</h1>
                    <img src="img/7/t1.jpg" />
                    <img src="img/7/t2.jpg" />
                </div>
                <div class="right">
                    <h1>新闻动态 <a href="#" class="more"> >>more</a></h1>
                    <p>
                        在建党百年之际，党中央召开六中全会，全面总结党的百年奋斗重大成就和
历史经验，是郑重的历史性、战略性决策，体现了我们党重视和善于运用历史规律的高度政治自觉，体现了我
们党牢记初心使命、继往开来的自信和担当。
                    </p>
                </div>
                <div class="clear">

                </div>
            </div>
            <div class="footer">
                ****** 数字媒体技术系 提供技术支持 <br />
                学院地址：中国 . 武汉 .*** 邮编：*** 咨询热线：******
            </div>
        </div>
    </body>
```

（3）对上面搭建好的 HTML 结构的网页应用 CSS 样式，代码如下：

```
    <style type="text/css">
        /*公共样式*/
        body{
            margin: 0px;
            padding: 0px;
            font-size: 14px;
            background: url(img/7/body.gif);
        }
        .box{
            width: 960px;
            margin: 0 auto;
            background-color: #fff;
        }
        /*页面底部样式*/
        .footer{
            text-align: center;  /*文字居中*/
            background-color: #D8D8D8;
            line-height: 30px;
```

```
    padding-top: 20px;
}
/*banner 图片 */
.banner{
    background: url(img/7/banner1.jpg);
    height: 469px;
}
/* 页面头部 path 样式 */
.path{
    font-size: 12px;
    text-align: left;
    line-height: 35px;
    background-image: url(img/7/pathbg.gif);
    background-repeat: repeat-x;
    height: 37px;
}
.path a{
    color: #f73f06;
    text-decoration: none;
    margin:0 5px;
}
/* 页面正文样式 */
.content{
    padding: 20px 10px;
}
/* 设置正文中新闻菜单样式，包括宽度和左浮动 */
.content .left{
    width: 602px;
    float: left;
    padding-bottom: 20px;
}
.content .right{
    width: 298px;
    margin-left: 20px;
    float: left;
}
/* 清除浮动，让 content 自适应高度 */
.clear{
    clear: left;
}
.left h1,.right h1{
    height: 30px;
    margin-bottom: 18px;
    font-size: 24px;
    color: #527439;
    line-height: 30px;
    font-weight: normal;
}
.more{
```

```
        font-size: 14px;
        color: #4c4c4c;
        float: right;
        text-decoration: none;
    }
    .left img{
        width: 260px;
        height: 210px;
        border: solid 1px #666666;
        margin: 8px 10px;
        padding: 2px;
        background-color: #FFFFFF;
    }
    .right p{
        font-size: 18px;
        text-indent: 2em;
        margin: 20px;
        padding: 0;
    }
</style>
```

（4）将上述 CSS 代码添加到 HTML 页面中，保存并预览网页。

拓展练习

1．制作图 7-91 所示的博客日志页面。

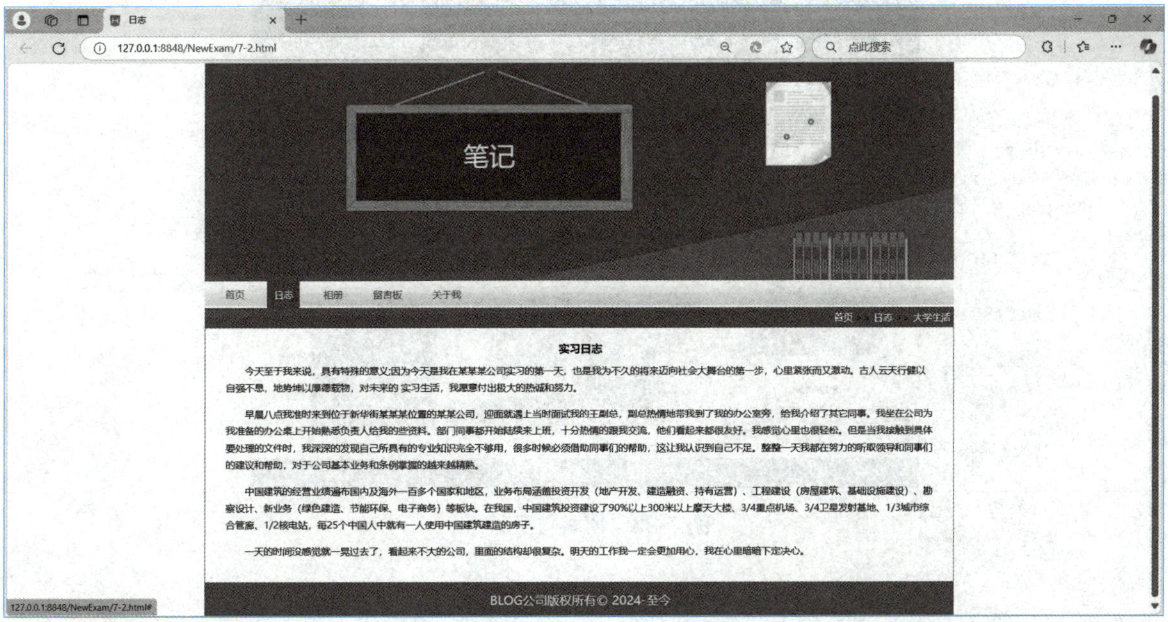

图 7-91　博客日志页面效果

2．制作图 7-92 所示的博客文章页面。

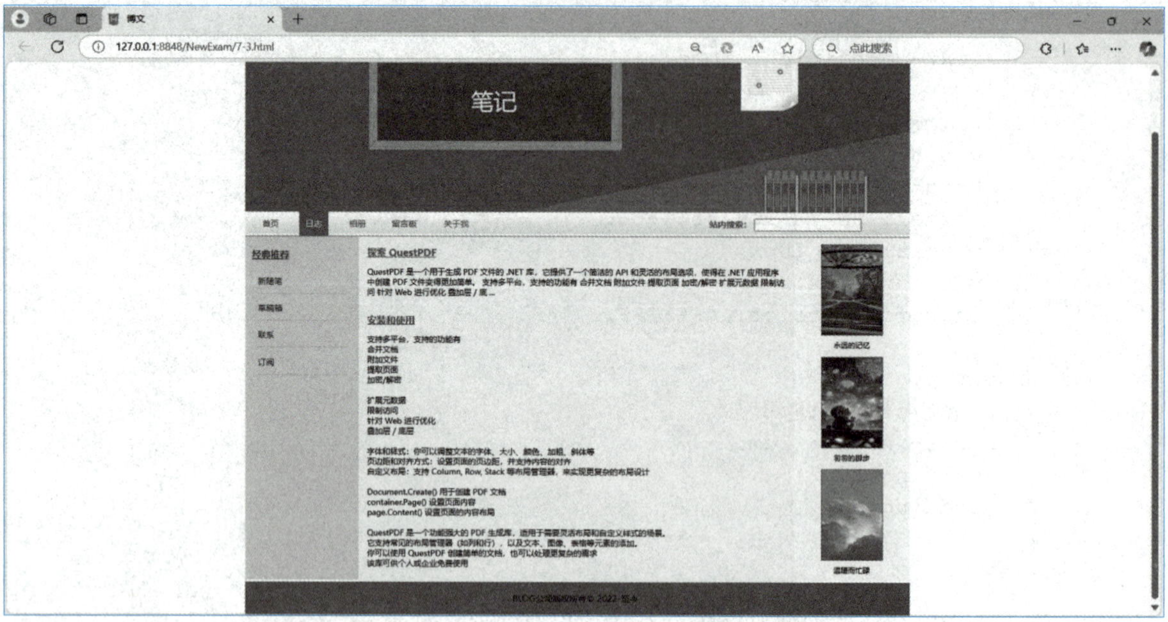

图 7-92　博客文章页面效果

3．制作图 7-93 所示的博客首页。

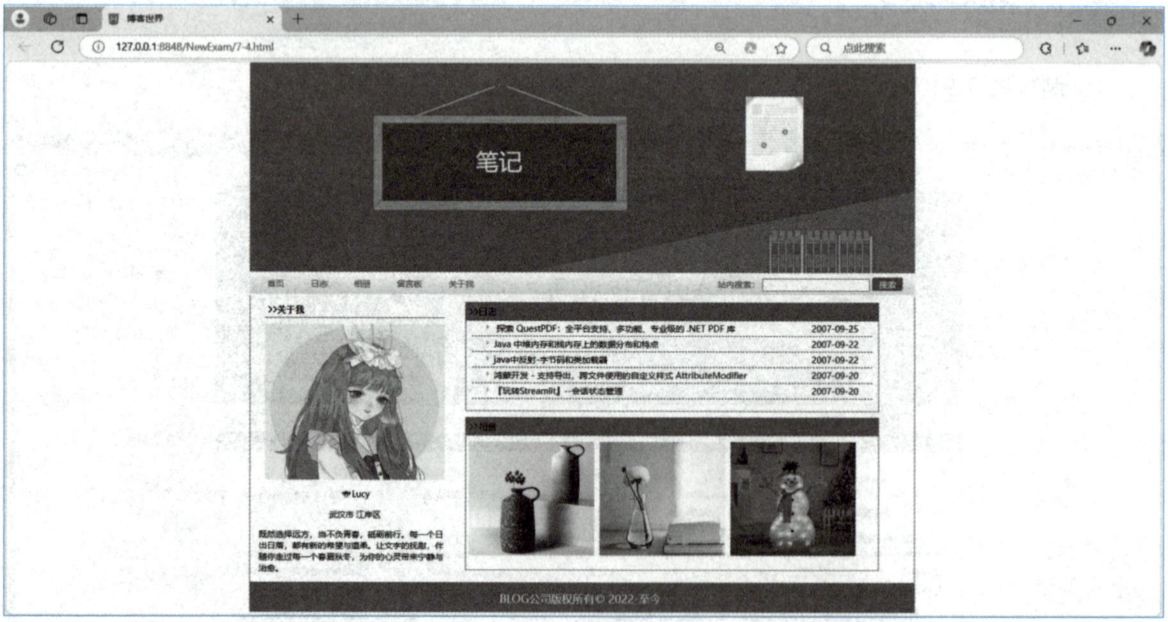

图 7-93　博客首页效果

4．制作图 7-94 所示的学院网站主页。

图 7-94　学院网站主页效果

5．制作图 7-95 所示的企业网站主页。

图 7-95　企业网站主页效果

第 8 章

应用 CSS3 布局网页与实例

学习目标

- 掌握一列固定宽度及高度；
- 掌握一列自适应宽度；
- 掌握一列固定宽度居中。

知识结构

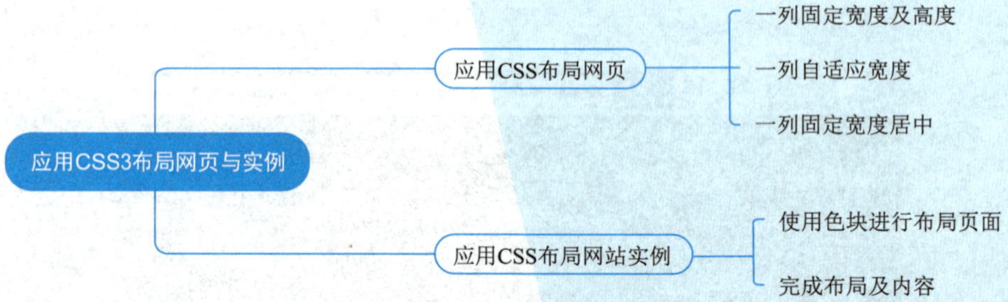

CSS 的布局是一种很新的布局理念，完全有别于传统的布局习惯。它首先将页面在整体上进行 <div> 标记的分块，然后对各个块进行 CSS 定位，最后在各个块中添加相应内容。通过 CSS 布局的页面，更新十分容易，甚至是页面的拓扑结构，都可以通过修改 CSS 属性重新定位。本章主要介绍 CSS 布局的一些基本技巧。

8.1 应用 CSS 布局网页

网页主要由 HTML、CSS、JavaScript 三部分构成，而 CSS 除了美化网页以外，还可以用作网页布局，比如 CSS 技术可以让网页分成几个不同的版块，然后分别调整内容，使页面呈现出更加唯美的形态。

视 频

应用CSS3布局网页

8.1.1 一列固定宽度及高度

一列固定宽度是 CSS 布局基础中的基础，由于是固定宽度布局，因此直接设置宽度属性 width: 400 px 与高度属性 height: 300 px。

示例 8-1

```
<html>
    <head>
        <meta http-equiv="Content-Type" content="text/html; charset=gb2312" />
        <title>一列固定宽度</title>
        <style type="text/css">
            #layout{
              border: 2px solid #A9C9E2;
              background-color: #E8F5FE;
              height: 300px;
              width: 400px;
            }
        </style>
    </head>
    <body>
        <div id="layout"><img src="img/1.png"></div>
    </body>
</html>
```

使用宽度和高度来布局设置一个宽度 400 px 和高度 300 px 的盒子，如图 8-1 所示。

图 8-1 一列固定宽度效果

8.1.2　一列自适应宽度

自适应布局是网页设计中常见的布局形式，自适应布局能够根据浏览器窗口的大小，自动改变其宽度值和高度值，是一种非常灵活的布局形式。良好的自适应布局网站对不同分辨率的显示器都能提供最好的显示效果。实际上 DIV 默认状态下占据整行空间，便是宽度为 100% 的自适应布局的表现形式。一列自适应布局只需要将宽度由固定值改为百分比值的形式即可。在这里将宽度由一列固定宽度的 400 px 改为 80%，从图 8-2 所示的预览效果中可以看到，DIV 的宽度值已经变为浏览器宽度的 80%。自适应的优势就是当扩大或缩小浏览器窗口大小时，还将维持与浏览器当前宽度的比例。

示例 8-2

```
<html xmlns="http://www.w3.org/1999/xhtml">
    <head>
        <meta http-equiv="Content-Type" content="text/html; charset=gb2312" />
        <title>一列自适应宽度</title>
        <style type="text/css">
            #layout {
                border: 2px solid #A9C9E2;
                background-color: #E8F5FE;
                width: 300px;
                width: 80%;
            }
        </style>
    </head>
    <body>
        <div id="layout"><img src="img/1.png"></div>
    </body>
</html>
```

示例代码运行效果如图 8-2 所示，将浏览器的窗口调整以后效果如图 8-3 所示。

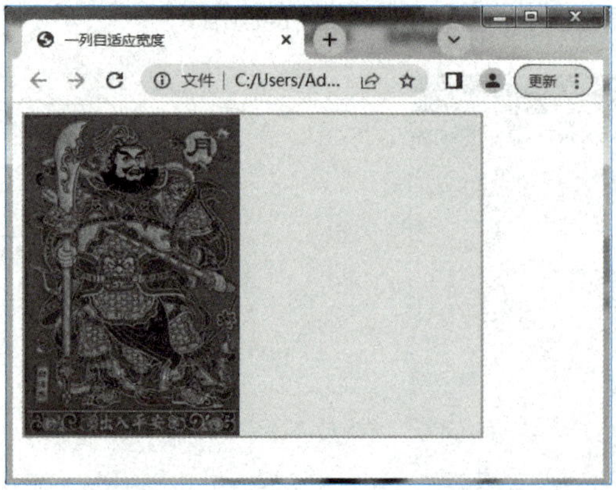

图 8-2　一列自适应宽度小窗口

图 8-3　一列自适应宽度大窗口

8.1.3　一列固定宽度居中

页面整体居中是网页设计中最普遍应用的形式，在传统表格布局中，使用表格的 align="center"

属性实现。DIV 本身也支持 align="center" 属性，也可以使 div 呈现居中状态，但 CSS 布局是为了实现表现和内容的分离，而 align 对齐属性是一种样式代码，书写在 XHTML 的 DIV 属性之中，有违分离原则 (分离可以使网站更利于管理)。因此，应当使用 CSS 实现内容的居中。示例 8-3 以一列固定宽度布局代码为例，为其增加居中的 CSS 样式。

示例 8-3

```
<html>
    <head>
        <meta http-equiv="Content-Type" content="text/html; charset=gb2312" />
        <title>一列固定宽度</title>
        <style type="text/css">
            #layout{
                border: 2px solid #A9C9E2;
                background-color: #E8F5FE;
                height: 300px;
                width: 400px;
            }
        </style>
    </head>
    <body>
        <div id="layout"><img src="img/1.png"></div>
    </body>
</html>
```

示例代码在浏览器中的运行效果如图 8-4 所示。

图 8-4　一列固定宽度居中

8.2 应用 CSS 布局网页实例

通过前面内容的学习，掌握了 CSS 布局网页，本节通过 CSS 知识完成一个网页实例制作，加深 CSS 布局网页的实际应用。

8.2.1　使用色块进行布局页面

完成一个景点介绍页面，效果如图 8-5 所示。

图 8-5　CSS 布局网页实例

在 CSS 中使用 div 做布局的效果比较好，在使用 div 布局时，可先将内容做成一个个盒子，同时设置为不同的色块。

示例 8-4

```
<html>
    <head>
        <meta charset="UTF-8">
        <title></title>
        <style type="text/css">
            *{
                margin: 0;
                padding: 0;
            }
            #meau{
                height: 98px;
                background-color: #FFE4C4;
            }
            #box{
                width: 900px;
                margin: 0 auto;
            }
            #shang{
                width: 980px;
                height: 300px;
                background-color: aqua ;
            }
```

```
            #zeng1{
                width: 680px;
                height: 350px;
                background-color: blueviolet;
                float: left;
            }
            #zeng2{
                width: 300px;
                height: 350px;
                background-color: coral;
                margin-left: 680px;
            }
            #xai{
                width: 980px;
                height: 30px;
                background-color: #FFE4C4;
            }
        </style>
    </head>
    <body>
        <div id="meau">
        </div>
        <div id="box">
            <div id="shang">
            </div>
            <div id="zeng >
                <div id="zeng1">
                </div>
                <div id="zeng2">
                </div>
            </div>
            <div id="xai">
            </div>
        </div>
    </body>
</html>
```

示例代码在浏览器中的运行效果如图 8-6 所示。

图 8-6 CSS 和背景色完成布局

8.2.2 完成布局及内容

根据每个 DIV 需要的内容，完成 HTML 内容和 CSS 内容。

示例 8-5

```
<html>
    <head>
        <meta charset="UTF-8">
        <title></title>
        <style type="text/css">
            *{
               margin: 0;
               padding: 0;
            }
            #box{
               width: 900px;
               margin:0 auto;
            }
            #meau{
               height: 98px;
               background-image: url(img/bg_index_top.jpg);
            }
            #meau img{
               float: left;
               margin-left: 330px;
            }
            #meau1 li{
               float: left;
               list-style: none;
               margin-top: 30px;
            }
            #meau1 li a{
               text-decoration: none;
               color: black;
               padding: 0 25px;
               margin-left: 20px;
            }
            #box{
               width: 1000px;
               margin: 0 auto;
            }
            #zeng{
               margin-top: 17px;
               border-top: 1px solid #A9A9A9 ;
               height: 350px;
               border-bottom: 1px solid #A9A9A9 ;
            }
            #zeng1{
               float: left;
               width: 650px;
            }
```

```
        #zeng1 p{
          font-size:15px ;
        }
        #zeng1 div{
          margin-top: 15px;
        }
        #zeng2 span{
          font-weight: bold;
          float: right;
          margin-left: 30px;
        }
        #zeng2 p{
          font-weight: bold;
          line-height: 30px;
          display: block;
          background-color: bisque;
          margin-left: 650px;
          margin-right: 21px;
        }
        #zeng2 a{
          text-decoration: none;
          color: #000000;
        }
        #xai p{
          margin-left: 400px;
          margin-top: 25px;
          font-size: 4px;
          color: #A9A9A9;
        }
        #zeng2 img{
          padding-left:90px;
        }
        #zeng2m{
          margin-left: 90px;
        }
    </style>
</head>
<body>
    <div id="meau">
        <img src="img/logo.png" />
        <div id="meau1">
          <ul>
           <li><a href="new_file.htm">首页 </a></li>
           <li><a href="new_file.html">盘山资讯 </a></li>
           <li><a href="#">盘山典故 </a></li>
           <li><a href="#">玩在盘山 </a></li>
           <li><a href="index.html">留言板 </a></li>
          </ul>
        </div>
```

```
            </div>
            <div id="box">
            <div id="shang">
                <img src="img/1.jpg" />
            </div>
            <div id="zeng">
                <div id="zeng1">
                <div id="zengmi"><p>盘山是自然山水与名胜古迹并著、佛教寺院与皇家园林共称的旅游胜地</p></div>
                <div><p>位于天津市蓟州区西北，又因她雄距北京之东，故有“京东第一山”之誉</p></div>
                <div><p>相传东汉末年，无终名士田畴不受献帝封赏、隐居于此，因此人称田盘山，简称盘山。清朝乾隆皇帝一生 32 次登临盘山，留下盛赞盘山的诗作 1702 首，第一次巡幸盘山时，就发出“早知有盘山 何必下江南”的感叹</p></div>
                <div><p>盘山南距天津市 110 公里，东临唐山市 100 公里，西至北京 90 公里，似一条巨龙，盘亘于京东津北，盘山景色以“五峰八石”“三盘之盛”而奇特称绝。主峰挂月峰海拔 864.4 米，前拥紫盖峰，后依自来峰，东连九化峰，西傍舞剑峰，五峰攒簇，怪石嶙峋。天然形成了“三盘之盛”，上盘松盛，蟠曲逆天；石盘石生，怪异神奇；下盘水胜，鉴于盆珠</p></div>
            </div>
                <div id="zeng2">
                   <div id="zeng2m"><p>酒店预定<span><a href=" #" >更多>></a></span></p></div>
                   <img src="img/333.JPG" />
            </div>
            </div>
            <div id="xai">
                <p>2014 盘山景点</p>
            </div>
            </div>
        </body>
    </html>
```

示例代码在浏览器中的运行效果如图 8-7 所示。

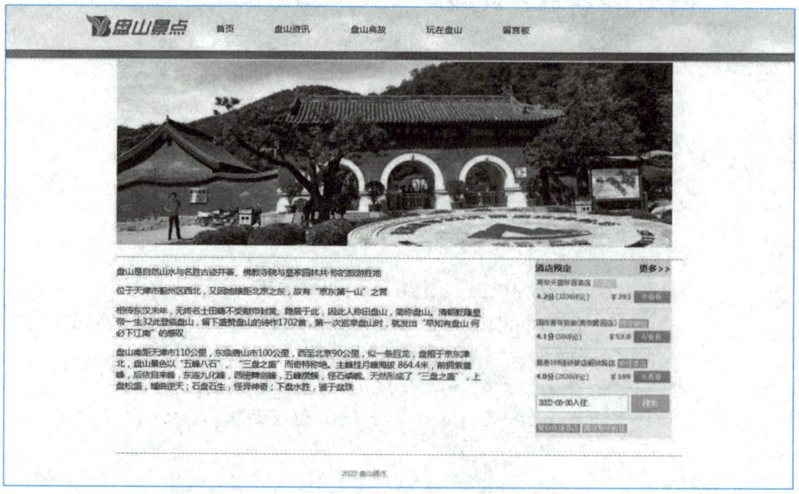

图 8-7　盘山景点首页

本章小结

1．一列固定宽度及高度主要使用 width 和 height 进行设置。
2．一列自适应宽度主要使用 % 的形式进行设置。
3．一列固定宽度使用 align 设置居中。

课后自测

1. 关于文本对齐的源代码设置不正确的是（　　）。
   A. 居中对齐：<div align="middle">…</div>
   B. 居右对齐：<div align="right">…</div>
   C. 居左对齐：<div align="left">…</div>
   D. 两端对齐：<div align="justify">…</div>
2. 如果要使一幅图像在网页中居中显示，应使用（　　）语句。
   A. <DIV align="center"><IMG src=image.gif></DIV>
   B. <IMG src=image.gif align="center">
   C. <IMG src=image.gif align="middle">
   D. <IMG src=image.gif valign="middle">
3. 在 HTML 中，下列几条关于样式表优点的说法错误的是（　　）。
   A. 样式表可以改变浏览器的默认显示风格
   B. 样式表可以使页面内容和显示样式分离
   C. 样式表可以重用，并且样式表更改后，使用该样式表的文档会做相应修改
   D. 一个样式表对应一个 HTML 文档
4. 下列说法错误的是（　　）。
   A. CSS 样式表可以将格式和结构分离
   B. CSS 样式表可以控制页面的布局
   C. CSS 样式表可以使许多网页同时更新
   D. CSS 样式表不能制作体积更小下载更快的网页
5. CSS 样式表不可能实现（　　）功能。
   A. 将格式和结构分离　　　　B. 一个 CSS 文件控制多个网页
   C. 控制图片的精确位置　　　D. 兼容所有浏览器

上机实战

练习 1：制作企业首页

【问题描述】

综合前面章节所学知识，制作企业首页，效果如图 8-8 所示。

图 8-8　企业首页效果

【案例步骤】

（1）启动 HBuilderX，在指定项目中新建网页，并将图片素材放到对应目录下。

（2）在 <body> 标签对中构建新闻页面的 HTML 框架，代码如下：

```
<body>
    <!-- 顶部 Logo 和导航容器 -->
    <div class="box1">
        <img src="img/2/logo.png" class="logo1"/>
        <!-- 顶部横向导航 -->
        <div class="menu">
            <ul>
                <li><a href="#"> 关于中建 </a></li>
                <li><a href="#"> 新闻中心 </a></li>
                <li><a href="#"> 党的建设 </a></li>
                <li><a href="#"> 业务领域 </a></li>
                <li><a href="#"> 科技创新 </a></li>
                <li><a href="#"> 文化品牌 </a></li>
                <li><a href="#"> 人力资源 </a></li>
                <li><a href="#"> 专题专栏 </a></li>
                <li><a href="#"> 信息公开 </a></li>
            </ul>
        </div>
    </div>
    <!-- banner 图片 -->
    <div class="banner">
        <!-- 使用 CSS 样式填充 banner -->
    </div>
    <h2> 中建集团党组学习贯彻习近平总书记重要讲话精神 </h2>
    <div class="box2">
        <div class="box2_left">
            <img src="img/8/list1.jpg" alt="" />
            <div class="tip">
                <span> 古建筑城楼 </span>
            </div>
        </div>
        <div class="box2_right">
            <h3> 中建要闻 </h3>
            <ul>
                <li><a href="#"> 中国建筑举办 2024 年半年度业绩说明会 </a><span>
2024-09-02</span></li>
                <li><a href="#"> 中建集团党组学习贯彻习近平总书记重要讲话精神 </a>
<span>2024-09-01</span></li>
                <li><a href="#"> 郑学选与国家国际发展合作署党组书记、署长罗照辉会谈
</a><span>2024-08-31</span></li>
                <li><a href="#"> 文兵出席 2024 “一带一路” 媒体合作论坛开幕式 </a>
<span>2024-08-31</span></li>
                <li><a href="#"> 赵晓江赴子企业开展创新业务专题调研 </a><span>
2024-08-31</span></li>
```

```
                    <li><a href="#"> 中国建筑召开 2024 年第一次临时股东大会 </a><span>
2024-08-30</span></li>
                    <li><a href="#"> 中国建筑第四届董事会召开第一次会议 </a><span>
2024-08-30</span></li>
                    <li><a href="#"> 中国建筑 2024 年半年度报告 </a><span>2024-08-29
</span></li>
                    <li><a href="#"> 中国建筑第三届董事会召开第六十二次会议 </a><span>
2024-08-29</span></li>
                </ul>
            </div>
            <div class="clear"></div>
        </div>
        <!-- 第三个模块 -->
        <div class="box3">
            <div class="box3_1">
                <div class="box3_left">
                    <ul>
                        <li><a href="#"> 房屋建筑工程 </a></li>
                        <li><a href="#"> 基础设施建设与投资 </a></li>
                        <li><a href="#"> 房地产投资与开发 </a></li>
                        <li><a href="#"> 勘察设计 </a></li>
                        <li><a href="#"> 海外业务 </a></li>
                        <li><a href="#"> 新业务 </a></li>
                    </ul>
                </div>
                <div class="box3_right">
                    <img src="img/8/list2.jpg" alt="" srcset="" />
                </div>
                <div class="clear"></div>
            </div>
        </div>
        <!-- 第四个模块，使用无序列表排版，也可以直接嵌套 div -->
        <div class="box4">
            <ul>
                <li>
                    <div>
                        <p> 党的建设 </p>
                        <img src="img/8/ibg1.jpg" alt="" srcset="" />
                    </div>
                    <span> 坚持党的领导、加强党的建设，把学习宣传贯彻习近平新时代中国特色
社会主义思想作为首要政治任务，增强“四个意识”，坚定“四个自信”，做到“两个维护”，聚焦“一创五
强”战略目标，紧扣“五个加强”要求，以高质量党建引领高质量发展。</span>
                </li>
                <li>
                    <div>
                        <p> 文化品牌 </p>
                        <img src="img/8/ibg2.jpg" alt="" srcset="" />
                    </div>
```

```
                    <span>坚定文化自信，弘扬社会主义核心价值观，将《中建信条》、《十典九章》
核心文化理念转化为员工的行为习惯，发挥文化凝聚、引领、激励、约束等作用，打造企业的文化软实力，
以文化为重要依托，丰富品牌内涵，提升中国建筑品牌价值。</span>
                </li>
                <li>
                    <div>
                        <p>人力资源</p>
                        <img src="img/8/ibg3.jpg" alt="" srcset="" />
                    </div>
                    <span>人才兴则企业兴，坚持党管人才，深化改革创新，激发人才活力，走人
才强企之路，聚天下英才而用之，为建设世界一流企业提供坚强组织保障。</span>
                </li>
                <li>
                    <div>
                        <p>科技创新</p>
                        <img src="img/8/ibg4.jpg" alt="" srcset="" />
                    </div>
                    <span>坚持“科技支撑发展，创新引领未来”的指导思想，在全面开展跟随创
新、集成创新的同时，大力做好原始创新，强化企业核心竞争力，为企业转型升级保驾护航。</span>
                </li>
            </ul>
        </div>
        <p class="null"></p>
        <!-- 底部列表 -->
        <div class="footer">
            <hr size="10px" color="#018dd7" />
            <ul>
                <li>
                    <a href="#"><h1>关于中建</h1></a>
                    <a href="#">公司简介</a>
                    <a href="#">管理团队</a>
                    <a href="#">组织架构</a>
                    <a href="#">发展历程</a>
                </li>
                <li>
                    <a href="#"><h1>新闻中心</h1></a>
                    <a href="#">中建要闻</a>
                    <a href="#">企业动态</a>
                    <a href="#">国资动态</a>
                    <a href="#">媒体聚焦</a>
                    <a href="#">内部媒体</a>
                </li>
                <li>
                    <a href="#"><h1>业务领域</h1></a>
                    <a href="#">房屋建筑工程</a>
                    <a href="#">基础设施建设</a>
                    <a href="#">房地产投资</a>
                    <a href="#">勘察设计</a>
                    <a href="#">海外业务</a>
                    <a href="#">新业务</a>
```

```
            </li>
            <li>
                <a href="#"><h1> 科技创新 </h1></a>
                <a href="#"> 概况 </a>
                <a href="#"> 平台 </a>
                <a href="#"> 领域 </a>
                <a href="#"> 奖项 </a>
                <a href="#"> 公示 </a>
            </li>
            <li>
                <a href="#"><h1> 文化品牌 </h1></a>
                <a href="#"> 中建信条 </a>
                <a href="#"> 十典九章 </a>
                <a href="#"> 社会责任 </a>
                <a href="#"> 大国顶梁柱 </a>
                <a href="#"> 品牌故事 </a>
                <a href="#"> 文化案例 </a>
            </li>
            <li>
                <a href="#"><h1> 人力资源 </h1></a>
                <a href="#"> 人才战略 </a>
                <a href="#"> 职业发展 </a>
                <a href="#"> 教育培训 </a>
                <a href="#"> 校园招聘 </a>
                <a href="#"> 社会招聘 </a>
            </li>
            <li>
                <a href="#"><h1> 投资者关系 </h1></a>
                <a href="#"> 股票价格 </a>
                <a href="#"> 公司公告 </a>
                <a href="#"> 定期报告 </a>
                <a href="#"> 经营简报 </a>
                <a href="#"> 重大项目 </a>
                <a href="#"> 上市子公司 </a>
                <a href="#"> 路演推荐 </a>
                <a href="#"> 投资者服务 </a>
            </li>
        </ul>
    </div>
</body>
```

（3）使用 CSS 美化页面，在项目 css 目录下创建 new8_1.css 样式表文件，使用 <link> 标签将外部样式表链接到 HTML 中，样式表 CSS 代码如下：

```
*{                              /* 通用设置，清除所有元素默认内外边距 */
    margin: 0;
    padding: 0;
}
body {
    font-size: 15px;            /* 设置文字大小为 15 px*/
}
```

```
/* 顶部 Logo 图片和横向导航容器 */
.box1{
    width: 84%;                   /* 设置 box1 内容在浏览器居中 */
    margin: 0 auto;
}
/* logo 图片 */
.logo1{
    margin-top: 10px;             /* 设置顶部边距 10 px*/
    margin-bottom: 50px;          /* 设置底部边距 50 px*/
    float: left;                  /* 向左浮动，使导航栏和图片在同一行 */
}
/* 横向导航菜单列表样式 */
ul{
    list-style: none;             /* 清除列表的项目符号 */
}
.menu ul{
    float: left;                  /* 向左浮动，使导航栏和图片在同一行 */
    margin-left: 30px;
}
.menu li{
    display: inline-block;        /* 设置列表项为行内块元素，使列表项在同行显示 */
    width: 90px;
    height: 45px;
    line-height: 45px;
    text-align: center;
    font-size: 18px;
    margin-top: 50px;
}
.menu li a{                       /* 设置超链接样式 */
    text-decoration: none;
    display: inline-block;
    width: 90px;
    height: 45px;
    line-height: 45px;
    color: #222;
}
.menu li a:hover{                 /* 鼠标悬停样式设置 */
    background-color: #018dd7;
    color: #fff;
}
/* banner 图片 */
.banner{
    clear: both;                  /* 清除 Logo 图片和菜单列表的浮动，使后面元素正常布局 */
    background: url(../img/8/banner.jpg) no-repeat;
    height: 320px;
}
/* 第二个模块 */
.box2{                            /* 设置 box2 在 box 内部居中 */
    width: 80%;
    margin: 0 auto;
```

```
    box-shadow: #d8d8d8 0 0 10px;    /* 在元素的框架上添加阴影效果 */
}
h2{                                  /* 标题文字 */
    text-align: center;              /* 设置文字居中对齐 */
    font-size: 42px;
    color: #e90a0a;
    font-weight: bold;
    line-height: 60px;
    margin-top: 20px;
    margin-bottom: 25px;
}
.box2_left{
    float: left;                     /* 向左浮动 */
    width: 55%;
    position: relative;
}
.box2_left img{
    width: 100%;
    height: 454px;
    /* display: block; */
}
/* 图片底部说明文字，使用绝对定位 */
.tip{
    position: absolute;
    bottom: 0;
    width: 100%;
    height: 60px;
    background: url(../img/8/box2_leftbg.png) repeat fixed center;
}
.tip span{
    color: #fff;
    line-height: 60px;
    font-size: 18px;
    padding-left: 20px;
}
.box2_right{
    float: left;
    padding-left: 20px;
    padding-top: 20px;
    width: 40%;
}
.box2_right h3{
    color: #018dd7;
    font-size: 20px;
}
.box2_right ul li{
    height: 45px;
    line-height: 45px;
    border-bottom: 1px #e6e6e6 dashed;
}
```

```
.box2_right ul li a{
    font-size: 16px;
    color: #424242;
    text-decoration: none;
    display: inline-block;
}
.box2_right ul li a:hover{
    color: #018dd7;
}
.box2_right ul li span{
    float: right;
}
/* 清除浮动 */
.clear{
    clear: both;
}
/* 第三个模块 */
.box3{
    background: #f0f1f5;
    padding: 30px 0;
    margin-top: 22px;
    overflow: hidden;
    height: 499px;
}
.box3_1{
    width: 80%;
    margin: 0 auto;
}
.box3_left{
    float: left;
    width: 29%;
    background: #fff;
}
.box3_left ul li{
    border-bottom: 1px #cacaca solid;
    border-left: 1px #cacaca solid;
    width: 350px;
    height: 82px;
    line-height: 82px;
    font-size: 18px;
    text-indent: 33px;
    cursor: pointer;
}
.box3_left ul li a{
    text-decoration: none;
    color: #323232;
    display: block;
}
.box3_left ul li a:hover{
    background-color: #018dd7;
```

```
        color: #fff;
    }
    .box3_right{
        float: left;
        width: 71%;
    }
    .box3_right img{
        height: 498px;
        width: 100%;
    }
    /* 第四个模块 */
    .box4{
        width: 80%;
        margin: 33px auto 0;
        overflow: hidden;           /* 溢出部分隐藏 */
    }
    .box4 ul li{
        display: inline;
        float: left;
        width: 25%;
    }
    .box4 li div{
        margin: 0px 12px;
        overflow: hidden;
        position: relative;
        width:282px;
        height: 157px;
    }
    .box4 li div p{
        position: absolute;
        bottom: 0;
        left: 40%;
        color: #fff;
        font-size: 20px;
        z-index: 1;                 /* 设置段落文字堆叠顺序，显示在图片上方 */
    }
    /* 图片设置 */
    /* 实现使用 CSS 在悬停时放大图像，但保持图像大小不变的效果，使用 transform 属性和
transition 属性来实现 */
    .box4 li div img{
        width: 282px;
        height: 157px;
        transition: all 1s;/* 使用 transition 属性添加过渡效果，使图像的放大过程更加平滑 */
        /* -moz-transition: all 1s;
        -webkit-transition: all 1s;
        -o-transition: all 1s; */
    }
    .box4 li div img:hover{
        transform: scale(1.1);    /* 用 transform 属性对图像进行放大操作，使用 scale()
函数实现 */
    }
```

```
.box4 li span{
    display: block;
    background: #FFF;
    margin: 0px 25px 30px;
    font-size: 14px;
    color: #333333;
    line-height: 25px;
}
/* 底部 footer 列表样式 */
.null{
    padding: 16px 40px;
}
.footer{
    width: 84%;
    margin: 0 auto;
}
.footer ul{
    /* width: 1240px; */
    margin-left: 30px;
    margin-top: 12px;
    padding-bottom: 12px;
    overflow: hidden;
}
.footer ul li{
    float: left;
    display: inline;
    width: 176px;
    font-size: 14px;
    color: #6b6b6b;
    /* text-align: center; */
}
.footer ul li a{
    text-decoration: none;
    display: block;
    font-size: 14px;
    color: #6b6b6b;
    line-height: 26px;
}
.footer ul li a:hover{
    color: #018dd7;
}
.footer ul li a h1{
    font-size: 16px;
    margin-bottom: 5px;
    color: #333333;
}
```

（4）保存并预览网页。

拓展练习

1．制作凤凰古城景点介绍页面，实现效果如图 8-9 所示。

图 8-9　凤凰古城景点介绍

2．制作凤凰古城首页，实现效果如图 8-10 所示。

图 8-10　凤凰古城首页

第9章

网上书城网页设计与制作

学习目标

- 了解网站开发流程；
- 掌握网站开发的实际方法；
- 掌握如何使用 DIV+CSS 进行网页布局；
- 掌握如何使用 DIV+CSS 进行网页排版与美化。

知识结构

网上书城网页设计与制作

- 站点建立
- 结构分析
- 框架搭建
- 商业网站页面布局
- 头部及导航
- 网站主体
- 底部及快捷操作
- 相对路径和相对于根目录路径

前面课程中系统地学习了如何制作网页，通过这些知识可以制作出漂亮的、绝对有吸引力的网页。

本章实现网上书城网页的设计与制作，网站具体的后台功能现在还无法实现，但网页的样式、布局等，通过现有知识可以顺利完成。

拿到一个商业网站后首先要了解具体需求，需要对网站页面进行结构分析，并且根据分析结果进行搭建框架，整体布局。

9.1 站点建立

要制作一个网站，首先需要建立一个站点。网站不同于其他文件，如图片，放到哪个盘哪个目录下都可以访问，而网站是许多文件相互关联的，所以需要专门创建一个目录，将它们分门别类地存储起来。

下面选择 HBuilderX 作为网站开发工具为例，为网上书店创建一个站点，具体操作步骤如下：

（1）选择“文件”→“新建”→“项目”命令，如图 9-1 所示。

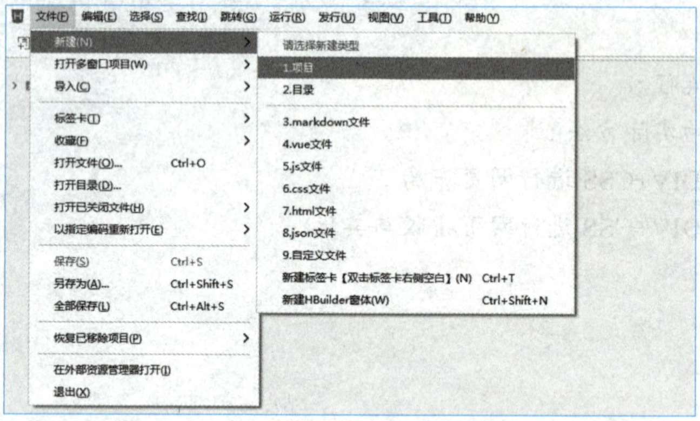

图 9-1 新建项目

（2）在弹出的“新建项目”对话框中分别进行项目类型、项目名称、项目位置、项目模板的设置，如图 9-2 所示。

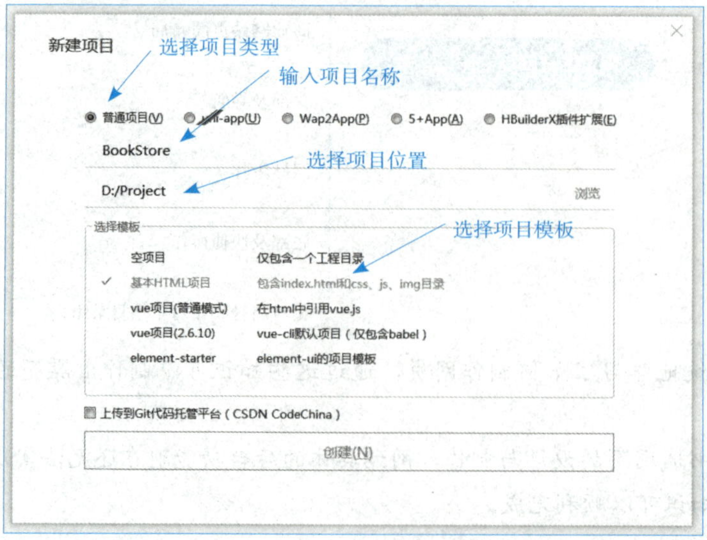

图 9-2 “新建项目”对话框

（3）设置完成后单击“创建”按钮，完成项目的创建，项目目录如图 9-3 所示。

其中，css 文件夹存放样式表文件，img 文件夹存放图片素材文件，js 文件夹存放 JavaScript 文件，index.html 文件为网站的首页文件。

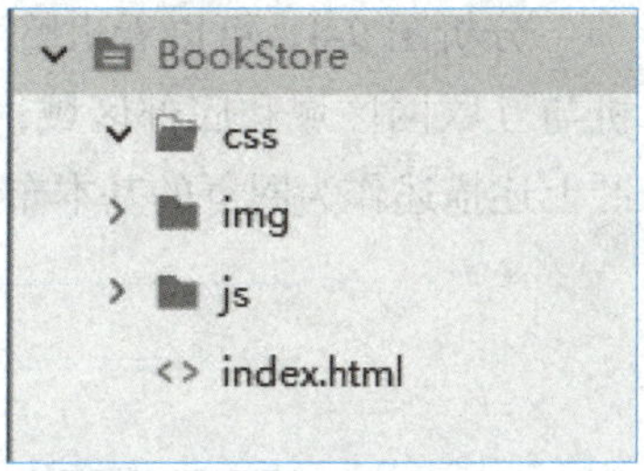

图 9-3　项目文件夹及文件结构

9.2 结构分析

创建完成站点后，需要对页面结构进行分析。根据效果图，分析页面分为几个版块，该怎么布局更加合理。图 9-4 所示为一个网上书店的首页效果图，下面通过此网上书店效果图进行分析。

图 9-4　网上书店页面效果图

分析图 9-4，可以看出整个页面分为头部区域、导航区域、Banner 区域、新书上架区域，计算机与互联网区域和底部区域，其中，Banner 区域又分为左中右区域，整个页面居中显示。如果按照上述描述作为网页的基本布局，整体效果如图 9-5 所示。

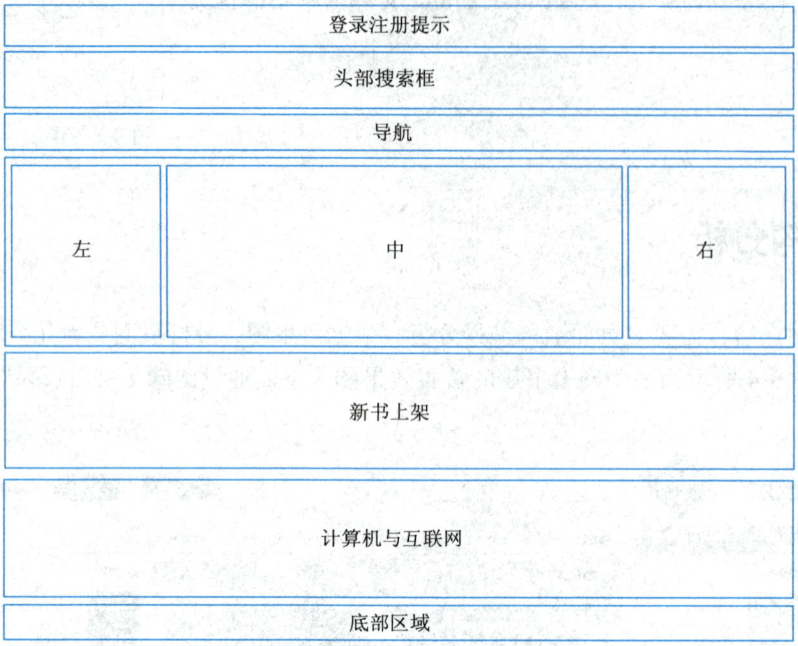

图 9-5　网上书店页面结构布局

9.3 框架搭建

（1）将图书配套资源文件夹中的图片素材复制粘贴到相对应的 img 文件夹中，将所有图书照片放置到新建的 uploadfile 文件夹中。

（2）打开项目根目录中的 index.html 文件，代码如下：

```
<!DOCTYPE html>
<html>
    <head>
        <meta charset="utf-8" />
        <title> 网上书店首页 </title>
    </head>
    <body>
    </body>
</html>
```

（3）按照分析的布局结构，进行盒子容器的设计。

```
<div id="topMember">
    登录注册提示
```

```
    </div>
    <div id="search">
        头部搜索框
    </div>
    <div id="daohang">
        导航部分
    </div>
    <div id="bodyBanner">
        <div id="slaeTop">
            banner 左边
        </div>
        <div id="adPPT">
            banner 中间
        </div>
        <div id="discountTop">
            banner 右边
        </div>
    </div>
    <div id="newBook">
        新书上架
    </div>
    <div id="typeBook">
        计算机与互联网分类书籍
    </div>
    <div id="foot">
        底部内容
    </div>
```

（4）HTML 框架代码编写完成后，开始设置 CSS 样式表，其中整个网页的宽度为 1 200 px，并且是居中显示的，BANNER 部分分成左中右结构，CSS 样式如下：

定义全局样式：

```
*{
    margin:0px;
    padding:0px;
    height:auto;
    list-style-type:none;
    font-size:12px;
}
```

定义头部登录注册提示区域样式：

```
#topMember{
    height:30px;
    background-color:#f9f9f9;
    border-bottom:solid 1px #f2f2f2
}
```

定义头部搜索框样式：

```
#search{
    width:1200px;
    margin:0px auto;
    height:120px;
}
```

定义导航区域样式：

```
#daohang{
    width:1200px;
    margin:0px auto;
    height:42px;
}
```

定义 BANNER 部分样式：

```
#bodyBanner{
    width:1200px;
    margin:6px auto;
    clear:both;
    height:auto;
    overflow:hidden;
}
#slaeTop,#discountTop{
    width:230px;
    float:left;
    margin-right:5px;
    padding:5px;
    border:solid 1px #eaeaea;
}
#adPPT{
    width:706px;
    height:304px;
    float:left;
}
```

定义新书上架、计算机和互联网分类书籍模块样式：

```
#newBook,#typeBook{
    width:1200px;
    margin:10px auto;
    clear:both;
    height:auto;
    overflow:hidden;
}
```

定义底部区域样式

```
#foot{
    margin-top:30px;
}
```

9.4 商业网站页面布局

有了上面的基础，下面的任务就是通过 HTML 和 CSS 制作一个完整的网页。前面已经搭建好了整体框架，就像盖房子一样，整体结构已经建好，下面开始分割空间。

9.5 头部及其导航

先分析一下头部：头部分为三部分，一个是登录注册提示部分，一个是条件搜索部分，一个是导航部分，如图 9-6 所示。

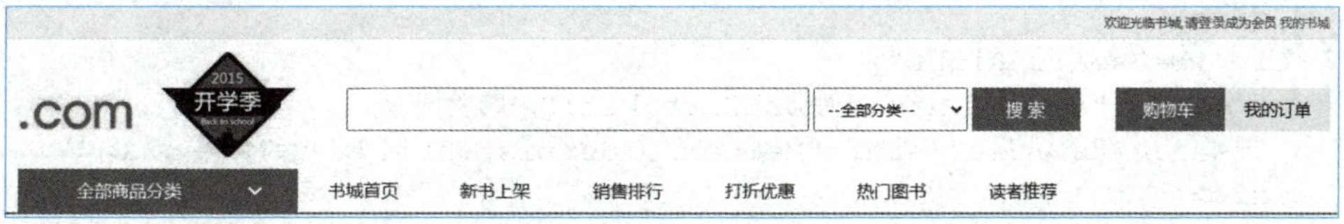

图 9-6　网上书店头部

其中登录注册提示部分为一个宽度全屏灰色区域，区域内包含欢迎、登录、注册等信息，HTML 结构如下：

```
<div id="topMember">
    <div id="topMemberInner">
        <span id="spanLogin" runat="server" runat="server">
            欢迎光临书城，请 <a href="Login.html"> 登录 </a> 成为会员
        </span>
        <span><a href="Member/OrderList.html"> 我的书城 </a></span>
    </div>
</div>
```

CSS 样式如下：

```
#topMember{
    height:30px;
    background-color:#f9f9f9;
    border-bottom:solid 1px #f2f2f2
}
#topMemberInner{
    height:30px;
    line-height:30px;
    width:1200px;
    margin:0px auto;
    text-align:right;color:#646464;
}
#topMemberInner a{
    text-decoration:none; color:Red;
}
```

其中条件搜索区域分为三部分，为左中右结构，分别用于显示网站 LOGO、网站条件搜索表单、网站购物车和订单的按钮，HTML 的结构如下：

```
<div id="search">
    <div id="searchLeft"></div>
    <div id="searchCenter">
        <div id="searchContainer">
            <input type="text" id="txtKey">
            <select>
                <option>-- 全部分类 --</option>
                <option>-- 计算机与互联网 --</option>
                <option>-- 文学 --</option>
            </select>
            <a id="btSearch" href="BookSearch.html">搜索 </a>
        </div>
    </div>
    <div id="searchRight">
        <a id="aCart" href="BookCart.html">购物车 </a>
        <a id="aOrder" href="Member/OrderList.html">我的订单 </a>
    </div>
</div>
```

CSS 如下：

```
#search{
    width:1200px;
    margin:0px auto;
    height:120px;
}
#search #searchLeft{
    width:300px;
    height:120px;
    float:left;
    background:url(../img/logo.jpg) no-repeat left center;
}
#search #searchCenter{
    width:700px;
    height:120px;
    line-height:120px;
    float:left;
}
#search #searchRight{
    width:200px;
    height:120px;
    float:left;
}
#search #searchCenter #searchContainer{
    width:700px;
    margin-top:45px;
    height:40px;
```

```
    line-height:40px;
}
#search #searchCenter #searchContainer #txtKey{
    width:400px;
    height:36px;
    line-height:36px;
               font-size:14px;
    padding-left:8px;
    padding-right:8px;
    font-family:"Microsoft YaHei";
    float:left;
    margin-right:4px;
}

#search #searchCenter #searchContainer select{
    width:140px;
    height:40px;
    line-height:40px;
               font-size:14px;
    padding-left:8px;
    padding-right:8px;
    font-family:"Microsoft YaHei";
    float:left;
    margin-right:4px;
}

#search #searchCenter #searchContainer #btSearch{
    display:block;
    width:100px;
    height:40px;
    line-height:40px;
    float:left;
    font-family:"Microsoft YaHei";
               font-size:16px;
    text-decoration:none;
    text-align:center;
    background-color:#ff2832;
    color:White;
}

#search #searchRight #aCart{
    display:block;
    margin-top:45px;
    width:100px;
    height:40px;
    line-height:40px;
    float:left; font-family:"Microsoft YaHei";
               font-size:16px;
    text-decoration:none;
```

```
        text-align:center;
        background-color:#ff2832;
        color:White;
    }

    #search #searchRight #aOrder{
        display:block;
        margin-top:45px;
        width:100px;
        height:40px;
        line-height:40px;
        float:left; font-family:"Microsoft YaHei";
                    font-size:16px;
        text-decoration:none;
        text-align:center;
        background-color:#f6f6f6;
        color:Black;
    }
```

其中，导航部分为横向的超链接，第一个超链接为分类链接，样式和其他超级链接有所区别，HTML 结构如下：

```
    <div id="daohang">
        <div id="dhHref">
            <div id="divAllType">
                <a id="aAllType" href="javascript:void(0);"><span id="spanAllType">
</span> 全部商品分类 </a>
                <div id="divTypeShow">
                    <div class="menuOneType"><a href='BookSearch.html'> 计算机与
互联网 </a></div>
                    <div class="menuTwoType"><a href='BookSearch.html'>.net </a>
</div>
                    <div class="menuTwoType"><a href='BookSearch.html'>C++</a> </div>
                    <div class="menuTwoType"><a href='BookSearch.html'>Java </a>
</div>
                    <div class="menuTwoType"><a href='BookSearch.html'>PHP </a>
</div>
                    <div class="menuOneType"><a href='BookSearch.html'> 文学 </a>
</div>
                    <div class="menuTwoType"><a href='BookSearch.html'> 中国名著
</a> </div>
                    <div class="menuTwoType"><a href='BookSearch.html'> 外国文学
</a> </div>
                </div>
            </div>
            <a href="Index.html"> 书城首页 </a>
            <a href="BookList.html"> 新书上架 </a>
            <a href="BookList.html"> 销售排行 </a>
            <a href="BookList.html"> 打折优惠 </a>
            <a href="#"> 热门图书 </a>
```

```
        <a href="#">读者推荐</a>
    </div>
    <div id="dhBottom"></div>
</div>
```

CSS 如下：

```
#daohang{
    height:42px;
}
#dhHref{
    height:40px;
    line-height:40px;
    width:1200px;
    margin:0px auto;
}
#dhHref>a{
    display:block;
    width:120px;
    float:left;
    height:40px;
    line-height:40px;
    text-decoration:none;
    font-family:"Microsoft YaHei";
    font-size:16px;
    color:#323232;
    text-align:center;
}
#dhHref #divAllType{
    width:256px;
    height:40px;
    line-height:40px;
    float:left;
}
#dhHref #aAllType{
    display:block;
    width:256px;
    height:40px;
    background-color:#ff2832;
    text-align:left; color:White;
    background-image:url(../img/arrow.png);
    background-position:210px center;
    background-repeat:no-repeat;
    text-decoration:none;
    font-size:16px;
    font-family:"Microsoft YaHei";
}
#dhHref #aAllType #spanAllType{
    margin-left:54px;
}
```

```
#dhHref #divAllType #divTypeShow{
    position:relative;
    background-color:#f9f9f9;
    padding:6px;
    height:auto;
    overflow:hidden;
    display:none;
    z-index:101;
}
#dhHref #divAllType #divTypeShow .menuOneType{
    height:40px;
    line-height:40px;
    clear:both;
}
#dhHref #divAllType #divTypeShow .menuOneType a{
    text-decoration:none;
    font-size:16px;
    font-weight:bold;
    text-decoration:none;
    font-family:"Microsoft YaHei";
    color:#323232;
}
#dhHref #divAllType #divTypeShow .menuTwoType{
    width:120px;
    float:left;
    height:40px;
    line-height:40px;
    text-align:center;
}
#dhHref #divAllType #divTypeShow .menuTwoType a{
    text-decoration:none;
    font-size:14px;
    text-decoration:none;
    font-family:"Microsoft YaHei";
    color:#323232;
}
#dhBottom{
    height:2px;
    background-color:#ff2832;
}
```

9.6 网站主体

网站主体部分用列表形式进行图书信息展示，主要分为三块内容：一块是网站广告，销售排行及优惠信息；一块是新书上架；一块是图书分类展示，如图 9-7 所示。

图 9-7　销售排行、banner 及打折优惠

其中第一块内容，主要分成左中右结构，分别表示图书销售排行、图书图片广告以及图书的打折优惠信息，其 HTML 基本结构为一个 DIV 包含三个 DIV，被包含的三个 DIV 进行浮动，HTML 基本结构代码如下：

```
<div id="bodyBanner">
    <div id="slaeTop"> 销售排行 </div>
    <div id="adPPT” >banner 广告 </div>
    <div id="discountTop"> 打折优惠 </div>
</div>
```

其中，销售排行以图片加文字混合的形式展示销售排行的前两名，其中 HTML 结构代码如下：

```
<div id="slaeTop">
    <div class="myTitle"> 销售排行 </div>
    <div class="bookItem">
        <div class="bookImg"><a href='BookDetail.html'><img src='uploadfile/
9787302333883.jpg' width="100" height="120" /></a></div>
        <div class="bookTxt">
            <div><a href='#'> 精通 C# 5.0 与 .NET 4.5 高级编程 </a></div>
            <div class="bookPrice" style='text-decoration:line-through;'>
原价 :59 元
            </div>
            <div class="bookPrice"> 现价 :53.10</div>
        </div>
    </div>
    <div class="bookItem">
        <div class="bookImg"><a href='BookDetail.html'><img src='uploadfile/
9787111262817.jpg' width="100" height="120" /></a></div>
        <div class="bookTxt">
            <div><a href='#'>PHP 和 MySql Web 开发 </a></div>
            <div class="bookPrice" style='text-decoration:line-through;'>
原价 :77 元
            </div>
            <div class="bookPrice"> 现价 :52.10</div>
        </div>
    </div>
</div>
```

CSS 样式如下：

```
#slaeTop{
    width:230px;
    float:left;
    margin-right:5px;
    padding:5px;
    border:solid 1px #eaeaea;
}
#bodyBanner .bookImg{
    width:110px;
    overflow:hidden;
    float:left;
}
#bodyBanner .bookTxt{
    width:110px;
    float:left;
    margin-top:16px;
    line-height:24px;
}
#bodyBanner .bookTxt div{
    clear:both;
}
#bodyBanner .bookTxt a{
    color:Black;
    text-decoration:none;
}
#bodyBanner .bookItem{
    clear:both;
    height:auto;
    overflow:hidden;
    margin-top:12px;
}
#bodyBanner .bookPrice{
    color:Red;
    font-size:12px;
}
```

其中，图片广告区域以图片幻灯片播放的形式进行广告展示，如果没有 Js、Jquery 基础，此处可以用一个静态图片替换，其 HTML 基本结构代码如下：

```
<div id="adPPT">
    <a href="#" data-slidr="a1"><img  src="img/adsense/bookad1.jpg"  /></a>
    <a href="#" data-slidr="a2"><img  src="img/adsense/bookad2.jpg"  /></a>
    <a href="#" data-slidr="a3"><img  src="img/adsense/bookad3.jpg" /></a>
    <a href="#" data-slidr="a4"><img  src="img/adsense/bookad4.jpg"  /></a>
    <a href="#" data-slidr="a5"><img  src="img/adsense/bookad5.jpg"  /></a>
    <a href="#" data-slidr="a6"><img  src="img/adsense/bookad6.jpg"  /></a>
```

```
        <a href="#" data-slidr="a7"><img  src="img/adsense/bookad7.jpg"  /></a>
        <a href="#" data-slidr="a8"><img  src="img/adsense/bookad8.jpg"  /></a>
    </div>
```

CSS 如下：

```
    #adPPT{
        width:706px;
        height:304px;
        float:left;
    }
    #adPPT img{
        width:706px;
        height:304px;
    }
```

打折优惠信息模块和销售排行模块相似，也是以图片加文字混合的方式展示打折销售的前两本图书信息，其 HTML 基本结构如下：

```
    <div id="discountTop">
        <div class="myTitle">打折优惠</div>
        <div class="bookItem">
            <div class="bookImg"><a href='BookDetail.html'><img src='uploadfile/
9787115413710.jpg' width="100" height="120" /></a></div>
            <div class="bookTxt">
                <div><a href='#'>Microsoft.NET 企业级应用架构设计</a></div>
                <div class="bookPrice" style='text-decoration:line-through;'>
原价：52 元</div>
                <div class="bookPrice">现价：20.80</div>
            </div>
        </div>
        <div class="bookItem">
            <div class="bookImg"><a href='BookDetail.html'><img src='uploadfile/
9787115256249.jpg' width="100" height="120" /></a></div>
            <div class="bookTxt">
                <div><a href='#'>深入 PHP 面向对象开发</a></div>
                <div class="bookPrice" style='text-decoration:line-through;'>
原价：42 元</div>
                <div class="bookPrice">现价：22.80</div>
            </div>
        </div>
    </div>
```

CSS 如下：

```
    #discountTop{
        width:230px;
        float:left;
        margin-left:5px;
        padding:5px;
```

```
    border:solid 1px #eaeaea;
}
#bodyBanner .bookImg{
    width:110px;
    overflow:hidden;
    float:left;
}
#bodyBanner .bookTxt{
    width:110px;
    float:left;
    margin-top:16px;
    line-height:24px;
}
#bodyBanner .bookTxt div{
    clear:both;
}
#bodyBanner .bookTxt a{
    color:Black;
    text-decoration:none;
}
#bodyBanner .bookItem{
    clear:both;
    height:auto;
    overflow:hidden;
    margin-top:12px;
}
#bodyBanner .bookPrice{
    color:Red;
    font-size:12px;
}
```

新书上架部门由标题和图文列表组成，如图 9-8 所示。其 HTML 基本结果如下：

```
<div id="newBook">
    <div id="newBookTitle" class="myTitle myBottomBorder">新书上架</div>
    <div id="newBookList">
        <div class="bookListItem">
            <div class="bookListImg"><a href='BookDetail.html'><img src='uploadfile/
9787515907222.jpg' width="150" height="180" /></a></div>
            <div class="bookListName"><a href='#'>格列佛游记</a></div>
            <div class="bookListPrice">
                <span style="margin-right:10px;">¥:17.00</span>
                <span style='text-decoration:line-through;'>¥:34</span></div>
        </div>
        ...略
    </div>
</div>
```

图 9-8　新书上架与类别图书展示

CSS 如下：

```
#newBook{
    width:1200px;
    margin:10px auto;
    clear:both;
    height:auto;
    overflow:hidden;
}
#newBookTitle{
    height:30px;
    line-height:30px;
}
#newBookList{
    height:auto;
    overflow:hidden;
    margin-top:20px;
}
.bookListItem{
    width:200px;
    float:left;
    text-align:center;
    margin-top:10px;
    margin-bottom:10px;
}
.bookListImg{
    height:200px;
}
.bookListName{
    line-height:24px;
}
```

```
.bookListName a{
    color:Black;
    text-decoration:none;
}
.bookListPrice{
    line-height:24px;
    color:Red;
    font-size:14px;
    font-family:"Microsoft YaHei"
}
```

图书分类展示模块与新书上架模块相似，由图书类型标题和图书信息列表组成，其 HTML 结构代码如下：

```
<div id="typeBook">
    <div class="myTitle myBottomBorder typeBookTitle">计算机与互联网 </div>
    <div id="typeBookList">
        <div class="bookListItem">
            <div class="bookListImg"><a href='BookDetail.html'><img src='uploadfile/
9787121125706.jpg' width="150" height="180" /></a></div>
            <div class="bookListName"><a href='#'>More Effective C++</a></div>
            <div class="bookListPrice">
                <span style="margin-right:10px;">¥:44.50</span>
                <span style='text-decoration:line-through;'>¥:89</span></div>
        </div>
        ...略
    </div>
</div>
```

CSS 如下：

```
#typeBook{
    width:1200px;
    margin:0px auto;
    clear:both;
    height:auto;
    overflow:hidden;
}
.typeBookTitle{
    height:30px;
    line-height:30px;
}
#typeBookList{
    height:auto;
    overflow:hidden;
    margin-top:20px;
}
/* 其中列表项目中的细节样式（如图片样式、图书名称、价格文字等）和新书上架列表中的样式相同，
使用 class= 方式引入相同的样式表内容 */
```

9.7 底部及快捷操作

此模块分为两个部分，即网站的底部和网站快捷操作部分（见图 9-9），两部分的 HTML 基本结构代码如下：

```
<div id="foot">
    <div id="footHr"></div>
    <div id="footImg"> 底部 </div>
    <div id="footLink"> 快捷操作部分 </div>
</div>
```

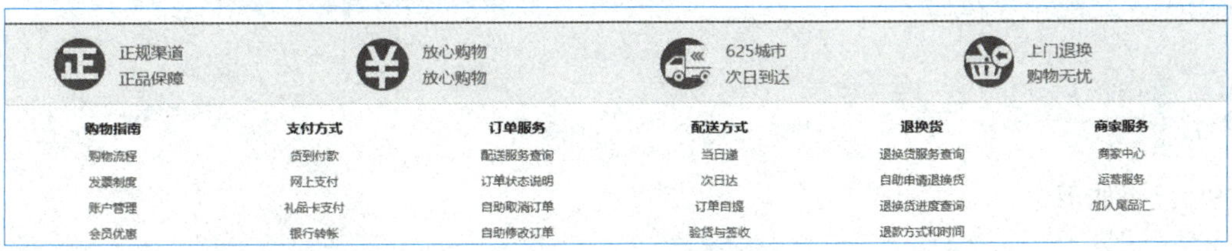

图 9-9　页面底部

CSS 代码如下：

```
#foot{
    margin-top:30px;
}
#footHr{
    height:2px;
    background-color:#ff2832;
}
#footImg{
    height:80px;
    background-color:#fafafa;
    border-bottom:solid 1px #ebebeb;
}
#footLink{
    width:1200px;
    margin:0px auto;
    margin-top:10px;
}
```

其中网站底部由四块区域组成，使用浮动定位进行横向排列，其 HTML 结构代码如下：

```
<div id="footImg">
    <div id="footImgItems">
        <div id="footZpImg">
            <div class="footPinkFont">
                <div> 正规渠道 </div><div> 正品保障 </div>
            </div>
```

```
            </div>
            <div id="footFangxin">
                <div class="footPinkFont">
                    <div>放心购物</div><div>放心购物</div>
                </div>
            </div>
            <div id="foot625">
                <div class="footPinkFont">
                    <div>625 城市</div><div>次日到达</div>
                </div>
            </div>
            <div id="footShangmen">
                <div class="footPinkFont">
                    <div>上门退换</div><div>购物无忧</div>
                </div>
            </div>
        </div>
    </div>
```

CSS 代码如下：

```
#footImg{
    height:80px;
    background-color:#fafafa;
    border-bottom:solid 1px #ebebeb;
}
#footImgItems{
    width:1200px;
    margin:0px auto;
    height:80px;
}
#footZpImg,#footFangxin,#foot625,#footShangmen{
    width:300px;
    float:left;
    height:80px;
}
#footZpImg{
    background:url(../img/footImg1.jpg) no-repeat 40px center;
}
#footFangxin{
    background:url(../img/footImg2.jpg) no-repeat 40px center;
}
#foot625{
    background:url(../img/footImg3.jpg) no-repeat 40px center;
}
#footShangmen{
    background:url(../img/footImg4.jpg) no-repeat 40px center;
}
.footPinkFont{
    margin-left:106px;
```

```
    margin-top:15px;
}
.footPinkFont div{
    color:#ff2832;
    font-size:16px;
    font-family:"Microsoft YaHei";
    height:26px;
    line-height:26px;
}
```

其中网站快捷操作部分由一系列超链接经过整齐的排列而成，其 HTML 基本结构代码如下：

```
<div id="footLink">
    <div class="footLinkItem">
        <div> 购物指南 </div>
        <ul>
            <li><a href="#"> 购物流程 </a></li>
            <li><a href="#"> 发票制度 </a></li>
            <li><a href="#"> 账户管理 </a></li>
            <li><a href="#"> 会员优惠 </a></li>
        </ul>
    </div>
    ... 其他快捷操作超链接
</div>
```

CSS 代码如下：

```
.footLinkItem{
    width:200px;
    text-align:center;
    float:left;
    height:28px;
    line-height:28px;
}
.footLinkItem div{
    color:#323232;
    font-family:"Microsoft YaHei";
    font-size:14px;
    font-weight:bold;
}
.footLinkItem ul{
    margin:0px;
    padding:0px;
    list-style-type:none;
}
.footLinkItem li{
    height:26px;
    line-height:26px;
    text-align:center;
}
.footLinkItem li a{
    text-decoration:none; color:#7d7d7d;
}
```

9.8 相对路径和相对于根目录路径

在相对路径中，../ 表示返回上一级，因为 css 文件在 css 文件夹中，图片在 img 文件夹中，那么样式表文件就需要返回上一级找到 img 文件夹才能找到相应的图片。直接文件夹名或是 ./ 开头表示和当前平级。不管是带 ../ 还是不带，这种写法都称为相对路径；另一种称为相对于根目录路径，它的写法必须以 / 开始，意思是从根目录开始一级一级向下查找，不管在哪里，要使用 x.png 图片，路径都必须是 /img/x.png；还有一种写法称为绝对路径，是以 http:// 域名开始的。

两种方法各有优劣，可以根据需要采用一种合适的方法。

本章小结

1．在 HBuilder 工具中制作网页时先创建站点，然后进行框架和大致的布局设计。

2．不要从细节开始制作网页，需要先规划和编写出页面的大致结构，然后在基本结构中进行细节代码的编写。

3．制作网页过程中，需要熟练掌握 DIV+CSS 技术，能够熟练编写 HTML 结构及 CSS 常用的基本样式。

课后自测

1．网页的整体布局一般通过（　　）来实现。

A．table　　B．table+ 元素属性

C．css　　D．div+css

2．设置页面最下面的 foot 导航条不会漂浮到上面的左侧或者右侧，一般设置（　　）效果。

A．clear:left　　B．clear:right　　C．clear:both　　D．clear:auto

3．如果要为网页链接一个外部样式表文件，应使用（　　）标签。

A．A　　B．link　　C．style　　D．css

4．在一个 HTML 页面中导入同一目录下的 "StyleSheet1.css" 样式表的正确语句是（　　）。

A．<style>@import StyleSheet1.css</style>

B．<link rel="stylesheet" type="text/css" href="StyleSheet1.css">

C．<link rel="stylesheet1.css" type="text/css">

D．<link rel="stylesheet" type="text/javascript" href="../htm/StyleSheet1.css">

5．下面（　　）网页元素默认可以实现一行显示多个。

A．div　　B．span　　C．li　　D．h2

上机实战

练习 1：使用 DIV+CSS 实现网上书店用户登录页面

【问题描述】

需要实现的页面效果如图 9-10 所示。

图 9-10　练习 1 效果图

【问题分析】

整个页面的头部和底部与项目首页相同，不同的是中间区域，中间区域分为两部分，即左侧的登录表单区域和右侧的广告区域，这两个区域需要进行浮动定位，让两个区域可以进行横向排版。

【参考步骤】

（1）在项目中添加一个 Login.html 网页文件。

（2）对此文件进行框架和整体布局设计，整体框架分为头部搜索区域、导航区域、中间区域以及底部区域，其中头部搜索区域、导航区域和底部区域参照项目首页完成。

（3）将项目中间区域分为左右两部分，左侧为登录表单区域，右侧为广告区域。

中间区域 HTML 结构参考代码：

```
<div id="loginContainer">
```

```
    <div id="loginLeft">
        <div id="loginContent">左侧登录表单区域</div>
    </div>
    <div id="loginRight">右侧广告区域</div>
</div>
```

中间区域结构 CSS 如下：

```
#loginContainer{
    width:1000px;
    margin:20px auto;
    border:solid 1px #eaeaea;
    height:auto;
    overflow:hidden;
    padding:25px;
}
#loginLeft{
    width:500px;
    float:left;
}
#loginRight{
    width:500px;
    float:left;
    text-align:center;
}
```

（4）在左侧登录表单区域编写表单元素完成登录表单，在广告区域插入广告图片，进行位置的细节调整。

左侧登录表单及右侧广告区 HTML 基本结构代码如下：

```
<div id="loginContainer">
    <div id="loginLeft">
        <div id="loginContent">
            <div class="myTitle" style=" margin-left:30px; margin-top:50px;">
用户登录</div>
            <div>
                <table>
                    <tr>
                        <td class="loginLeftTd">账号:</td>
                        <td class="loginRightTd">
                            <input type="text" id="txtMemberAcc" class=
"loginInputText" />
                        </td>
                    </tr>
                    <tr>
                        <td class="loginLeftTd">密码:</td>
                        <td>
                            <input type="password" id="txtMemberPwd" class=
"loginInputText" />
                        </td>
```

```
                    </tr>
                    <tr>
                        <td class="loginLeftTd"></td>
                        <td>
                        <a id="lbtnLogin" class="login" href="Member/OrderList.
html">登录</a>
                        <a href="Reg.html" class="reg">立即注册</a>
                        </td>
                    </tr>
                    <tr>
                        <td class="loginLeftTd"></td>
                        <td id="errInfo" style=" line-height:20px; font-size:
14px;"></td>
                    </tr>
                </table>
            </div>
        </div>
    </div>
    <div id="loginRight">
        <img src="img/loginRight.jpg" />
    </div>
</div>
```

CSS 代码如下：

```
#loginContainer{
    width:1000px;
    margin:20px auto;
    border:solid 1px #eaeaea;
    height:auto;
    overflow:hidden;
                padding:25px;
}
#loginLeft{
    width:500px;
    float:left;
}
#loginRight{
    width:500px;
    float:left;
    text-align:center;
}
#loginContainer table{
    width:500px;
}
#loginContainer td{
    height:50px;
    line-height:50px;
    font-size:16px;
    font-family:"Microsoft YaHei";
```

```
    padding:6px;
}
#loginContainer .loginLeftTd{
    width:60px;
    text-align:right;
}
#loginContainer .loginRightTd{
    width:400px;
    font-size:14px;
}
.loginInputText{
    width:320px;
    height:24px;
    font-size:14px;
}
#lbtnLogin{
    display:block;
    width:150px;
    height:40px;
    line-height:40px;
    background-color:#ff2832;
    text-align:center; float:left;
}
#loginContainer a.login{
    color:White;
    font-family:"Microsoft YaHei";
    font-size:18px;
    text-decoration:none;
}
#loginContainer a.reg{
    font-family:"Microsoft YaHei";
    font-size:16px;
    text-decoration:none;
    color:#ff2832;
    margin-left:20px;
}
```

（5）运行网页，查看制作效果。

练习 2：使用 DIV+CSS 实现网上书店用户注册页面

网上书店用户注册页面如图 9-11 所示。

图 9-11　练习 2 效果图

拓展练习

制作图 9-12 所示网页。

图 9-12　扩展作业效果图

参 考 文 献

[1] 徐照兴,谭鸿健,郑宁健 . HTML+CSS+JavaScript 网页制作三合一案例教程 [M]. 上海:上海交通大学出版社,2019.

[2] 马涛，王然，彭芳 . 网页设计与制作案例教程 [M]. 北京：北京邮电大学出版社，2017.

[3] 聂斌，张明遥 . HTML+CSS+DIV 网页设计与布局 [M]. 2 版 . 北京：人民邮电出版社，2018.

[4] 黑马程序员 . HTML5+CSS3 网页设计与制作 [M]. 北京：人民邮电出版社，2020.

[5] 颜珍平，陈承欢 . HTML5+CSS3 网页设计与制作实战：项目式 [M]. 4 版 . 北京：人民邮电出版社，2019.

[6] 莫里斯 . HTML5 与 CSS3 入门经典（第 4 版）[M]. 周靖，译 . 北京：清华大学出版社，2018.

[7] 肖睿，邓小飞 . HTML5+CSS3 开发实战 [M]. 北京：人民邮电出版社，2018.

[8] 吴丰 . HTML5+CSS3 Web 前端设计基础教程：微课版 [M]. 2 版 . 北京：人民邮电出版社，2020.

[9] 吕云翔，刘猛猛 . HTML5 实用教程 [M]. 北京：清华大学出版社，2018.